航空电子设备技术基础

黄国庆 等编著

国防工业出版社

·北京·

内 容 简 介

本书系统地介绍了航空电子设备技术基础知识。全书共分9章,主要内容包括航空电子系统概述、天线与电波传播、高频电子技术基础、通信技术基础、无线电导航技术基础、雷达技术基础、电子对抗技术基础、航空火力控制技术基础和机载计算机与数据总线技术基础等内容。

本书可作为航空电子专业的教材或教学参考书,也可供相关工程技术人员阅读和参考。

图书在版编目(CIP)数据

航空电子设备技术基础/黄国庆等编著. —北京:国防工业出版社,2023.8
ISBN 978 – 7 – 118 – 12919 – 9

Ⅰ.①航… Ⅱ.①黄… Ⅲ.①航空设备 – 电子设备 Ⅳ.①V243

中国国家版本馆 CIP 数据核字(2023)第 149203 号

※

国防工业出版社出版发行
(北京市海淀区紫竹院南路23号　邮政编码100048)
天津嘉恒印务有限公司印刷
新华书店经售

*

开本710×1000　1/16　印张16½　字数294千字
2023年8月第1版第1次印刷　印数1—1500册　定价89.00元

(本书如有印装错误,我社负责调换)

国防书店:(010)88540777　　书店传真:(010)88540776
发行业务:(010)88540717　　发行传真:(010)88540762

前　言

航空电子设备对提升飞机性能、保证飞行安全及遂行作战任务具有决定性作用,其工作原理和知识涉及天线与电波传输、高频电路、通信原理、无线电导航原理、雷达原理、电子对抗原理、航空火力控制原理、机载计算机与总线技术等内容。目前,尚未发现完全覆盖上述内容的专业书籍。考虑到航空电子系统新技术应用多、更新速率快以及任职教育具有起点高、培训时间短、岗位指向性强的特点,在广泛调研和多年教学实践的基础上,以"必需、够用"为原则,以掌握概念、强化应用为重点,兼顾职业性,体现时代性、前沿性,对内容进行重新组合,编写了覆盖以上内容的《航空电子设备技术基础》。本书内容着重阐述航空机务电子专业岗位必备的基本概念、基本理论,减少专业理论比例,与岗位需求紧密结合,解决了航空电子专业基础知识起点高、技术复杂、内容宽泛与培训时间短等突出矛盾问题,可适用于航空电子类任职教育。

本书共分9章。第1章航空电子系统概述,讲述了航空电子系统的发展历程、结构特征和关键技术。第2章天线与电波传输,阐述了天线的基础知识和常用的机载天线的结构和特点,并介绍了电波传输的特点与规律。第3章高频电子技术基础,阐述了无线电通信系统及其结构、选频技术、放大技术以及频率合成技术等航空电子相关基础知识。第4章通信技术基础,介绍了通信的基本概念,并阐述了调制、语音信号处理、信道编码、扩展频谱和软件无线电等通信技术。第5章无线电导航技术基础,介绍了无线电导航的基本理论和常用导航技术。第6章雷达技术基础,介绍了微波技术和雷达技术基础知识。第7章电子对抗技术基础,阐述了通信对抗技术和雷达对抗技术基础知识。第8章航空火力控制技术基础,介绍了航空火力控制中的一些基本概念和非控武器及制导武器的基本瞄准原理。第9章机载计算机与数据总线技术基础,阐述了机载计算机的系统构成和任务特点,以及机载数据总线的相关知识。

本书由黄国庆教授主持编写,并编写了第1章和第3章,参编了第6章,对全书进行了统稿。王江燕、赵敬、曹乃森、张扬、徐文浩、蔡巍巍、赵文俊分别编写了第2章、第4章、第5章、第6章、第7章、第8章、第9章。元洪波副教授主审了全书,聂昊副教授和温国谊博士对本书也提出了许多宝贵意见,在此表示诚挚的感谢。

由于作者水平有限,书中难免存在一些缺点和疏漏,敬请读者和关心本书的同志多提宝贵意见。

编　者
2021年01月

目 录

第1章 航空电子系统概述 1
  1.1 航空电子系统的发展历程 1
    1.1.1 分立式航空电子系统 1
    1.1.2 联合式航空电子系统 3
    1.1.3 综合式航空电子系统 5
    1.1.4 先进综合式航空电子系统 7
  1.2 航空电子系统的结构特征 8
  1.3 航空电子系统中的关键技术 9
  小结 12
  复习思考题 13

第2章 天线与电波传输 14
  2.1 天线基础知识 14
    2.1.1 天线的功能 14
    2.1.2 天线类型 15
    2.1.3 场区划分 15
    2.1.4 天线的基本参数 15
    2.1.5 机载天线简介 19
  2.2 电波传输基础知识 29
    2.2.1 概述 29
    2.2.2 自由空间电波传播 29
    2.2.3 无线电波的传播方式 31
  小结 32
  复习思考题 33

第3章 高频电子技术基础 ······ 34

3.1 无线电收发机结构 ······ 34
- 3.1.1 无线通信系统 ······ 34
- 3.1.2 发射机结构 ······ 35
- 3.1.3 接收机结构 ······ 35

3.2 选频技术 ······ 37
- 3.2.1 选频网络 ······ 37
- 3.2.2 耦合回路 ······ 40
- 3.2.3 滤波器 ······ 44

3.3 变频技术 ······ 48
- 3.3.1 变频器的作用 ······ 48
- 3.3.2 变频器的工作原理 ······ 49
- 3.3.3 变频器的主要技术指标 ······ 50
- 3.3.4 混频电路 ······ 50
- 3.3.5 混频干扰和失真 ······ 52

3.4 放大技术 ······ 53
- 3.4.1 高频小信号放大器 ······ 53
- 3.4.2 中频 AGC 放大器 ······ 55
- 3.4.3 高频功率放大器 ······ 56

3.5 频率合成技术 ······ 58
- 3.5.1 直接模拟频率合成 ······ 58
- 3.5.2 直接数字频率合成 ······ 59
- 3.5.3 锁相频率合成 ······ 63

小结 ······ 67

复习思考题 ······ 68

第4章 通信技术基础 ······ 69

4.1 通信一般概念 ······ 69
- 4.1.1 通信系统基本概念 ······ 69
- 4.1.2 航空通信 ······ 70

- 4.2 调制技术 … 72
  - 4.2.1 调制的基本概念 … 72
  - 4.2.2 连续波调制 … 74
  - 4.2.3 脉冲调制 … 77
- 4.3 语音信号处理技术 … 81
  - 4.3.1 语音数字编码技术 … 81
  - 4.3.2 语音合成技术 … 85
- 4.4 信道编码技术 … 86
  - 4.4.1 基本原理 … 86
  - 4.4.2 几种常见的差错控制编码 … 88
- 4.5 扩展频谱技术 … 90
  - 4.5.1 基本知识 … 91
  - 4.5.2 扩频通信的典型方式 … 91
  - 4.5.3 伪随机信号 … 92
  - 4.5.4 直接序列扩频 … 95
  - 4.5.5 跳频通信 … 96
  - 4.5.6 跳频/直扩混合扩频通信 … 97
- 小结 … 98
- 复习思考题 … 99

第5章 无线电导航技术基础 … 100

- 5.1 无线电导航概述 … 100
  - 5.1.1 基本概念 … 100
  - 5.1.2 导航的基本要素 … 102
- 5.2 无线电测量原理 … 105
  - 5.2.1 角测量原理 … 106
  - 5.2.2 距离测量原理 … 109
- 5.3 无线电导航定位原理 … 111
  - 5.3.1 位置线交点定位法 … 111
  - 5.3.2 推航定位 … 113

5.4　常用无线电导航系统及基本原理 ·················· 114
　　　　5.4.1　振幅无线电导航 ························· 114
　　　　5.4.2　频率无线电导航 ························· 123
　　　　5.4.3　脉冲无线电导航 ························· 126
　　　　5.4.4　复合无线电导航系统 ······················· 130
　　　　5.4.5　卫星导航系统 ·························· 134
　　　　5.4.6　组合导航系统 ·························· 136
　　小结 ······································ 139
　　复习思考题 ··································· 139

第6章　雷达技术基础 ······························ 141
　　6.1　微波技术 ································· 141
　　　　6.1.1　微波基本概念 ·························· 141
　　　　6.1.2　常用微波器件 ·························· 142
　　6.2　雷达基础 ································· 145
　　　　6.2.1　雷达方程 ···························· 145
　　　　6.2.2　目标距离、角度、速度的测量 ················· 149
　　　　6.2.3　PD 雷达原理 ·························· 155
　　　　6.2.4　相控阵雷达 ··························· 163
　　小结 ······································ 168
　　复习思考题 ··································· 168

第7章　电子对抗技术基础 ···························· 170
　　7.1　通信对抗技术 ······························· 170
　　　　7.1.1　通信对抗侦察 ·························· 170
　　　　7.1.2　通信干扰 ···························· 175
　　　　7.1.3　通信防护 ···························· 179
　　7.2　雷达对抗技术 ······························· 181
　　　　7.2.1　雷达对抗侦察 ·························· 182
　　　　7.2.2　雷达干扰 ···························· 192
　　　　7.2.3　雷达防护 ···························· 197

小结 ··· 200
复习思考题 ··· 200

第8章 航空火力控制技术基础 ································· 201
8.1 航空火力控制研究的问题 ································· 201
8.2 火力控制问题的基本解法 ································· 201
8.3 非控武器对空攻击火力控制原理 ························· 203
8.3.1 前置跟踪瞄准原理 ··································· 203
8.3.2 连续计算命中线瞄准原理 ··························· 206
8.4 非控武器对地攻击火力控制原理 ························· 208
8.4.1 轰炸瞄准原理 ·· 208
8.4.2 连续计算命中点瞄准原理 ··························· 209
8.4.3 连续计算投放点瞄准原理 ··························· 209
8.4.4 延迟连续计算命中点瞄准原理 ······················ 211
8.5 空空导弹火力控制原理 ··································· 211
8.5.1 空空近距导弹的火力控制 ··························· 212
8.5.2 中距雷达制导导弹的火力控制 ······················ 212
8.5.3 多目标攻击火力控制 ································ 214
8.6 空面精确制导武器火力控制原理 ························· 215
8.6.1 空面制导武器及制导特点 ··························· 215
8.6.2 激光制导炸弹的投放控制 ··························· 216
小结 ··· 217
复习思考题 ··· 218

第9章 机载计算机与数据总线技术基础 ······················· 219
9.1 机载计算机概述 ·· 219
9.1.1 主要任务 ·· 219
9.1.2 分类 ··· 220
9.1.3 特点 ··· 221
9.1.4 发展历程 ·· 221
9.2 机载计算机系统 ·· 222

IX

  9.2.1　硬件结构 …………………………………………………… 222

  9.2.2　机载计算机软件 …………………………………………… 223

 9.3　机载数据总线技术 ………………………………………………… 228

  9.3.1　ARINC-429 总线 …………………………………………… 229

  9.3.2　MIL-STD-1553B 总线 …………………………………… 233

  9.3.3　AFDX 总线 ………………………………………………… 238

  9.3.4　CAN 总线 …………………………………………………… 242

  9.3.5　LTPB 总线 …………………………………………………… 249

  9.3.6　FC 总线 ……………………………………………………… 250

小结 ………………………………………………………………………… 252

复习思考题 ………………………………………………………………… 253

参考文献 …………………………………………………………………… 254

第1章 航空电子系统概述

航空电子,其英文 avionics 是由 aviation(航空)和 electronics(电子学)两词相结合而派生出来的。自第二次世界大战后的几十年来,美国、德国、法国、英国、苏联(俄罗斯)先后开展航空电子技术的研究,航空电子已经成为一门独立的学科。早期飞机的仪表、设备简陋,功能非常简单,后来陆续装备了机载雷达、无线电导航设备、着陆引导设备、自主导航设备、平视显示器、下视显示器、电子战设备、数字计算机等,并逐步发展成为现代的航空电子系统。随着数字技术、微电子技术的迅速发展,航空电子设备的性能日趋完善,航空电子系统作为现代战斗机执行作战任务的主要系统之一,担负着从起飞到本机导航、飞行控制、目标搜索、识别跟踪、火控计算、武器投射和制导、电子战、通信等多重任务,是现代战斗机的"大脑"和"神经中枢",是实现先敌发现、先敌攻击和先敌摧毁的关键。本章主要介绍航空电子系统的发展历程、结构特征和关键技术。

1.1 航空电子系统的发展历程

航空电子系统走过了漫长的发展道路,经历了几次大的变革,每一次变革都使飞机的性能获得提高,并且进一步推动航空电子技术的发展。在航空电子系统发展中系统结构不断演变,因此航空电子系统的"结构"成为划时代的主要依据。

1.1.1 分立式航空电子系统

早期的航空电子系统为分立式结构,系统由许多"独立的"子系统组成,如飞机甚高频电台、机载雷达、敌我识别器等。每个子系统必须依赖于飞行员的操作,飞行员不断从各子系统接收信息,保持对武器系统及外界态势的了解,如我军的歼 – 5、歼 – 6 飞机和美军的 F – 100、F – 101 等战斗机使用了典型的分立式结构。

在第二次世界大战期间,一些重要的航空电子设备相继问世并投入使用,甚高频(100~150MHz)电台的使用大大提高了飞机无线电通话的清晰度,而且使用更高频率的无线电波意味着能够采用尺寸更小的天线(如最初的弹性鞭状天线),获得更多的可用工作频率。

机载雷达的出现为飞行员增强了对战场环境的感知能力,并使飞机具备了一定的夜战能力。敌我识别器最早产生于1939年,其机载部分只是一个应答机,在收到地面雷达的询问后,自动生成代码迅速应答,无需飞行员应答。但同当时其他的电子设备一样,敌我识别器在使用上并非完全可靠。

在第二次世界大战后期,还出现了对付雷达的电子战,即使用金属箔条对雷达实施电子干扰,并取得了良好的效果,大大降低了空袭机群的战损率。

第二次世界大战结束的时候,尽管战斗机的性能有了很大提高,如战斗机发展成为单翼单引擎飞机、飞机的机动性和速度都有了较大提高等,战斗机装备的电子设备的种类、数量、性能等也有了很大提高,但机载电子设备还没有形成系统,相互之间几乎没有交联关系。火控系统可以算是第二次世界大战以后战斗机上最早的系统级电子设备了。

美国于1950年研制成功E-1火控系统,并装备于F-94战斗机。该火控系统首次将一台计算机与APG-32/33雷达交联在一起,能提示飞行员进行武器发射,可使飞行员在盲目条件下完成对目标的截获和攻击,这是战斗机发展史上的一个里程碑。后来,E-1火控系统经过不断的改进,并与飞机上的自动驾驶仪相交联,从而实现了半自动化空战。

20世纪50年代中期,晶体管技术进入航空领域,为航空电子设备和火控系统的发展提供了新的技术基础。在此后很短的时间内,晶体管迅速取代了航空电子设备和火控系统中几乎所有的电子管,使得各种设备的体积、重量大幅减小,而且设备的可靠性也大大提高。随着模拟计算机的研制成功和信号处理技术等的发展,战斗机的机载电子设备的性能水平有了很大提高,种类和数量也在迅速增加。为了有效地利用和管理越来越多的机载电子设备,人们开始把完成相似功能的设备初步结合在一起,形成一个个功能子系统,航空电子设备也从此开始按完成的功能进行划分,如通信设备、导航设备、自动飞行控制及仪表、任务设备和支援设备等,各功能设备、子系统也开始互相交联,传输一些必要的数据。

60年代初出现的平视显示器是火控系统发展史中的一个重要显示设备,它标志着火控系统已经由机电式光学瞄准具发展为综合显示的平显/武器瞄准计算的火控系统。平显是一种性能非凡、功能齐全的显示设备,它可提供飞行各阶段所需的多种显示方式,如导航、地形回避或地形跟随、空空攻击与空地攻击等显示方式,还能提供机载武器的投放和制导信息。随后出现的机载数字式计算机,为火控系统采用示迹线瞄准和导弹离轴发射提供了技术保证,平显与数字计算机的结合满足了近距离机炮格斗和中近距导弹攻击的要求,提高了攻击精度。

平显后来就成为战斗机上飞机、飞行员与目标之间不可或缺的主要信息接口。集成电路技术的发展,为机载数字式计算机的研制和发展奠定了基础,航空电子也终于在20世纪60年代跨入了数字化的门槛。数字计算机的应用大大提高了航空电子系统的计算精度、运算能力和可靠性,这标志着航空电子技术的发展进入了一个新纪元。

但在航空电子跨入数字化的初期,由于数字式计算机价格昂贵等原因,航空电子各功能设备和子系统仍然是以模拟式为主。这些模拟式的子系统与一个小型数字计算机相连,并作为它的外部设备,如图1-1所示。值得说明的是,其通信、导航、雷达等设备均有其专用且相互独立的天线、射频前端、处理器和显示器等,采用点对点专线连接至座舱。

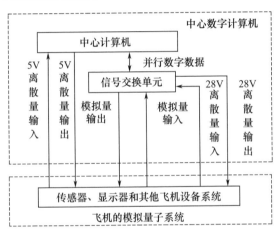

图1-1 典型的集中式航空电子系统框图

1.1.2 联合式航空电子系统

分立式航空电子系统是采用堆砌的组合方式构成的,其各航空电子设备/分系统(如雷达、惯导等)的控制、处理、显示均自成独立系统,各设备/分系统单元不能共享信息,这就势必导致体积与重量大、座舱拥挤、飞行员负担重、电磁干扰严重、可靠性差等严重问题。因此,增加机载电子设备的数量反而会影响作战飞机效能的提高。

为了解决航空电子设备不断膨胀带来的一系列问题,美国空军莱特实验室于1973年提出了数字式航空电子信息系统(DAIS)计划,开始给航空电子注入"综合"的概念。这是航空电子系统发展历程中的重要里程碑。

联合式结构是向综合化过渡的一种结构形态,它出现了部分子系统之间的综合。例如,火控计算机、平视显示器、火控雷达等之间的综合;大气数据计算机、高度表、空速表、垂直速度表、攻击传感器、大气温度传感器的组合;飞行指引计算机、航姿系统、塔康等的结合。各分系统通过广播式数据传输总线(如ARINC429)连接。联合式结构(也称为综合化结构)是美国DAIS研究计划的主要成果,它通过1553总线将大多数航空电子分系统交联起来,实现信息的统一调度。这一时期的另一重要特点是电子技术开始应用于飞机的关键部位,如飞行控制及地形跟随,同时,传感器和分系统的能力不断增强,如雷达、红外传感器、激光测距、电子战设备等。美国部分现役战斗机使用了这种结构,如F-16C/D、F/A-18、F-15E等。这种结构在美国等国已成为成熟技术,很多飞机的改型、更新大多采用这种系统。

DAIS计划提出的航空电子系统结构由4个核心部件组成,即处理机、多路数据传输总线、综合控制显示器和执行软件。多路数据传输总线是全系统的通信工具,是系统信息传输的干线,也是DAIS计划的最重要组成部分之一。因此,总线的使用情况以及总线的利用效能与整个航空电子系统的总体指标密切相关。处理器完成飞行、作战使命任务的计算、调度和系统管理。通常指定一个处理器为总线控制器,另一个处理器为总线监控器。综合控制显示器则代替分立式电子设备中的多种开关、按钮、显示器等,把各子系统或设备的信息综合成统一的显示格式呈现给飞行员。除了平视显示器外,水平情况显示器、垂直情况显示器、多功能显示器也相继得到应用。软件也是DAIS计划的一个重要组成部分,伴随着计算机和处理器的大量使用,对软件的需求量也在大幅增加。

在DAIS计划刚提出的时候,大多数航空电子设备还是模拟式设备,因此,在系统结构中以远程终端(RT)数字和模拟的接口与航空电子设备相连接,如图1-2所示。很显然,这是一个还缺乏直接可与多路总线连接的设备情况下的过渡方案。

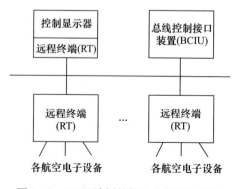

图1-2 DAIS计划的航空电子系统结构

第1章 航空电子系统概述

随着微处理器时代的到来,由于价格低廉的嵌入式微型计算机的迅速发展和应用,在每个子系统或设备中都可以采用微机,这样就可以把原来由中央计算机完成的功能分配到各个子系统或设备中,而使中央计算机集中精力完成系统控制和协调工作。这样,原来需要一个外场可更换组件(LRU)的总线控制接口装置(BCIU)或 RT,就可以缩小成一块嵌入式模块,以便嵌入到各分系统或设备中。而且随着各种数字化的航空电子分系统相继研制成功,航空电子系统结构也必然发展成为各分系统通过嵌入式的 BCIU 或 RT 直接与总线交联,如图 1-3 所示。这样的系统结构称为联合式航空电子系统。系统控制就是通过一定的逻辑设计,使整个系统能够井然有序、协调一致地工作。

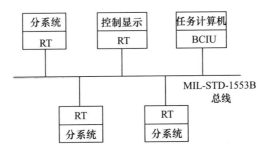

图 1-3 联合式航空电子系统结构框图

1.1.3 综合式航空电子系统

第三代战斗机上广为采用的联合式航空电子系统虽然改变了传统的相互独立的分立式航空电子系统结构,简化了设备间的连接,实现了初步的信息共享、综合显示处理,但对于日益高度复杂的航空电子系统来说,也表现出以下几个方面的局限性。

① 系统综合化程度低,存在一定的系统资源浪费。

② 信息总承载能力不足,复杂的航空电子系统往往需要几条总线支持数据传输。

③ 对于复杂的子系统,利用总线控制数据传输时,操作系统工作复杂,软件可靠性低。

④ 系统容错能力有限。

⑤ 模块化、标准化程度低,系统维修费用较高。

针对上述问题,美国通过"宝石柱"计划,研制了新型航空电子综合系统,该计划完成于 20 世纪 80 年代,实现"宝石柱"系统结构的第一架战斗机是美国的 F-22 战斗机,RAH-66 轻型攻击/侦察直升机也使用了这种结构,各分系统间以1553B和HSDB(高速数据总线)相连接。采用开放式系统结构,在系统构成方面,采用了标准化、模块化、综合化、智能化的技术,从而能独立地控制研制和维护保障费用,提高了可靠性,简化了维护手段。

"宝石柱"的系统结构改变了用数据总线联网的综合方式,而是按功能划分,提出了功能区的概念,将系统划分为传感器管理区、任务管理区和飞行器管理区3个功能区。

传感器管理区的功能是完成对各类传感器的管理和对雷达、电子战、通信导航识别(CNI)、图像等的数字信号处理。数字信号处理部分的主要组成部件包括一组公用信号处理机、一个传感器数据分配网络、一个传感器控制网络、一个数据交换网络和一个视频数据分配网络。

任务管理区则负责完成各种任务功能和系统管理功能,包括目标捕获、火力控制、导航管理、防御管理、悬挂物管理与地形跟随/地形回避等。任务管理区还负责控制数字信号处理区的容错和重构,负责确定数据从传感器区到数字信号处理区的通路。任务管理区还负责采集所有航空电子设备的工作状况信息、维修信息,并保存和记录上述信息。任务管理区由任务数据处理机、任务航空电子设备多路传输总线、传输总线、系统大容量存储器和悬挂物管理系统等组成。

飞行器管理区主要完成基本飞行和飞机公用系统的管理控制功能,包括飞行控制、进气道控制、推进装置控制、推力矢量控制、大气数据测量、飞机惯性测量、飞机电源控制、燃油测量和控制、液压系统控制、生命保障系统控制、起落架和其他辅助功能的控制等。飞行器管理区的主要组成包括飞行器管理系统数据处理机、显示控制接口、飞行传感器驱动接口、电源控制接口、发动机控制接口和通用系统接口等。

与第三代战斗机的航空电子系统相比,"宝石柱"推出了规模庞大的操作系统软件,该操作系统在功能上由三部分组成,即系统执行程序、核心执行程序和分布执行程序。

系统执行程序实际上由主文本和备用文本两个文本组成。备用文本以"热备份"的方式运行,一旦主文本出现故障,备用文本可用来取代主文本。系统执行程序负责监视系统硬件和软件的工作状态,把应用软件任务合理分配给处理资源,在探测到系统故障时进行系统重构。系统状态的监视、通信和储存主要是通过系统数据库进行的,该数据库位于每台任务数据处理机中,数据库由分布执行程序操纵控制。系统各组成部分及任务状态的变化都将作为补充资料通过高速数据总线传送到每台处理机的数据库中,同时还传送到系统大容量存储器的状态表的副本中。系统执行程序保存系统所有的故障信息,并控制系统资源的重构。

核心执行程序负责提供所有任务数据处理机通用的操作系统功能,如任务服务、任务的调用和中止、任务定序、处理机容错、外围设备控制等,还提供应用任务之间的控制和通信。

分布执行程序负责提供系统状态信息,并执行系统应用任务的操作。分布执行程序还具有总线接口控制能力,通过总线接口规定了处理机之间的信息交换,通过任务航空电子设备多路数据传输总线与其他处理机的分布执行程序相连接,并与本身任务数据处理机的核心执行程序相连接。

"宝石柱"计划采用了20世纪80年代的最新技术,以超高速集成电路和美国综合航空电子设备联合工作组确定的通用模块为基础,改进了系统结构,实现了航空电子系统的高度综合。"宝石柱"结构由一套通用模块组成,它支持核心数据和信号处理资源的共享,支持二级维修体制,具有容错和重构功能。在系统主要资源发生故障时,可以利用备用信号和数据处理资源,根据任务把剩余资源分配给最高优先级的分系统,支持系统柔性降级,因此系统具有高可用性和可靠性。

1.1.4 先进综合式航空电子系统

继"宝石柱"计划后,美国又推行了"宝石台"(Pave Pale)计划,在纵深方向上继续推行综合化。一方面,系统中实现了各系统处理功能的综合(通用处理模块、动态重构)并进而实现传感器功能及信号处理功能的综合化;另一方面,综合化的范围也在扩展,包括以前相对独立的飞行控制、发动机控制、通用设备控制,形成了飞机管理系统的概念,这种结构已经应用于美国的F-35军用飞机上。该计划的一项重要内容就是研究当前传感器系统的综合化,以及由此引起的系统结构概念的变化,并评估未来的技术将怎样使综合传感器系统得以实现。"宝石台"计划的实施带动了为实现传感器综合和系统结构变化的一些新技术的发展,这些技术包括宽频带单片射频元件、宽频带光纤连接器、高度可编程的高性能信号处理器、高效的多处理器操作系统、宽带孔径技术和人工智能技术等。

与"宝石柱"计划相比,"宝石台"计划在传感器区进行了更为广泛和更加深刻的综合。该计划旨在以射频共用模块为基础,实现传感器内部的容错、重构和资源共享,即用几种射频共用模块完成接收、滤波、下变频、A/D变换、频率合成、上变频、波形产生、射频信号发射以及数字式信号处理等射频功能,并通过传感器数据分配网络与综合核心处理机交联。"宝石台"计划还提出以13个射频天线孔径覆盖所有射频天线功能的设想。

"宝石台"综合射频系统中的天线部分综合了雷达、电子战、通信、无线电导航、敌我识别等传统分系统天线的功能,天线及其前端电子部件经过射频开关网络与后面的电子处理部分交联,分为接收和发射两个通道。经过变频部分后,射频变为中频,再经过中频互联开关网络与接收器、A/D 变换、滤波等功能电路相连接,然后经过数字式预处理器处理后,通过光交换网络与综合核心处理机(ICP)相连。发射通道的信息传输方向正好相反,从 ICP 过来的信号经光交换网络连接到波形发生和调制器,经过中频开关网络到变频器变换为射频,经射频开关网络送到天线部分辐射出去。

"宝石台"计划的另一个重要特点是采用了综合核心处理机技术。为适应传感器综合以及相应的系统结构上的变化,也为进一步降低系统成本、重量和体积的需要,"宝石台"计划需要比"宝石柱"和 F-22 飞机处理能力更强的多任务处理机,即综合核心处理机。ICP 是一种模块化的综合多处理机,其各部件可以在物理上分布于整个平台,并采用小型的电气/光学母板取代了"宝石柱"的大电气母板,使各母板之间及母板内部的数据传输延迟几乎相等。因此,ICP 与传感器、飞行器管理系统、悬挂物管理系统和座舱,以及 ICP 与各模块之间的数据交换都可通过统一的高速率光交换网络相连,使飞机各分系统处于同一个光互联网络中,并取消了 3 个功能区和数据分配/交换网络,从而使系统结构更加紧凑。由于采用了光互联网络和光纵横开关,ICP 母板内和母板间数据传输的延时在 1~2ns 内,因此 ICP 各模块物理位置布局不受限制。采用光母板完成模块之间的通信和数据传输是"宝石台"的一项重要改进,其他方面的增强和改进还包括先进的多芯片封装技术以及贯流液冷冷却技术等。

1.2 航空电子系统的结构特征

从系统性能方面而论,资源共享式结构是最理想的航空电子系统结构,其特征主要有以下几个。

① 通过数据总线进行信息传送。不论是初期综合采用的 ARINC429、1553B 总线,还是实现高度综合采用的高速数据总线(HSDB)和超高速数据总线(VHS-DB),都是航空电子综合系统的基础。只是综合的程序愈高,要求数据总线的处理能力和吞吐率愈高,此外,数据总线应具有自动故障识别、诊断和重构能力,还必须具有抗电磁干扰和电磁脉冲干扰能力,从而提高数据总线在危险环境中的生存能力和安全性。

② 通过平显、下显和(或)头盔瞄准具进行综合显示。这些显示器是航空电子综合系统的共用终端,它们不仅显示雷达、红外、火控、导航、武器系统的数据和参数,而且还显示大量仪表和其他系统的有关信息。另外,还随时显示系统的

健康信息,使飞行员准确、全面地了解所处的工作环境和系统的工作状况。采用这些显示器后,可取消各种机电式仪表,节省座舱仪表板的空间,极大地提高了信息显示的数量、质量和人机工效。

③ 通过双杆(驾驶杆和油门杆)控制、综合控制板、预编程及话音控制实现人机对话。航空电子综合系统结构实现了控制方式的简化,从而减轻了飞行员负担,提高了作战效能。在空战格斗时,飞行员可以在双杆上完成火控系统和武器发射的全部控制操作。另外,为了简化飞行员的操作,可以对大量的工作进行预先编程,如在空战格斗时,可根据挂载导弹的类型进行预编程,不需要飞行员临时选定武器类型,在对地攻击时,可预先设定最低俯冲高度,及时提醒飞行员拉起飞机。

④ 采用模块化结构实现结构的简化和资源共享。航空电子模块化结构是实现资源共享和系统重构的基础。通过资源共享使系统资源的分配和利用更趋合理和高效。

⑤ 通过传感器数据融合获取更丰富、准确、质量更高的目标信息,提高系统的作战效能。传感器数据融合是航空电子综合系统的关键技术之一,是未来传感器数据处理的发展方向。传感器数据融合技术目前发展很快,已趋于成熟。

⑥ 通过机内自检测(BIT)、系统重构和容错技术,提高了系统可靠性和可维修性。机内自检测是现代航空电子综合系统的重要特征之一。外场可更换组件(LRU)或外场可更换模块(LRM)都有专用的 BIT 电路和测试程序。在飞行过程中,一旦系统发生故障或遭受战斗损伤,立即发出警告信号,计算机可根据故障情况切断失去功能的 LRU 或 LRM,并自动连通备用的 LRU 或 LRM,使系统恢复全部或部分功能。为了实现故障检测与隔离以及分级维修的需要,还设有一条测试维修用的测试总线(TM - BUS)。另外,计算机还可存储系统在执行一次任务过程中发生的全部故障,以便飞机返航后,地勤人员根据故障记录采取相应的维修措施。

1.3 航空电子系统中的关键技术

航空电子系统的发展与数字技术、微电子技术和计算机技术水平密切相关,主要包括系统的硬件和软件两个方面,其中硬件是系统的核心,软件是系统中枢。主要的关键技术应该是通用模块技术、高速多路数据传输总线技术、软件技术、数据融合技术、仿真技术和软件无线电技术。

1. 通用模块技术

通用模块技术是系统综合及更高程度综合的基础,整个航空电子系统实现模块化的结构,不仅能适应航空电子系统的各种应用,而且系统发生故障时便于检测和重构。通用模块由超高速集成电路(VHSIC)芯片集构成,并包括完成接口控制和健康诊断等全部数字处理功能电路,利用通用模块可开发系统/子系统,而且,通用模块组合后可构成任何一种功能的航空电子子系统。采用通用模块后,不仅使机上的电缆连接器减少90%,取消了中间维修,维修成本大大降低,而且平均故障间隔时间(MTBF)提高了近4倍。

2. 高速多路数据传输总线技术

航空电子综合系统采用的第一代总线是1553B总线,此总线的采用虽然解决了许多问题,但仅提供了约300kb/s(千位/秒)的有用吞吐量。这样,就迫使现役飞机采用多路数据总线网络,即第二代总线——高速数据总线(HSDB),以适应较大的信息流以及资源共享和容错要求。此外,数据总线本身还应具有抗各种干扰的能力,从而提高其在恶劣环境中的生存能力和安全性。高速数据总线采用定向式数据分配方法,而不是1553B总线的中央控制方法。在"宝石柱"结构中,HSDB至少在任务航空电子总线、局部传输总线和飞机系统管理总线3个性质不同的应用范围内使用。

3. 软件技术

软件技术是航空电子综合系统的基础和核心。20世纪80年代初,由于MIL-STD-1750A、1589C和1553B军标的相继制定,美国军方多年来推行数字化航空电子综合系统的成果已经展现,代表了军用计算机软、硬件及总线的发展方向。但是,现代航空电子系统已从电子机械密集型向软件密集型过渡,因此对软件的需求量越来越大,4～5年增长1倍,而目前的软件生产能力(以生产代码的有效行计算)每年仅增长3%～4%,远不能达到作战环境对航空电子系统的要求。软件规模的增长是航空电子系统成本在飞机中所占比例不断增大的主要原因之一。航空电子系统费用不断增加的另一个重要因素是软件的非通用化,因此开发可重用的通用软件将有助于提高软件生产效率。

4. 数据融合技术

在军事领域,根据多种信息资源进行检测、互连、相关、估计、信息与数据联合的多层次、多界面的信息处理,从而获取精确的有关状态和属性的估计,获取完整的实时态势及威胁程度评估的方法和手段称为数据融合。通过多传感器的智能化综合配置获取更丰富、更精确和高质量的目标相关信息,就是数据融合技术。它由作战需求牵引,为现代科技(如计算机、人工智能等)发展所推动。"宝石柱"计划中已将数据融合列为关键技术之一。数据融合技术以数据融合算法为核心,要在航空电子系统中使它的功能模型工程化,必须完善大量的辅助功能,如传感器管理、数据库管理、人机接口和通信软件等。实现这些功能将占用大部分的软件,而真正用于融合算法的软件还不足20%。

通过传感器的数据融合可以带来以下特殊效益。

① 扩大时空覆盖范围。

② 增加置信度。

③ 减少模糊性。

④ 提高空间分辨力。

⑤ 改善系统可靠性。

⑥ 增加"电磁谱"的侦察范围,可在"全景"电子战环境中执行有源和无源探测任务。

5. 仿真技术

航空电子系统的仿真技术是用数学模型代替实际系统进行试验,通过编制的系统仿真程序在计算机上运行试验,它模拟系统本身以及工作环境变化,并从中取得所需的信息,以验证方案并指导设计与生产,它是一种定量分析过程的方法。仿真技术是航空电子综合系统的一项重要试验技术,它是以计算机硬件及相应的软件为基础,以现代控制论与相似原理为方法,借助系统模型对设想的和真实的系统进行解析或半实物混合仿真试验研究的一门综合性新兴技术。航空电子综合系统仿真是用一个具有显示/控制器的飞机座舱,通过显示/控制航空电子系统相互作用的动态过程,开发人机闭环特性的研究。航空电子综合系统的研制离不开仿真,它不仅可以实时发现问题、及时解决问题,而且缩短了研制周期和试飞时间,节省了费用。

6. 软件无线电技术

软件无线电的基本思想是以硬件作为其通用的基本平台,把尽可能多的无线及个人通信功能用软件来实现。从而将无线通信新系统、新产品的开发逐步转移到软件上来,其产值也在软件上体现出来。其最终目的是使通信系统摆脱硬件布线结构的束缚,在系统结构相对通用和稳定的情况下,通过软件来实现各种功能,使系统的改进和升级都非常方便且代价小,同时不同系统之间很容易互连与兼容。

理想的软件无线电系统结构如图1-4所示。软件无线电的工作过程是在射频或中频对接收信号进行数字化,通过软件编程来灵活实现各种宽带数字滤波、直接数字频率合成、数字下变频、调制解调、差错编码、信令控制、信源编码及加/解密功能。在接收时,来自天线的信号经过RF处理和变换,由宽带A/D数字化,然后通过可编程数字信号处理器(DSP)模块实现所需的各种信号处理,并将处理后数据送至多功能用户终端。同样,在发送时,通过类似接收信号处理的流程将数据通过天线发射出去。利用在线和离线软件,可以实现通信环境的分析、管理以及业务和性能的升级。

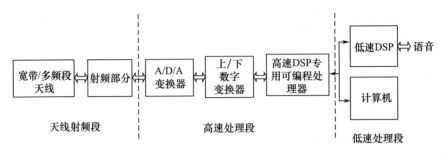

图1-4 理想的软件无线电系统结构

软件无线电技术的主要特点:工作模式可由软件编程改变,包括可编程的射频频段宽带信号接入方式和可编程调制方式等。所以,可任意更换信道接入方式,改变调制方式或接收不同系统的信号;可通过软件工具来扩展业务、分析无线通信环境、定义所需增强的业务和实时环境测试,升级便捷。多个信道享有共同的射频前端与宽带A/D/A变换器以获取每一信道的相对廉价的信号处理性能。模块的物理和电气接口技术指标符合开放标准,在硬件技术发展时,允许更换单个模块,从而使软件无线电保持较长的使用寿命。

小 结

本章首先简要介绍了航空电子系统的发展过程,然后概述了航空电子系统的结构特征和航空电子系统发展的关键技术。掌握航空电子系统概述是学好航电设备原理的基础;航空电子系统的结构特征和航空电子系统发展的关键技术是本章的学习重点。

早期的航空电子系统为分立式结构,系统由许多"独立的"子系统组成,随着航空电子技术的发展,航空电子系统经历了联合式航空电子系统、综合式航空电子系统和先进综合式航空电子系统等阶段。航空电子系统综合化是新型飞机的重要特点之一。

最理想的航空电子综合系统结构有几个主要特征:通过数据总线进行信息传送;通过平显、下显和(或)头盔瞄准具进行综合显示;通过双杆(驾驶杆和油门杆)控制、综合控制板、预编程及话音控制实现人机对话;采用模块化结构实现结构的简化和资源共享;通过传感器数据融合获取更丰富、准确、质量更高的目标信息,提高系统的作战效能;通过机内自检测(BIT)、系统重构和容错能力,提高系统可靠性和可维修性。

航空电子系统的主要关键技术是通用模块技术、高速多路数据传输总线技术、软件技术、数据融合技术、仿真技术和软件无线电技术。

复习思考题

1. 简述航空电子系统的发展历程。
2. 联合式航空电子系统由哪些部分组成？
3. "宝石柱"的系统结构分为哪几个功能区？
4. 航空电子系统有哪些主要的结构特征？
5. 航空电子系统采用了哪些关键技术？
6. 软件无线电的基本思想是什么？关键技术有哪些？
7. 画出理想软件无线电的基本结构图，并阐述软件无线电的特点。

第 2 章　天线与电波传输

无线电发射机输出的射频信号,通过馈线(电缆)输送到天线,由天线以电磁波形式辐射出去。无线电波在空间的传播情形,将影响信号的传递质量。电磁波到达接收地点后,由天线接收,并通过馈线送到无线电接收机。可见,无线电系统靠空间的电磁波来传递信息,而电磁波的发射和接收则必须由天线来完成,没有天线也就没有无线电通信。本章介绍天线基础知识和电波传播的特点与规律。

2.1　天线基础知识

2.1.1　天线的功能

天线就是用来发射和接收电磁波的装置。向空间发射电磁波的天线,称为发射天线;接收空间传来的电磁波的天线,称为接收天线。由于同一个天线在发射和接收过程中,其各项参数性能不变,所以发射天线和接收天线可以互易,即天线具有互易性。在图 2－1 中示出了无线电系统原理示意图,对于广播电视等系统来说,其发射天线和接收天线是分开的;但是对于通信、雷达等系统来说,其发射天线和接收天线一般是共用的。

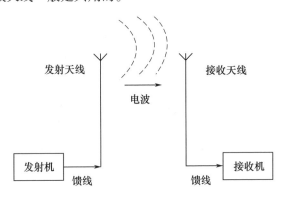

图 2－1　无线电系统原理示意图

2.1.2 天线类型

天线的种类和形式是多种多样的,并且各有特点。根据分类方式的不同,分类的结果也不同。按照天线的功能,可分为发射天线和接收天线;按照天线的结构,可分为振子型天线和面型天线;按照天线的用途,可分为通信天线、导航天线、雷达天线、广播电视天线和电子对抗天线等。

2.1.3 场区划分

众所周知,当有交变电流流过导体时,会在其周围产生交变磁场;同时,由于交变电流相当于随时间变化的电荷,因此,在其周围还会产生交变电场。这种由交变电流、电荷产生的电磁场,其中一部分始终受电流、电荷的束缚,伴随着电流、电荷的出现而出现,伴随着电流、电荷的消失而消失,只能在导体周围发生变化,而不向外传播,所以在导体附近场强较强,随着距离的加大很快衰减,这部分电磁场称为感应场;而另一部分,由交变磁场诱生出来的新的交变电场和由交变电场诱生出来的新的交变磁场,不再受导体上交变电流、电荷的束缚,而是能离开导体向空间传播,这部分场称为辐射场。

天线的感应场和辐射场可以用投石于水池中产生的物理现象比拟。可以看到,在石头投扔的中心点近旁,溅起许多水珠,而在较远的区域,又明显地看到水波从中心点向外传播。那么,溅起的水珠就相当于感应场,它不会离开投扔中心附近向四周运动,而是由石头与水面接触后直接激起的,并随石头沉入水底而消失;水波则相当于辐射场,它脱离投扔中心向四周运动,并与石头沉入水底无关,石头沉入水底后,它仍向前传播。

2.1.4 天线的基本参数

1. 天线方向性

1)方向性的概念

天线辐射场强随方向的不同而变化的特性,称为天线的方向性。天线的方向性就是天线辐射的功率在不同方向的分配情况。如天线辐射的功率主要集中在某一方向,则称为天线的方向性强;如天线辐射的功率均匀分配在各个方向,则称天线是无方向性的。

天线的方向性根据电子设备的不同工作情况有不同的要求。在雷达设备中为了确定目标的方向,天线辐射的电磁波像探照灯的光束一样聚集成很窄的波束,所以雷达天线具有很强的方向性;而在一般广播或飞机与地面之间的通信设备中,为了保证不同方向都能正常工作,则要求天线具有均匀的无方向性。

2) 方向图

为了形象地表明天线的方向性,常采用方向图。天线的方向图是表示距离相同而方向不同,天线辐射场强(或功率)的变化图形。显然,天线的方向图应是三维立体图形,但绘制比较复杂,通常只需研究两个相互垂直的主平面内的方向图就可以了,如用俯仰面和方位面两个平面内的方向图来描述天线的方向性;也可以用与电场矢量平行的平面(E 面)和与磁场矢量平行的平面(H 面)两个平面内的方向图来描述。

2. 天线方向性参数

方向图能形象和准确地表明天线的方向性,但不够简明,因此实用中又常用一些参数来表明天线的方向性。常用的方向性参数如下。

1) 波瓣宽度

波瓣宽度是方向图中两个半功率点之间的夹角,即场强为最大值 0.707 倍的两点之间的夹角,用 $\theta_{0.5}$ 表示。显然,天线的方向性越强,波瓣宽度越小。波瓣宽度的数值可以表明天线辐射的功率,主要集中在这个角度的范围内。方向性强的天线的波瓣宽度只有几度。

2) 方向系数

方向系数 D 是表示辐射能量集中程度(即方向图主瓣的尖锐程度)的一个参数,通常以理想的各向同性天线作为比较的标准。理想的各向同性天线是指在空间各方向的辐射强度都相等的天线,其方向图为一个球体。

方向系数 D 表示:在接收点产生相等电场强度(最大辐射方向上)的条件下,各向同性天线的总辐射功率 $P_{\Sigma 0}$ 比定向天线总辐射功率 P_{Σ} 的倍数,即

$$D = \frac{P_{\Sigma 0}}{P_{\Sigma}} \tag{2-1}$$

由式(2-1)可见,天线方向性越强,则在最大辐射方向同一接收点要产生相同的场强所需要的总辐射功率 P_{Σ} 就越小,D 也就越大。所以,方向系数表明了天线辐射能量的集中程度。对米波和分米波天线,D 值为几十到几百,而对厘米波天线,D 值可达到几千、几万甚至几十万。

3) 增益系数

在给定方向上(通常指天线主瓣最大辐射方向上)同一接收点产生相等辐射场强条件下,理想的无损耗各向同性天线的总输入功率 P_{A0}(即 $P_{A0} = P_{\Sigma 0}$)与定向天线的总输入功率 P_A 之比,叫做天线的增益系数,用 G 表示,即

$$G = \frac{P_{A0}}{P_A} = \frac{P_{\Sigma 0}}{P_A} \tag{2-2}$$

3. 天线效率

由于实际的天线中总会存在一定的损耗,由此导致天线实际总辐射功率 P_Σ 比输入功率 P_A 小,即 $P_\Sigma < P_A$。为了比较不同天线功耗的高低,引入天线效率参数 η,$\eta = P_\Sigma / P_A$。

同一天线的增益系数和方向系数存在一定的关系,即

$$G = \frac{P_{\Sigma 0}}{P_A} = \left(\frac{P_{\Sigma 0}}{P_\Sigma}\right)\left(\frac{P_\Sigma}{P_A}\right) = D\eta \quad (2-3)$$

可见,增益系数是方向系数和效率的积,同一天线的增益系数小于方向系数,增益系数比方向系数能更全面地反映天线的特性。

4. 天线阻抗

1) 天线的辐射电阻

天线作为一个辐射源向空间辐射的电磁波功率为 P_Σ,而辐射功率可认为被一个等效电阻所吸收,该电阻称为天线的辐射电阻 R_Σ,定义为

$$R_\Sigma = \frac{2P_\Sigma}{I_0^2}$$

式中 I_0——天线电流的峰值。

由此可见,辐射电阻越大,天线辐射电磁能量的能力越强。

2) 天线的输入(输出)阻抗

根据天线的互易性,可以画出接收天线的等效电路,如图 2-2 所示。其中,天线为对称阵子天线(能产生显著辐射的直导体称为振子,如果两臂长度相等,则称为对称振子;如果两臂长度不相等,则称为不对称阵子。每臂的长度为 $\lambda/4$,全长为 $\lambda/2$,称为半波对称振子;全长与波长相等的振子,则称为全波对称振子)。对接收机来说,可将接收天线看成一个等效电源,此电源的电动势为 ε、内阻抗为 Z_A,接收机对天线来说是负载,Z_L 为接收机在 A、B 两点对天线所呈现

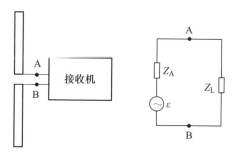

图 2-2 接收天线的等效电路

的阻抗。等效电动势就是天线在电波的电场作用下,天线上输出的感应电动势。因为天线接收和发射时具有同样的输入阻抗 Z_{in},所以等效电路中内阻抗 $Z_A = Z_{in}$,即等于发射时天线的输入阻抗。

为了使接收天线输给接收机最大的功率,就应该使接收天线与负载匹配。若接收天线直接与接收机相连,则天线的输入阻抗应与接收机的阻抗匹配,若接收天线由馈线接到接收机,则天线的输入阻抗应与馈线的特性阻抗匹配,接收机的阻抗也应与馈线的特性阻抗匹配。

5. 天线的有效面积

众所周知,发射天线是向四面八方辐射电磁波的,根据互易原理可知,接收天线也能接收来自四周空间的电磁波。也就是说,接收天线不但能够接收直接穿过这个天线的电磁波,如图2-3中正对天线的射线C,而且还能接收离开天线某些距离的电磁波,如图2-3中其他射线A、B、D、E。根据这一特性,常引入天线有效面积的概念,它是一个等效的吸收电磁波能量的平面,当它垂直放在电磁波传播方向上时,分配在这个平面上的功率数值等于天线传送到接收机的功率。因此,有效面积 S 就是接收天线的输出功率 W 与垂直入射的平面波的功率密度 P 之比,即 $S = W/P$。

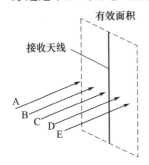

图2-3 接收天线的有效面积

根据计算证明,天线有效面积与天线增益系数 G 有以下关系,即

$$S = \left(\frac{\lambda^2}{4\pi}\right) \cdot G \qquad (2-4)$$

可见,有效面积与天线的增益系数成正比。因为天线的增益系数越大,则天线方向性越强,因此,天线接收正方向来的电磁波的能力增强了,天线的输出功率必然增大,所以有效面积 S 也随之增大。

对于有些天线来说,其有效面积大于实际天线所具有的面积;对于另一些天线来说,其有效面积小于实际天线所具有的面积,如抛物面天线,其有效面积一般为其实际面积的50%~60%。

6. 天线极化

1)极化的概念

从天线接收电波的原理可以看出,电波中电场的方向与接收效果有着明显的关系,而电波中电场矢量的变化规律是由天线发射的情况和电波在传播过程中周围环境的影响所决定的。

为了表明电波在空间传播过程中场强的方向,引入了电波极化的概念。无线电波在空间传播时,其电场矢量是按照一定的规律而变化的,这种现象称为无线电波的极化。电波的电场方向就称为它的极化方向。

2）极化的种类

电波的电场始终与地面垂直,这样的电波称为**垂直极化波**;电波的电场始终与地面平行,这样的电波称为**水平极化波**。

电波的极化方向与发射天线的配置有关:垂直于地面的振子形成垂直极化波;与地面平行的水平振子形成水平极化波。实际上,天线辐射的无线电波还需要经过一段复杂的传播过程才能到达接收天线,在这段传播过程中,电波往往经历不同的路径,接收天线所收到的电波,将是由这些不同路径传来的无线电波的合成。因此,到达接收天线处的电波,将不再是单一极化性的,而是具有垂直极化与水平极化的两个平面波的合成。由于垂直极化与水平极化波的振幅和相位不同,合成后电波的极化将形成线极化、圆极化和椭圆极化3种不同的形式。下面就分别说明这些极化的变化特点。

（1）线极化。当电波的电场水平分量与垂直分量的相位相同或相差180°时,其合成电场不同,瞬时大小不断变化,电场矢量始终在一直线上变化,这样的电波就称为线极化波。如采用振子天线,则振子的轴线应与电场的极化方向一致,才能接收到最大的场强。

（2）圆极化。当电波的电场水平分量与垂直分量的振幅相等,但相位相差90°或270°时,其合成电场为圆极化。电场两分量的振幅相等,结果合成电场的大小不变,但其方向都随时间以角速度 ω（即电波的角速度）旋转,旋转方向决定于二分量的相位差是超前还是滞后。因此,电场矢量终端旋转的结果是一个圆,这样的电波称为圆极化波。

接收圆极化波时,只要使天线的导线与波阵面重合,而导线与地面的夹角可以是任意值,天线上感应的电压振幅是一样的。

（3）椭圆极化。当电波电场的水平分量与垂直分量的振幅和相位之间的关系不符合线极化和圆极化条件时,其合成电场即为椭圆极化,结果两者的合成电场的大小和方向都随时间而变化,电场矢量的终端运动一周是一个椭圆,这样的电波称为椭圆极化波。

2.1.5 机载天线简介

1. 通信天线

垂直接地天线结构简单,体积较小,安装方便,在飞机上应用较多,一般作为通信电台、应答机、询问机、干扰机、侦察机以及其他电子设备的天线。这种天线通常工作在米波和分米波段。

1) 天线的结构

垂直接地天线是由一根金属杆、胶木底座和馈线插座等部分组成。为了减小飞机飞行的阻力,金属杆做成扁平的流线形,锐面如刀口,所以这种天线也称为刀形天线,如图2-4(a)所示。

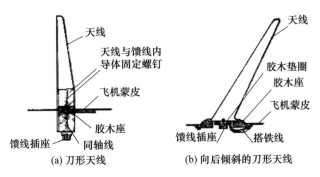

图2-4 垂直接地天线的结构

有时为了进一步减小天线对飞机飞行的阻力,金属杆由铝合金制成,并向后倾斜一个角度,如图2-4(b)所示。天线表面涂有绝缘漆,这样,一方面可以保护天线不易损坏,另一方面从电性能来说,由于飞机天线暴露在机外,飞行时天线和气流中带电质点(水珠、尘埃等)相接触,这样会造成天线上有不断变化的电压和电流,干扰接收机的工作,涂上不导电的漆,就可以减小这种影响。电源能量通过馈线与馈线接头送至辐射体。

2) 天线的基本工作原理

垂直接地天线是一种不对称的振子,它的原理电路如图2-5(a)所示。

由于馈电端一端接振子,一端接机体,所以可以看成天线与机体构成张开的开路线。机体对天线辐射特性的影响,可以用镜像法来分析。根据镜像原理,天线的镜像与天线长度相等,镜像电流与天线电流方向相同,因此天线及其镜像,共同构成一个对称振子。当天线长度等于$\lambda/4$时,天线及其镜像构成半波对称振子,如图2-5(b)所示,线上电流振幅的分布,也与半波对称振子的相似。

实际上,天线的辐射,一部分是直接射向空间的,如图2-5(c)中的射线1所示;另一部分则是经过机体的反射后到达空间的,如图2-5(c)中的射线2所示。所以,机体的反射可用天线的镜像来代替,它起到了对称振子另一臂的作用。采用镜像法之后,垂直接地天线的基本原理就可以完全和对称振子相等效了。

3) 垂直接地振子的方向性

根据镜像原理分析,机体对天线的影响可以用它的镜像来代替,垂直接地振

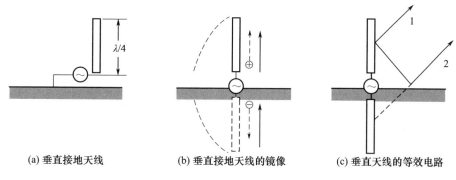

(a) 垂直接地天线　　(b) 垂直接地天线的镜像　　(c) 垂直天线的等效电路

图 2-5　垂直接地天线的镜像分析

子与它的镜像构成对称振子,因此它的方向性也就与对称振子相似。只是因为实际上只有对称振子的上半部,所以方向图也是对称振子的上半部分。当垂直接地振子长度为 $\lambda/4$ 时,其方向图也就是半波对称振子的一半,如图 2-6 所示。

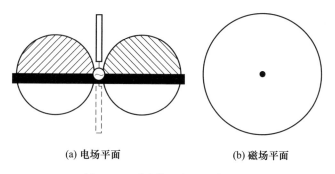

(a) 电场平面　　(b) 磁场平面

图 2-6　垂直接地振子的方向图

当垂直接地振子安装在飞机上时,飞机机体对电波反射的不规则性,使方向图发生很大的改变。飞机天线的方向图是由实际测量绘制的,当机型和天线在飞机上的安装位置及工作频率不同时,天线的方向图也均不相同。这是因为各个方向的直射波和经过机体的反射波,由于路程差带来的相位差随着 λ 的改变而改变了,所以各方向场强的合成势必发生变化,这样方向图也就不一样了。

2. 导航天线

塔康是一种属于近距平面导航设备,通过对塔康地面台发射的信号进行接收,解算出飞机相对于塔康台的方位和距离。塔康地面信标天线结构如图 2-7 所示,由中心天线阵和内外调制圆筒组成,内调制圆筒上有一根寄生反射体,外调制圆筒有9根寄生反射体,内外调制圆筒以15rad/s的速度旋转,因此内调制频率为15Hz,外调制频率为135Hz。中心天线阵向外发射等幅的高斯脉冲,本来是不具有方向性的,但等幅的高斯脉冲由于受到反射体的反射就产生具有方向性的信号。受15Hz调制单元的反射产生一个心脏形水平方向性图,受135Hz调制单元的引向作用,形成9瓣方向性图,两者合成为9瓣心脏形方向性图,向空中进行发射,如图2-8所示。那么飞机在不同的方位利用无方向性天线进行接收时,接收到的脉冲幅度调制信号总的表现为正弦信号。

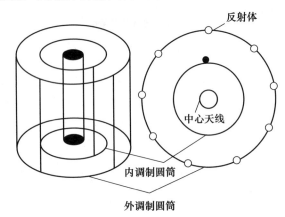

图2-7 塔康地面信标天线示意图

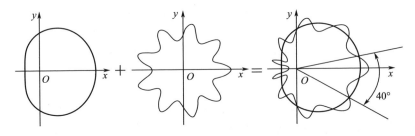

图2-8 塔康地面信标天线方向图

塔康系统规定:地面信标天线方向性图最大值指向正东时刻,由中心天线阵发射北向基准脉冲,天线旋转一周,就发射一组指北基准脉冲。以信标天线为中心,在不同的方位接收信号,指北基准处于15Hz调制包络的相位就不同,并且和方位有一一对应关系,它们的对应关系具体为塔康方位和主基准脉冲与15Hz包络信号正斜率过零点的相位差相等,因此只要解算出相位差就可求出方位。但360°范围内只进行一次测向,那精度肯定达不到要求。所以,当那些小的方向性图最大值指向正东时刻时发射辅助基准脉冲,天线旋转一周,就发射8组指北辅助脉冲,再对辅助基准脉冲与135Hz包络信号正斜率过零点进行解算,由于天线旋转一周,信号相位变化了9次360°,因此误差也将缩小至原来的1/9,使精度达到要求。

根据上面所讲的测向原理,就可以根据飞机在不同方位时基准脉冲、辅助脉冲在调制包络上出现的位置解算出飞机的方位。具体如下:当飞机在塔康信标台的正南方时,基准脉冲出现在正斜率过零或相位差为360°,因此飞机的方位角为零,当飞机处于正东时,基准信号出现在和上一个正斜率过零相位相差270°的位置,因此飞机的方位角为270°,同理,在正北时为180°,在正西时为90°。

使用无方向性天线对有方向性天线发射的包含方位信号进行接收解算得出飞机方位。但如果只测量出飞机的方位,由于在这个方位上存在无数个位置,所以还不能确定飞机的具体位置,起不到精确导航的作用。为了确定飞机的具体位置,还需要测量出飞机相对于导航台的距离。

3. 雷达天线

缝隙天线是一种厘米波天线。这种天线结构简单,外形平整(没有突出部分),很适合在高速飞机的雷达和导弹上应用。

1) 缝隙天线的结构

在波导(或谐振腔和同轴线)上开一个或几个缝隙,用以辐射或接收电磁波的天线,称为缝隙天线。缝隙天线又称裂缝天线或开槽天线,其结构如图2-9所示。电磁能由同轴线经探针激励送入矩形波导,在波导中以TE_{10}波传播时,波导壁上有电流流动。缝隙截断壁上的电流时,在缝隙上就形成位移电流,它就能向空间辐射电磁波。

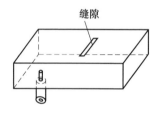

图2-9 缝隙天线

2) 缝隙天线的基本工作原理

缝隙天线的基本工作原理可以通过将缝隙天线与振子天线进行对比来阐述。将一个放在空间的半波对称振子和开在很大金属平板上的长度为$\lambda/2$的缝隙,对它们都在中间馈电,如图2-10(a)、图2-11(a)所示。半波对称振子馈电后,线上电压、电流的分布如图2-10(a)所示;而缝隙的输入端,对中间的电源来说,可以看成$\lambda/4$的短路线,所以在缝隙中也产生驻波,驻波电压的振幅分布是两末端为零,中间最大,驻波电流的振幅分布是两末端最大,中间最小(因为有辐射,节点振幅不等于零)。电压、电流的振幅分布与半波对称振子刚好相反,如图2-10(a)和图2-11(a)中的实线及虚线所示。

缝隙在交变电源的激励下形成的电磁场如图2-11(b)和图2-11(c)所

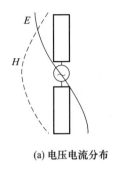 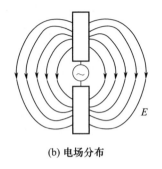 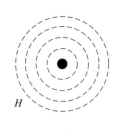

(a) 电压电流分布　　　　　　(b) 电场分布　　　　　　(c) 磁场分布

图 2-10　半波对称振子

示。由于交变磁场不能穿透金属面,缝隙天线上驻波电流所产生的磁场与实际平行线周围的磁场不同,它不能像平行线那样围绕着导线闭合成环,而只能穿过缝隙,在缝隙两侧构成闭合回线,如图 2-11(b) 所示(也可以这样来理解,缝隙中间的交变电场就是位移电流,交变磁场围绕位移电流形成闭合环)。因为缝隙上的电流两末端最大,所以磁场也是两末端最强。缝隙上的驻波电压在缝隙中形成电场,因为交变电场在金属表面只有垂直分量,所以在缝隙周围的电力线如图 2-11(c) 所示,其电场为中间最强、两端最弱。对比缝隙天线的电磁场和振子天线的电磁场(图 2-10(b)和图 2-10(c)以及图 2-11(b)和图 2-11(c))可以看出,缝隙天线的磁场分布与振子的电场分布相似,缝隙天线的电场分布与振子的磁场分布相似。由此可以确定,半波缝隙天线和半波振子是可以等效的,只要把它们的电磁场互换位置即可,这一原理称为双重性原理。所以,缝隙和振子一样可以辐射和接收电磁波,但是它的极化方向较振子的相差 90°,即缝隙天线辐射的是水平极化波,振子天线辐射的是垂直极化波。

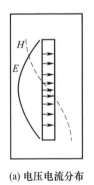 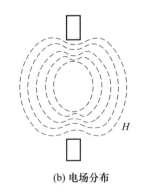 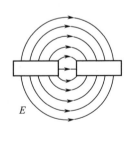

(a) 电压电流分布　　　　　　(b) 电场分布　　　　　　(c) 磁场分布

图 2-11　半波缝隙天线

3）缝隙天线的方向图

根据双重性原理，缝隙天线可以与振子天线相等效，所以半波缝隙天线的方向性也可以与半波对称振子的方向性相等效，不同的只是缝隙天线磁场平面的方向图与振子天线电场平面的方向图相同，缝隙天线电场平面的方向图与振子天线磁场平面的方向图相同，图2-12(a)所示为理想半波缝隙天线的立体方向图。由于实际上缝隙并不是开设在极大的金属板上，而是开设在波导管壁或谐振腔壁上，且缝隙只向空间一方有辐射，所以方向图与理想的有所不同，如图2-12(b)和图2-12(c)中的实线所示。从图中可以看出，磁场平面的波瓣宽度要比理想的稍窄一些，而电场平面还有一定的方向性。

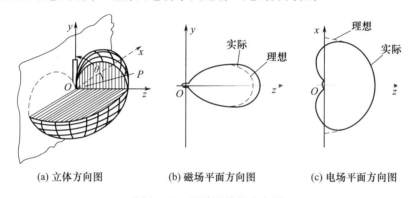

(a) 立体方向图　　(b) 磁场平面方向图　　(c) 电场平面方向图

图2-12　缝隙天线的方向图

4）缝隙天线的激励

缝隙天线的激励，通常是通过在波导、谐振腔或同轴线上开槽来获得的。开设缝槽时，必须切断管壁电流，才能产生电磁波的辐射。下面例举几种在波导壁上切槽的方法。

当波导内有 TE_{10} 波传播时，在波导壁上有横向电流和纵向电流流动，如图2-13所示。没有开设缝槽时，电流只在壁内流动，当在管壁上开设缝槽时，还要视其位置是否恰当，如果缝槽垂直于最大管壁电流密度的方向（图2-13中的1槽），切断电流最大，缝槽辐射最强；如果缝槽与管壁电流方向相切（图2-13中的2槽），则缝槽不切断管壁电流，不能产生辐射；如果缝槽在图2-13中的3、4位置，缝槽能够切断管壁电流，但管壁电流密度在该处不为最大，故缝槽具有中等辐射强度。

和单个半波振子一样，单缝隙天线的方向性也是不强的，为了增强方向性，可采用多缝槽组成的天线阵，如图2-14所示，这样开槽，槽缝所截断的管壁电流其方向是相同的，相当于同相馈电的天线阵，因而主波瓣变窄，方向性增强。

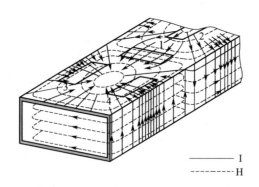

图 2-13　波导壁上电流分布

采用多缝槽组成的天线阵,可以构成高增益、低副瓣的平面天线,图 2-15 所示的平面裂缝天线阵面上共有 634 个纵向辐射缝。这种形式的天线可以得到较好的口径分布控制,得到较低的副瓣电平,有较高的口径利用系数和较高的增益,并且结构形式紧凑,重量也很轻。歼-10 飞机使用的就是这种形式的平板裂缝天线。

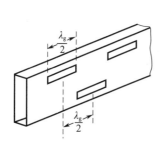

图 2-14　多缝槽的开设

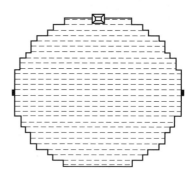

图 2-15　平板裂缝阵天线

4. 机载对抗天线

为了实现电子对抗,在飞机上安装的各种电子对抗设备的天线也各有不同。其中,喇叭天线是一种宽频带特性较好的定向天线,它结构简单而牢固,损耗小,它在飞机雷达、电子对抗和超高频测量中都有应用。

1) 喇叭天线的结构

喇叭天线是由一段均匀波导和另一段截面逐渐增大的渐变波导构成的,其形状主要有扇形、角锥形和圆锥形 3 种,如图 2-16 所示。喇叭天线可以用同轴线馈电,也可以用波导直接馈电。

这些单元辐射体所产生的辐射场的向量合成,就是天线的辐射场。

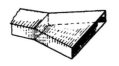 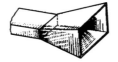 

(a) 扇形喇叭天线　　　(b) 角锥形喇叭天线　　　(c) 圆锥形喇叭天线

图 2 – 16　几种喇叭天线结构

2) 喇叭天线的基本工作原理

为了更好地理解喇叭天线的基本工作原理,还得先从波导口辐射电磁波谈起。

在厘米波波段中,常用波导管来传输电磁能,如果波导的末端没有封闭,那么,电磁波就从波导管开口的一端向空间辐射,利用这种特性,就可做成天线。这种天线称为波导口天线,它与振子式天线不同,整个波导口平面都辐射电磁波,因此,又称为面型天线。

波导口辐射电磁波可用惠更斯原理来说明。惠更斯原理指出,在波的传播过程中,波面上各点可以看成波的新波源(或二次辐射源),这些新波源又产生向四面八方传播的波,在空间传播的波就将是这些波的合成。

设有一开口波导,传播的是 TE_{10} 型波,如图 2 – 17(a)所示。把波导开口平面内的同相场强,看成由许多同相馈电的单元辐射体所产生的,如图 2 – 17(b)所示。这样,空间辐射场就是在各辐射单元产生的辐射场的合成。是在 xoy 平面内沿 x 轴的方向上,各单元辐射体的电波行程相等,所以合成电场最大;偏离 x 轴方向时,各单元辐射体的电波由于存在行程差,所以合成电场将减小;当行程差所引起的相位差恰好使各单元辐射体的电波在某些方向上互相抵消时,在这些方向上的合成场强为零。由此可知,在 xoy 平面将形成一定的波瓣,如图 2 – 18所示。图中正中央的波瓣称为主瓣,其他的波瓣称为旁瓣(副瓣)。图中出现旁瓣,是由于在这些方向上各单元辐射体的电波并不互相抵消的缘故。

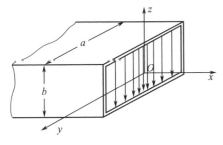 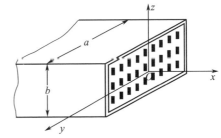

(a) 传播TE_{10}型波的开口波导　　　(b) 单元辐射体所产生的同相场强

图 2 – 17　把波面等效为单元辐射体

从图2-18可以看出,随着偏离 x 轴方向角度的增大,合成场强逐渐减小,其减小的速度与波导宽边 a 的大小有关。当波导宽边 a 增大时,合成场强减小的速度快,就是说只要稍微偏离 x 轴的方向,就可使合成场强为零。这是因为当 a 增大时,方向改变所引起的行程差增大(图2-19)。因此,当波导宽边 a 增大时,可使主波瓣变窄,方向性增强。但同时副瓣也会增多一些。同理,在 xoz 平面内的方向图也具有多波瓣;并且增大波导窄边 b 时,其主波瓣变窄,边波瓣也增多。

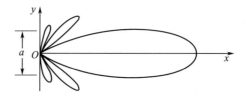

图2-18　开口波导在 xoy 平面内的方向图

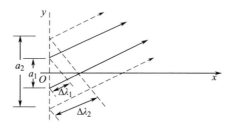

图2-19　波导口尺寸 a 增大引起路程差增大

综上所述,改变波导宽边 a 的尺寸,就能改变 xoy 平面内的方向图,而改变波导窄边 b 的尺寸,就能改变 xoz 平面内的方向图。因此,逐渐增大波导的口径,从而形成各种喇叭天线,就能增强辐射的方向性。

但是增设喇叭口以后,由于从喇叭颈部到喇叭开口面上的各点距离是不同的,在扇形喇叭天线中波面将由平面波变为柱面波,而在角锥形和圆锥形喇叭天线中,波面将由平面波变为球面波。这样,在喇叭开口面上的电波不再是同相位面了,会使天线的主瓣变宽,方向性变弱。为了减小这种不利的影响,应减小喇叭的张角,但张角减小时喇叭的口径将随之减小,也会使天线的方向性变弱。因此,在减小张角的同时,应该加长喇叭的长度。所以,要使喇叭天线具有需要的方向性,必须综合考虑喇叭的开口面和喇叭的长度。

喇叭天线不包含谐振元件,因而工作频带宽,结构简单而牢固,但要获得较好的方向性必须有较大的几何尺寸。

由上面分析可见,一般的喇叭天线,不管是矩形的还是圆锥形的,它们在电场平面和磁场平面的方向图,其波瓣宽度是不相等的,用这种喇叭口来作抛物面天线的辐射器，许多电性能达不到预期的指标。这种方向图宽度不等的原因主要是口径面上电磁场分布不均匀引起的。为了改善口径面上电磁场的分布，可以采用改变喇叭壁上的边界条件的办法，目前在卫星通信、电子对抗设备中广泛应用的一种叫波纹喇叭。

波纹喇叭是采用槽深为 $\lambda/4$ 的极薄的齿牙构成的波纹表面，作为喇叭口的内壁，其结构示意图如图 2-20 所示。为了改善光壁波导与波纹喇叭间的匹配状况，可在光壁波导与波纹波导之间采用槽深为 $0\sim\lambda/4$ 的渐变段。

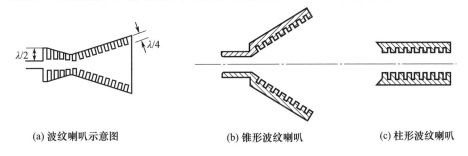

(a) 波纹喇叭示意图　　(b) 锥形波纹喇叭　　(c) 柱形波纹喇叭

图 2-20　波纹喇叭结构示意图

采用波纹结构的喇叭口，可以使电场、磁场在喇叭内壁具有相同的边界条件，从而在喇叭口面上得到相同的电场、磁场分布，使它在电场平面、磁场平面内方向性相同，具有相同的波瓣宽度，并能使副波瓣相应减小。

但是和普通喇叭比较，波纹喇叭的加工比较困难，口径也比较大，给应用带来了一定限制。

2.2　电波传输基础知识

2.2.1　概述

利用无线电波来传递信号是无线电技术的主要特征。无线电波在空间的传播情形，将直接影响信号的传递质量，影响通信能否联得上，雷达能否看得清，导航是否准确可靠，电子对抗是否效果好等。因此，了解电波的传播情形，掌握它的传播规律，对于充分发挥人的主观能动性，做好维护工作，发挥设备的性能和作用，具有重要意义。

2.2.2　自由空间电波传播

无线电波与光波虽然波长不同，但都是电磁波，因此它们的传播规律有许多共同之处。下面介绍无线电波传播的基本规律。

1. 无线电波在均匀介质中的传播规律

无线电波在均匀介质(即介电系数和磁导率处处相等)中传播时,是以恒定的速度沿直线传播的。

2. 无线电波在不均介质中的传播规律

无线电波在不均匀介质中传播时,除了传播速度要发生变化以外,还会引起反射、折射、绕射、散射等现象,使传播方向改变。

1)反射

电波经过不同介质的交界面时,会产生反射现象,犹如光线遇到镜面会产生反射相似。

利用电波的反射,可以探测目标,雷达就是利用这一特性来工作的。

2)折射

电波由一种介质进入另一种介质时,通常除了在交界面上产生反射以外,还会产生折射现象。如同光线由空气射向水面时,除一部分光线从水面反射回来外,另一部分光线则在水面折射而透入水中,犹如一根筷子放入盛水的玻璃杯中,我们看到筷子"变弯",这是光波产生折射的缘故。

产生折射的原因是由于在电性质不同的介质中,电波传播的速度不同,经过交界面后波阵面发生偏转,从而改变了传播方向。

在实际应用中遇到的折射现象是很多的,如短波就是利用电离层的折射和反射作用而实现远距离传播的。

3)绕射

无线电波遇到某些障碍物时,能够绕过障碍物继续前进,这种现象称为绕射,和水波遇到障碍物时会绕道前进相似。由于电波具有绕射特性,所以它能沿着起伏不平的地球表面传播,如图2-21所示。

图 2-21 电波绕过起伏地面

电波的绕射能力同它的波长有关。波长越长,绕射能力越强。当障碍物的尺寸超过波长很多倍时,绕射现象就变得很弱。例如,对长波来说,高山也不算障碍,但对超短波来说,海洋的波浪,有时也会成为严重的障碍。

4)散射

电波在传播过程中,遇到尺寸很小的不均匀物质时,就会向四面八方发散,这种现象称为散射。散射现象在日常生活中也常见到。例如,在放映电影时,四面八方的观众都能看到电影机与银幕之间的光束,这就是因为空气中无数灰尘微粒使光波散射的缘故。

电波发生散射的原因,是由于有些小尺度的不均匀物质在电波的作用下,激起了电流,成为新的波源,因而向各个方向辐射电波。大气中不均匀气团也对电波产生散射,一般说来,超短波的散射现象比较显著。

3. 无线电波在传播过程中的能量变化规律

无线电波在传播过程中,由于能量的扩散和介质的吸收,电波的能量将逐渐减小,场强将逐渐减弱。

电波在真空中传播时,场强的减弱只是由于传播距离的增大,使能量扩散引起的。但在其他介质中传播时,除了扩散以外,还由于介质对电波的吸收而使场强减弱。

介质对电波的吸收,就是在电波作用下,介质发热而损耗电波能量的现象。导体和电介质在不同程度上都会吸收电波的能量。

当电波进入金属导体时,金属导体中大量的自由电子,在电波的作用下来回振动,同分子或原子碰撞,将电波的能量转为热能,形成吸收。

在电介质中,吸收现象主要是由于电偶极子随电场变化来回转动,与分子或原子摩擦而引起的。由于气态电介质(如空气)的密度很小,电偶极子转动时摩擦的机会很少,吸收现象通常可以忽略。

介质对电波吸收的大小,与介质的电性质和电波的频率有关。一般说来,介质的导电性能越好,其中自由电子越多,能量损耗越大,吸收越大;电波的频率越高,电子或电偶极子变化的频率也越快,能量损耗越大,吸收也越大。

在实际传播中电波容易穿过绝缘体而不容易穿过导体。因为绝缘体只能阻止电子的流动,而不能阻止"电生磁"和"磁生电"的相互转化,所以电波能在绝缘体中传播。电波穿过座舱盖和很多天线外面的介质罩作用到天线上就是这个原因。当然,如上所指出的那样,绝缘的介质也会因电偶极子随电场的转动而吸收一些电波的能量。电波进入导体后,导体内的自由电子在交变电磁场的作用下,将产生电流,这个电流产生的电磁场与原电磁场互相抵消,因此良导体内不能存在电磁场。电波遇到导体后产生反射,电波不能穿过导体,用金属罩作屏蔽也就是这个道理。

2.2.3 无线电波的传播方式

发射天线或自然辐射源所辐射的无线电波,在介质(如地表、地球大气层或宇宙空间等)中的传播过程就称为无线电波传播。根据不同频段的电波在介质中传播的物理过程,可将电波传播方式分类如下。

1. 地波传播

无线电波沿着地球表面的传播称为地波传播。主要用于低频及甚低频远距离无线电导航、标准频率和时间信号的广播、对潜通信等业务。其主要传播特点是:传播损耗小,作用距离远,受电离层扰动影响小,传播情况稳定,有较强的穿透海水及土壤的能力。但大气噪声电平高,工作频带窄。

2. 对流层电波传播

无线电波在低空大气层对流层中的传播就称为对流层电波传播。按传播机制区分,可分为两类:一是视距传播,当收、发天线架设高度较高(远大于波长)时,电波直接从发射天线传播至接收点(有时有反射波到达),也称为直射波传播,主要用于微波中继通信、甚高频和超高频通信、广播、电视、雷达等业务;二是散射传播,利用对流层中介质的不均匀性对电波的散射作用,实现超视距传播,常用频段为 200MHz～5GHz。

3. 电离层电波传播

电离层电波传播指无线电波经电离层反射或散射后到达接收点的一种传播方式。常用于短波频段。

4. 地－电离层波导传播

电波在以地球表面及电离层下缘为界的地壳形空间内传播。主要用于低频、甚低频远距离通信及标准频率和时间信号的传播。其主要传播特点:传输损耗小,受电离层扰动影响小,传播相对稳定,有良好的可预测性;但大气噪声电平高,工作频带窄。

5. 外大气层及行星际空间电波传播

电波传播的空间主要是在外大气层或行星际空间,并且是以宇宙飞船、人造地球卫星或星体为对象,在地－空或空－空之间传播。目前主要用于卫星通信、宇宙通信及无线电探测、遥控等业务中。其传播的主要特点:因距离远,自由空间传输损耗大,在地－空传播中要受对流层、电离层、地球磁场以及来自宇宙空间的各种辐射波和高速离子的影响,如 10GHz 以上的电波受大气吸收和降雨影响衰减比较严重。

电波在实际传播时,往往取上述一种方式作为主要传播途径,但在某些条件下可能几种传播途径并存。

小　　结

天线的具体形式很多,按其基本结构与原理,可归纳为振子型天线和面型天线两类。振子型天线根据架设形式的不同,基本上可分为垂直接地振子和水平对称振子两类,面型天线根据结构形式的不同,可分为喇叭天线、抛物面天线与平面螺旋天线等。对于机载天线来说,常见的有通信天线、导航天线、雷达天线和电子对抗天线等。

对各种类型的天线,一般研究它们的方向特性、频率特性和天线的几何尺寸。在实际工作中要了解电子设备天线对这三者关系的要求。

方向特性:主要运用单元振子在空间辐射的总和、辐射单元的电流相位以及电波到达空间某点的行程差进行综合考虑。

频率特性:主要考虑工作频率变化时对阻抗匹配和方向性的影响。

天线几何尺寸:主要考虑几何尺寸与方向特性的依从关系。

无线电波在均匀介质中传播时,是以恒定的速度沿直线传播的。电波在传播过程中会出现反射、折射、绕射、散射等现象,使传播方向改变,带来电波的能量损耗,使电波的场强衰减。不同波长的电波,其主要传播方式和传播特性也不同,将传播方式和传播特性相近的电波划分为一个波段。

复习思考题

1. 说明天线辐射电磁波的基本概念。什么是感应场和辐射场?两者有何区别?
2. 什么是天线的辐射电阻?它的大小与哪些因素有关?例如,一对称振子总长为 100cm,信号源波长为 2m;另一对称振子总长为 5cm,信号源波长为 10cm。问它们的辐射电阻各为多少?
3. 什么是天线的方向性?影响天线方向性的因素有哪些?
4. 什么是电波的极化?线极化、圆极化、椭圆极化各是怎样形成的?了解电波的极化有何实际意义?
5. 运用镜像原理分析垂直接地振子的工作原理,并说明其结构和工作特点。
6. 说明缝隙天线的工作原理。画出半波缝隙天线磁场平面和电场平面的方向图。在波导上开设裂缝应该注意什么问题?
7. 喇叭天线喇叭口的作用是什么?喇叭口的张角为什么不能太大?喇叭天线有什么特点?
8. 在轮船船舱或列车车厢内打开收音机为什么接收不到信号?

第 3 章　高频电子技术基础

航空电子技术是在通信电子技术基础上发展起来的,而高频电子技术是通信电子技术的基础。因此,高频电路中常用的一些基本功能部件的原理、电路、计算分析方法等知识点,对学习航空电子设备是必不可少的。本章以无线电通信系统的功能电路为主线,对高频电子技术的基础知识进行介绍。

3.1　无线电收发机结构

航电系统是以无线电收发设备为主的电子系统,与无线电设备具有相似的结构。

3.1.1　无线通信系统

无线通信系统是由发射设备、接收设备和传输介质组成的,如图 3-1 所示。

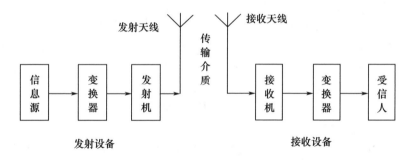

图 3-1　无线通信系统组成

1. 发射设备

发送设备包括变换器(换能器)、发射机和天线。信息源指需要传送的原始信息,如声音、图像、文字等,一般指的是非电物理量。变换器(换能器)将被发送的信息变换为电信号,如话筒将声音变为电信号;发射机将换能器输出的电信号变为强度足够的高频电信号;天线将高频电信号变成电磁波向传输介质——自由空间辐射。

2. 传输介质

无线通信系统的传输介质指的就是自由空间。

3. 接收设备

接收设备是把有用信号从众多信号和噪声中选取出来,经换能器恢复出原始信息。接收设备包括接收天线、接收机和变换器(换能器)。接收天线将空间传播到其上的电磁波转化为高频电信号;接收机将高频电信号还原成低频电信号;变换器(换能器)将低频电信号还原成所传送的信息。

3.1.2 发射机结构

在天线尺寸与波长可相比拟时,信号才能被天线有效辐射。如音频信号 20Hz~20kHz,通过计算可知,其波长在 $1.5 \times 10^4 \sim 1.5 \times 10^7$ m 的范围内,相应的天线尺寸也应该在此范围之内,实际上是做不到的。为了解决信号直接以电磁波形式从天线辐射出去的问题,发射机通常借助线性和非线性电子线路对携有信息的电信号进行变换和处理。

采用调幅方式的中波广播发射机组成框图如图 3-2 所示。

① 高频振荡器:产生高频振荡信号。

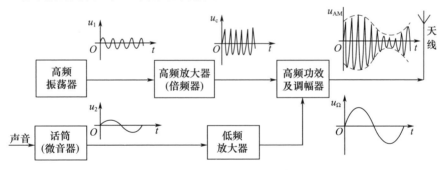

图 3-2 采用调幅方式的中波广播发射机组成框图

② 高频放大器(倍频器):一级或多级小信号谐振放大器,放大振荡信号,使频率倍增至 f_c,并提供足够大的载波功率。

③ 低频放大器:由多级放大器组成,前几级为小信号放大器,用于放大微音器的电信号;后几级为功放,提供功率足够的调制信号。

④ 高频功放及调幅器:实现调幅功能,将输入的载波信号和调制信号变换为所需的调幅波信号,并加到天线上。

3.1.3 接收机结构

采用调幅方式的无线广播接收机组成框图如图 3-3 所示。

① 高频放大器:放大天线上感生的有用信号,并利用放大器中的谐振系统抑制天线上感生的其他频率的干扰信号。高频放大器工作频率是可调谐的。

② 混频器:混频器的作用是将接收到的不同载波频率转变为固定的中频信号。这种作用就是外(内)差作用。将频率为 f_c 的高频已调信号与本机振荡器产生的频率为 f_L 的本振信号相减,可以将频率为 f_c 的高频已调信号不失真地变换为频率为 f_I 的中频已调信号,即,$f_I = f_c - f_L$(或 $f_I = f_L - f_c$)。

③ 本机振荡:用来产生频率为 $f_L = f_c + f_I$(或 $f_L = f_c - f_I$)的高频振荡信号。f_L 是可调的并能跟踪 f_c。

④ 中频放大器:由多级固定调谐的小信号放大器组成,放大中频信号。

⑤ 检波器:实现解调功能,将中频调幅波变换为反映传送信息的调制信号。

⑥ 低频放大器:放大调制信号,向扬声器提供所需的推动功率。

航电设备的接收机广泛采用超外差接收形式,超外差接收机由混频器、本机振荡器和中频放大器等组成。

在超外差接收机中,有用信号在不同频率上进行放大,提高了接收机接收微弱信号的能力,还采用了谐振系统提高选取有用信号的能力。

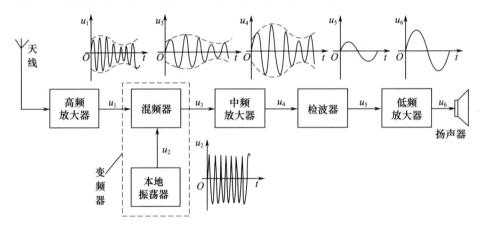

图 3-3 采用调幅方式的无线广播接收机组成框图

超外差接收机的优点:容易得到足够大且比较稳定的放大量;具有较高的选择性和较好的频率特性,这是因为中频频率 f_I 是固定的,所以中频放大器的负载可以采用比较复杂但性能较好的网络;容易调整,除了混频器之前的天线回路和高频放大器的调谐回路需要与本地振荡器的谐振回路统一调谐外,中频放大器的负载回路或滤波器是固定的,在接收不同频率的输入信号时不需再调整。

超外差接收机的缺点:相对于零中频接收机而言,超外差接收机的电路复杂且成本高,集成度不高;会用到很多离散的滤波器,体积较大;一般需要较高的功率消耗。

3.2 选频技术

选频就是选出需要的频率分量和滤除不需要的频率分量。电子设备电路中通常采用选频网络、耦合回路和滤波器等实现频率选择。

3.2.1 选频网络

由电感和电容元件组成的振荡回路是高频电路里最常用的无源选频网络。振荡回路包含单振荡回路和耦合振荡回路,而单振荡回路又包含串联谐振回路和并联谐振回路。谐振就是改变信号源的频率,使回路中的电量呈极大值的现象。对于单振荡回路而言,其阻抗在某一特定频率上有一个最大值或最小值,这个特定的频率称为谐振频率。当单振荡回路在谐振频率附近工作时,称为谐振回路。

1. 谐振回路元件的高频特性

常用到的无源元件认为是线性双通的、不随时间变化的、具有集总参量的电阻、电感线圈和电容。线性是指元件参量与流经它的电流或加于其上的电压数值无关;双通是指元件参量与电流方向和电压极性无关;集总参量是指不随空间位置而变化的参量。

在电路中用到的无源元件都是理想元件,实际上没有这种元件。为了分析方便,通常实际元件可用不同的等效电路来表示。针对不同的运用情况,应采用最确切的等效电路。在理想情况下,电阻是一个耗能元件,电容是储存电能的元件,电感是储存磁能的元件,且线路中的磁能和电能是不能突然改变的。

一个实际应用的电阻元件,在低频电路中主要表现为电阻特性;在高频电路中,除了表现为电阻特性外,还具有电抗特性的一面。电阻元件的分布电容和引线电感越小,表明电阻的高频特性越好。实际应用的电感线圈和电容,除分别表现出电感、电容的特性外,还具有一定的损耗电阻和分布电容,引线具有分布电感。在分析一般的长、中、短波频段时,通常可忽略电感元件的分布电容的影响。

2. 串联谐振回路

由电感 L、电容 C、电阻 R 和外加电压串联所构成的回路称为串联谐振回路,如图 3-4 所示。此处 R 通常是指电感线圈的损耗;电容的损耗可以忽略。串联谐振回路适用于低电阻电源(理想电压源)。

3. 并联谐振回路

并联谐振回路是指电感线圈 L、电容器 C 与外加信号源相互并联的振荡电路,如图3-5所示。由于电容器的损耗很小,可以认为损耗电阻R集中在电感支路中。如果电源内阻大,则宜采用并联谐振回路。

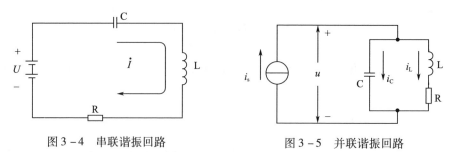

图3-4 串联谐振回路　　　　　　图3-5 并联谐振回路

4. 串、并联谐振回路的特点与参量

串、并联谐振回路的特点与参量如表3-1所列。

对比表3-1所列的串、并联谐振回路的特点和参量可以发现,串联谐振回路的通频带、选择性与回路品质因数 Q 的关系与并联谐振回路的情况是一样的,即 Q 越高,谐振曲线越尖锐,回路的选频特性越好,但通频带越窄。因此,对于简单(单级)谐振回路,通频带与选择性是不能兼顾的。

表3-1 串、并联谐振回路的特点与参量

参量	串联谐振回路	并联谐振回路
阻抗或导纳	$Z = R + jX = R + j\left(\omega L - \dfrac{1}{\omega C}\right) = \|Z\|e^{j\varphi_z}$	$Y = \dfrac{1}{Z} = \dfrac{CR}{L} + j\left(\omega C - \dfrac{1}{\omega L}\right) = G + jB$
谐振频率	$\omega_o = \dfrac{1}{\sqrt{LC}}, f_o = \dfrac{1}{2\pi\sqrt{LC}}$	$\omega_p = \dfrac{1}{\sqrt{LC}}, f_p = \dfrac{1}{2\pi\sqrt{LC}}$
品质因数 Q	$Q = \dfrac{\omega_o L}{R} = \dfrac{1}{\omega_o CR} = \dfrac{\rho}{R} = \dfrac{1}{R}\cdot\sqrt{\dfrac{L}{C}}$	$Q_p = \dfrac{\omega_p L}{R} = \dfrac{R_p}{\omega_p L} = \dfrac{R_p}{\rho} = R_p \cdot \sqrt{\dfrac{C}{L}}$
广义失谐系数 ξ	$\xi = \dfrac{X(\text{失谐时的电抗})}{R} = \dfrac{\omega L - \dfrac{1}{\omega C}}{R}$ $= \dfrac{\omega_o L}{R}\left(\dfrac{\omega}{\omega_o} - \dfrac{\omega_o}{\omega}\right) = Q_o\left(\dfrac{\omega}{\omega_o} - \dfrac{\omega_o}{\omega}\right)$	$\xi = \dfrac{B(\text{失谐时的电纳})}{G(\text{谐振时的电导})} = \dfrac{\omega C - \dfrac{1}{\omega L}}{G}$ $= \dfrac{\omega_p C}{R}\left(\dfrac{\omega}{\omega_o} - \dfrac{\omega_o}{\omega}\right) = Q_p\left(\dfrac{\omega}{\omega_o} - \dfrac{\omega_o}{\omega}\right)$
谐振曲线	$N(f) = \dfrac{\dot{I}}{\dot{I}_o}$,$Q_1 > Q_2$ 曲线图	$N(f) = \dfrac{\dot{V}}{\dot{V}_o}$,$Q_1 > Q_2$ 曲线图

续表

参量	串联谐振回路	并联谐振回路
通频带	$B = 2\Delta f_{0.7} = \dfrac{f_o}{Q_o}$	$2\Delta f_{0.7} = \dfrac{f_p}{Q_p} = B$
相频特性曲线		
失谐时阻抗特性	$\omega > \omega_o, X > 0$ 回路成感性 $\omega < \omega_o, X < 0$ 回路成容性	$\omega > \omega_p, B > 0$ 回路成容性 $\omega < \omega_p, B < 0$ 回路成感性
谐振电阻	最小	最大
有载 Q 值	$Q_L = \dfrac{\omega_o L}{R + R_s + R_L}$	$Q_L = \dfrac{Q_p}{1 + \dfrac{R_p}{R_s} + \dfrac{R_p}{R_L}}$

5. 信号源和负载对谐振回路的影响

在实际应用中,信号源的输出阻抗和负载阻抗都会对谐振回路产生影响,它们不但会使回路的等效品质因数下降、选择性变差,同时还会使谐振回路的调谐频率发生偏移。

若考虑信号源内阻 R_S 和负载 R_L,如图 3-6 所示。此时,负载电阻上的电压就等于回路两端的电压。

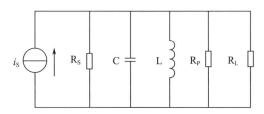

图 3-6 具有负载和信号源内阻的并联振荡回路

回路的等效品质因数为

$$Q_L = \dfrac{Q_p}{1 + \dfrac{R_p}{R_S} + \dfrac{R_p}{R_L}} < Q_p \tag{3-1}$$

式中 Q_p——回路固有的品质因数,$Q_p = \dfrac{R_p}{\omega_p L} = \dfrac{1}{\omega_p L G_p}$。

回路的 3dB 带宽为

$$\mathrm{BW}_{0.7} = \frac{f_\mathrm{p}}{Q_\mathrm{L}} \quad (3-2)$$

可以看出,由于负载电阻和信号源内阻的影响,回路两端的谐振电压减小,回路的品质因数下降,通频带展宽,选择性变差。同时,信号源内阻及负载不一定是纯阻,又将对谐振曲线产生影响。R_S 和 R_L 越小,Q_L 下降越多,影响也就越严重。在实际应用中,为了保证回路有较高的选择性,可采用阻抗变换网络,以减少这种影响。

3.2.2 耦合回路

单回路的选频特性不够理想,带内不平坦,带外衰减变化又很慢,有时不能满足实际需要。另外,单回路阻抗变换功能也不灵活。当频率较高时,电感线圈匝数很小,负载阻抗可能很低,接入系数很小,结构上难以实现。为此,引出耦合振荡回路。耦合回路是由两个或两个以上的电路形成的一个网络,两个电路之间必须有公共阻抗存在才能完成耦合作用。

在耦合回路中接有激励信号源的回路称为初级回路,与负载相接的回路称为次级回路。为了说明回路间的耦合程度,常用耦合系数 k 来表示。它的定义是:耦合回路的公共电抗(或电阻)绝对值与初、次级回路中同性质的电抗(或电阻)的几何中项之比,即

$$k = \frac{|X_{12}|}{\sqrt{X_{11}X_{22}}} \quad (3-3)$$

式中　X_{12}——耦合元件电抗;

　　　X_{11},X_{22}——初级和次级回路中与 X_{12} 同性质的总阻抗。

通常,$0 \leqslant k \leqslant 1$。根据耦合程度不同,耦合回路分为弱耦合、临界耦合和强耦合 3 种。

在通信电子线路中,常采用图 3-7 所示的两种耦合回路。

现以图 3-7(a)所示的互感耦合电路为例来分析耦合回路的阻抗特性。

可用图 3-8 所示互感耦合回路的一般形式来表示图 3-7(a),图中 Z_1 代表初级回路中与 L_1 串联的阻抗,Z_2 代表次级回路的负载阻抗。Z_1 与 Z_2 可以是电阻、电容、电感,或者由这三者组成。在初级回路接入一个角频率为 ω 的正弦电压 $\dot{U}_1$,初、次级回路中的电流分别以 $\dot{I}_1$ 和 $\dot{I}_2$ 表示。

由基尔霍夫定律得出回路电压方程为

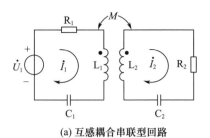 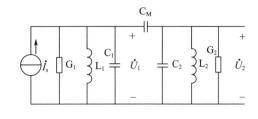

(a) 互感耦合串联型回路　　　　　(b) 电容耦合并联型回路

图 3-7　两种常用的耦合回路

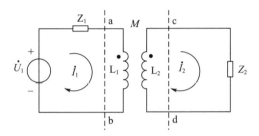

图 3-8　互感耦合回路的一般形式

$$\dot{U}_1 = \dot{I}_1 Z_{11} - j\omega M \dot{I}_2 \tag{3-4}$$

$$0 = \dot{I}_2 Z_{22} - j\omega M \dot{I}_1 \tag{3-5}$$

式中　Z_{11}——初级回路的自阻抗，即 $Z_{11} = R_{11} + jX_{11}$；

Z_{22}——次级回路的自阻抗，即 $Z_{22} = R_{22} + jX_{22}$。

由基尔霍夫定律得出回路电流方程为

$$\dot{I}_1 = \frac{\dot{U}_1}{Z_{11} + \dfrac{(\omega M)^2}{Z_{22}}} \tag{3-6}$$

$$\dot{I}_2 = \frac{j\omega M \dfrac{\dot{U}_1}{Z_{11}}}{Z_{22} + \dfrac{(\omega M)^2}{Z_{11}}} \tag{3-7}$$

依照上述分析，可以分别得出初、次级回路的等效电路，如图 3-9 和图 3-10 所示。

由此可得以下的重要规则。

① 自初级电路 ab 两端向右看去，由于次级电路耦合所产生的效应等效于在初级回路中串联一个反射阻抗 $(\omega M)^2/Z_{22}$。反射阻抗又称为耦合阻抗，它是耦合回路中极重要的参量。反射阻抗是用来说明一个回路对耦合的另一回路电流的影响。它的物理意义是：次级电流通过互感 M 的作用，在初级回路中感应的电动势对初级电流的影响。可用一个等效阻抗 $Z_{f1} = (\omega M)^2/Z_{22}$ 来表示，将 $Z_{22} = R_{22} + jX_{22}$ 代入可得

$$Z_{f1} = \frac{(\omega M)^2}{Z_{22}} = \frac{(\omega M)^2}{R_{22} + jX_{22}} = \frac{(\omega M)^2}{R_{22}^2 + X_{22}^2}R_{22} - j\frac{(\omega M)^2}{R_{22}^2 + X_{22}^2}X_{22} = R_{f1} + jX_{f1} \quad (3-8)$$

由式(3-8)可见，反射阻抗使初级电路的电阻增加 R_{f1}，R_{f1} 永远为正值，代表能量损耗。反射电抗 X_{f1} 则与 X_{22} 异号，即当次级电路为电感性时，反射阻抗为电容性；当次级电路为电容性时，反射阻抗为电感性。

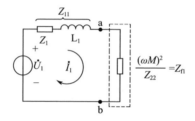

图 3-9 初级等效电路

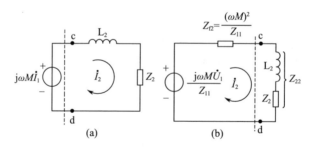

图 3-10 次级等效电路的两种形式

② 自次级电路 cd 两端向左看去，由于初级回路电流 $\dot{I}_1$ 的作用，相当于在次级回路中加入一个感应电动势 $(j\omega M \dot{I}_1)$，其等效电路如图 3-10(a)所示。也可以将初级回路电流 $\dot{I}_1$ 的作用以一个等效电动势 $(j\omega M \dot{U}_1/Z_{11})$ 与初级回路耦合到次级回路的反射阻抗 $Z_{f2} = (\omega M)^2/Z_{11}$ 来代表，得到图 3-10(b)所示的等效电路，有

$$Z_{f2} = \frac{(\omega M)^2}{Z_{11}} = \frac{(\omega M)^2}{R_{11} + jX_{11}} = \frac{(\omega M)^2}{R_{11}^2 + X_{11}^2}R_{11} - j\frac{(\omega M)^2}{R_{11}^2 + X_{11}^2}X_{11} \quad (3-9)$$

由于 Z_{f2} 的形式和 Z_{f1} 的形式相似,因此,关于 R_{f2} 与 X_{f2} 的性质也和 R_{f1} 与 X_{f1} 的相同,不再重复。

耦合回路的许多重要特性是由反射阻抗 $(\omega M)^2/Z_{22}$ 决定的。当互感 M 很小时,反射阻抗也很小。因此,次级回路对初级回路电流的影响极微小,此时初级回路电流与次级回路不存在时的情形极相近。一方面,当 $M=0$ 时,反射阻抗等于零,成为单回路的情况;另一方面,当 Z_{22} 很大时,即使 M 相当大,但反射阻抗仍很小,故对初级回路电流的影响仍极微小。以上两种情形的物理意义可解释如下。

当 M 很小时,次级回路的感应电动势小,所以从初级回路传输至次级回路的能量也很小。

当 Z_{22} 很大时,即使 M 也很大,次级回路有较高的感应电动势,但由于 Z_{22} 很大,因而 $\dot{I}_2$ 也很微弱,故从初级回路传输至次级回路的能量仍然很小。

因此,只有在次级回路阻抗不太大,互感 M 又不太小时,反射阻抗 $(\omega M)^2/Z_{22}$ 才比较大。此时,次级回路的电流与电压关系受到次级回路相当大的影响。

上面讨论的情况都是假定信号源的频率固定不变,只是改变回路参数时产生的谐振现象。但实用中重要的是回路参数不变,改变信号源频率时,次级回路的电压(或电流)随频率而变化的曲线,即次级回路电压(或电流)的频率特性。因为由频率特性可以看出,耦合振荡回路比单振荡回路的优越之处在于:耦合振荡回路的频率特性曲线更接近于理想的矩阵曲线,如图 3-11 所示,因而更适用于信号源是包含多个频率已调波信号的情况。

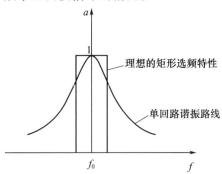

图 3-11 矩形选频特性与单回路谐振曲线

3.2.3 滤波器

高频电子线路除了使用谐振回路与耦合回路作为选频网络外,还经常采用其他形式的滤波器来完成选频作用。

1. LC 集中选择性滤波器

集中选频放大器把放大和选频两种功能分开处理。在集中选频放大器里,先采用矩形系数较好的集中滤波器进行选频,然后利用单级或多级集成宽带放大电路进行信号放大。前者以集中预选频代替了逐级选频,减小了调试的难度,后者可充分发挥线性集成电路的优势。常用的 LC 式集中选择性滤波器如图 3 – 12(a)所示。它由 5 节单节滤波器组成,共有 6 个调谐电路。R_S 和 R_L 分别表示信号源内阻和负载内阻;u_s 和 u_0 表示输入电压与输出电压。图 3 – 12(b)表示单节 LC 滤波器。

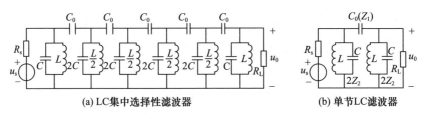

图 3 – 12　LC 集中选择性滤波器

2. 石英晶体滤波器

为了获得工作频率高度稳定、阻带衰减特性十分陡峭的滤波器,就要求滤波器元件的品质因数 Q 很高。LC 型滤波器的品质因数一般在 100～200 范围内,不能满足上述要求。用石英晶体切割成的石英晶体谐振器,其品质因数 Q 可达几万甚至几百万,因而可以构成工作频率稳定度极高、阻带衰减特性很陡峭、通带衰减很小的滤波器。

1) 石英晶体的特性

晶体的基本特性是它具有压电效应。压电效应就是当晶体受到机械力时,它的表面就产生电荷。反之,如果在晶体表面加入一定的电压,则晶体就会产生弹性变形。依靠这种效应,可以将机械能转变为电能,也可以将电能转变为机械能。

石英晶体和其他弹性体一样,具有惯性和弹性,因而存在固有振荡频率。当外加电源频率与晶体的固有振荡频率相等时,晶体片就产生谐振。这时,机械振动的幅度最大,相应地晶体表面产生的电荷量也最大,因而外电路中的电流也最大,从而产生谐振。

2）符号和等效电路

石英晶体谐振器的符号和等效电路如图3-13所示。

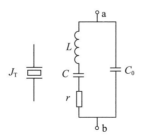

图3-13 石英晶体谐振器的符号和等效电路

晶体两电极可看作一个平板电容器C_0,称为静电电容。C_0的大小与晶体的几何尺寸、电极面积有关,为几个皮法到几十皮法。晶体有质量惯性,可用电感L来等效,等效L的值为几十豪亨到几亨;而晶体的电容可用C来等效,C的值很小,只有0.0002~0.1pF。晶体振动时因摩擦造成的损失用损耗电阻r来等效,它的数值约为100Ω。由于晶体的等效电感很大,而r很小,因而品质因数Q很大,可达10^4~10^6。加上晶体谐振频率基本上只与晶体自身的切割方式、几何形状及其尺寸有关,且可做得很精确,因此由石英谐振器组成的滤波器可具有非常尖锐的选频特性,由其构成的振荡电路具有很高的频率稳定度。

3）石英谐振器等效电路的阻抗特性

由石英晶体谐振器的等效电路可知,它有两个谐振频率,即L、r、C支路发生串联谐振时,可知其等效阻抗最小(等于r)。串联谐振频率为

$$f_s = \frac{1}{2\pi\sqrt{LC}} \tag{3-10}$$

对于串联谐振频率,图3-13所示电路的等效阻抗为电阻r,而等效电容C的值很小,它的容抗比等效电阻r大很多,通常认为石英晶体在串联谐振频率处为纯电阻,且值最小。

当频率高于f_s时,L、C、r支路呈感性,可与电容C_0发生并联谐振,并联谐振频率为

$$f_p = \frac{1}{2\pi\sqrt{L\frac{CC_0}{C+C_0}}} = f_s\sqrt{1+\frac{C}{C_0}} \tag{3-11}$$

由于$C \ll C_0$,因此f_s和f_p非常接近。

通过石英谐振器的等效电路,可定性画出它的电抗-频率特性曲线,如

图 3 – 14 所示。

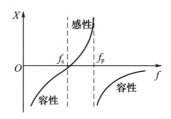

图 3 – 14　石英晶体谐振器的电抗 – 频率特性曲线

在频率低于串联谐振频率 f_s 或高于并联谐振频率 f_p 的非常宽的频率范围内,石英晶体呈容性,仅在高于串联谐振频率低于并联谐振频率的极窄的范围内,石英晶体才呈感性。

3. 陶瓷滤波器

利用某些陶瓷材料的压电效应构成的滤波器,称为陶瓷滤波器。这种滤波器的优点是:陶瓷容易焙烧,可以制成各种形状,适合滤波器小型化;而且耐热性、耐湿性较好,很少受外界条件的影响。它的等效品质因数 Q_L 为几百,比 LC 滤波器高,但远比石英晶体滤波器低。因此作滤波器时,通频带没有石英晶体那样窄,选择性也比石英晶体滤波器差。

单片陶瓷滤波器的表示符号和等效电路如图 3 – 15 所示。

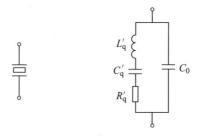

图 3 – 15　陶瓷滤波器的表示符号和等效电路

图中 C_0 等效为压电陶瓷谐振子的固定电容值;L'_q 为机械振动的等效质量;C'_q 为机械振动的等效弹性模数;R'_q 为机械振动的等效阻尼;其等效电路与石英晶体相同。

陶瓷滤波器有两个谐振频率,一个是串联等效电路的谐振频率 f_s,另一个是并联等效电路的谐振频率 f_p,即

$$f_s = \frac{1}{2\pi \sqrt{L'_q C'_q}} \tag{3-12}$$

$$f_p = \frac{1}{2\pi\sqrt{L'_q \dfrac{C'_q C_0}{C'_q + C_0}}} \tag{3-13}$$

三端陶瓷滤波器的表示符号如图 3-16 所示,它的 Q 值达几万、几十万,选择性好,但矩形系数不够好。

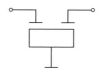

图 3-16 三端陶瓷滤波器的表示符号

如将陶瓷滤波器连成图 3-17 所示的形式,即为四端陶瓷滤波器。图 3-17(a)所示为由两个谐振子组成的滤波器,图 3-17(b)所示为由 5 个谐振子组成四端滤波器。谐振子数目越多,滤波器的性能越好。

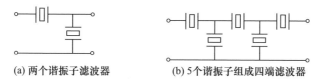

(a) 两个谐振子滤波器　　　　　(b) 5个谐振子组成四端滤波器

图 3-17 四端陶瓷滤波器

4. 声表面波滤波器

声表面波(Surface Acoustic Wave,SAW)是在压电固体材料表面产生和传播且振幅随深入固体材料的深度增加而迅速减小的弹性波。声表面波滤波器(Surface Acoustic Wave Filter,SAWF)是一种以铌酸锂、石英或锆钛酸铝等压电材料,经表面抛光后在晶体表面蒸发一层金属膜,并经光刻工艺制成的两组相互交错的叉指型金属电极,如图 3-18 所示。它具有能量转换的功能,故称为叉指换能器。在声表面波滤波器中,输入端和输出端各有一个这样的换能器。

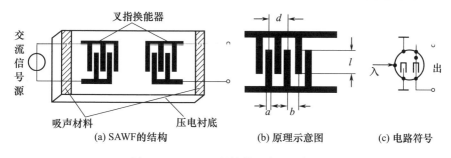

(a) SAWF的结构　　　　(b) 原理示意图　　　　(c) 电路符号

图 3-18 SAWF 的结构示意图和符号

当在一组换能器两端加上交流信号电压时,由于压电晶体的逆压电效应,压电晶体片产生弹性振动,激发出与外加信号电压同频率的弹性波——声波,该声波的能量主要集中在晶体表面,故称为声表面波。叉指电极产生的声表面波沿着与叉指电极垂直的方向双向传输,其中一个方向的声波被吸声材料吸收,另一个方向的声波则传输到输出端叉指换能器,通过正压电效应还原电信号送入负载。

当信号频率等于叉指换能器的固有频率 ω_0 时,换能器产生谐振,输出信号幅度最大;当信号频率偏离 ω_0 时,输出信号的幅度减小。所以,SAWF 有选频作用,这可以通过它的幅频特性来说明。

叉指换能器有 $N+1$ 个电极,共有 N 个激励源。均匀叉指 SAWF 的幅频具有 $\left(\dfrac{\sin x}{x}\right)^2$ 的特性,如图 3-19 所示。

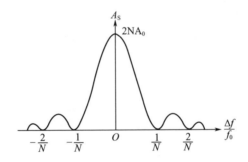

图 3-19 均匀叉指换能器声振幅-频率特性曲线

为了满足更好的滤波特性,可用不对称或参差调谐等方法来改变其滤波特性,则可得到各种不同振幅与相位特性的 SAWF。SAWF 工作频率范围宽,相对频带也较宽,便于微型化和片式化,矩形系数接近于 1。由于利用晶体表面的弹性波传送,不涉及电子的迁移过程,所以抗辐射能力强;但其带内插入衰减大,一般不低于 15dB。

3.3 变频技术

变频就是将高频已调波经过频率变换,变为固定中频已调波。变频的应用十分广泛,它不但用于各种超外差式接收机中,而且还用于频率合成器等电路或电子设备中。

3.3.1 变频器的作用

在变频过程中,信号的频谱内部结构(即各频率分量的相对振幅和相互间隔)和调制类型(调幅、调频还是调相)保持不变,改变的只是信号的载频。具有这种作用的电路称为变频电路或变频器,也称为混频器。

图 3-20 所示为一个调幅信号的变频波形和频谱的变化情况,可以说明变频器的作用,经过变频,输出的中频调幅波与输入的高频调幅波的包络形状完全相同。在保持相同调制规律的条件下,将输入已调信号的载波频率从 f_c 变换为固定中频 f_I 的过程称为混频。混频前后调制规律不变,即包络不变。混频的过程也是一个频谱线性搬移的过程,将调制信号频谱从载频 f_c 附近平移至中频 f_I 附近,而带宽不变,图 3-20 中 F 为调制信号频率。

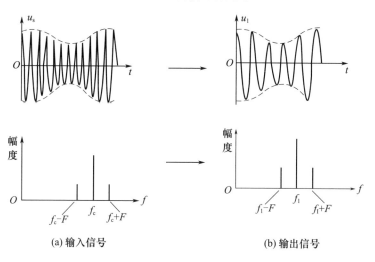

图 3-20 变频器的作用示意图

3.3.2 变频器的工作原理

1. 变频器的组成框图

变频器由本地振荡器、非线性器件和带通滤波器等组成,如图 3-21 所示。

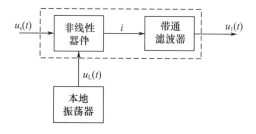

图 3-21 变频器的组成框图

2. 变频器的工作原理

输入信号 $u_s(t)$ 和 $u_L(t)$ 经过非线性器件的作用后,电流 i 中含有多个频率分量,即

$$f = |\pm pf_L \pm qf_c \pm F| \quad p、q = 0,1,2,\cdots \tag{3-14}$$

f 中含有差频 $(f_L - f_s)$,经过带通滤波器后,选出差频信号,滤出其余频率分量。所以有

$$f_I = f_1 \pm F$$

式中 F——调制信号频率。

因此,可得到

$$u_I(t) = b_2 U_{sm} U_{Lm}(1 + m_a\cos\Omega t)\cos\omega_1 t \tag{3-15}$$

可见,输出信号仍为调幅波,只是载波频率发生了改变。

3.3.3 变频器的主要技术指标

1. 变频增益

变频电压增益定义为变频器中频输出电压振幅 U_I 与高频输入信号电压振幅 U_S 之比,即

$$A_{uc} = 20\log\frac{U_{Im}}{U_{Sm}} \quad \text{dB} \tag{3-16}$$

同样,可定义变频功率增益为输出中频信号功率 P_I 与输入高频信号功率 P_S 之比,即

$$K_{pc} = 10\log\frac{P_I}{P_S} \quad \text{dB} \tag{3-17}$$

2. 失真和干扰

变频器的失真有频率失真和非线性失真。此外,还会产生各种各样的非线性干扰,如组合频率、交叉调制和互相调制等干扰。所以,对混频器不仅要求频率特性好,而且还要求变频器工作在非线性不太严重的区域,使之既能完成频率变换,又能抑制各种干扰。

3.3.4 混频电路

1. 模拟相乘混频器

依照图 3-22 所示的模拟相乘混频器电路框图,则有

$$u_z(t) = K_M u_s(t) u_L(t) = \frac{1}{2}K_M U_{sm} U_{Lm}(1 + m_a\cos\Omega t)\cos(\omega_L + \omega_c)t$$

$$+\frac{1}{2}K_M U_{sm} U_{Lm}(1+m_a\cos\Omega t)\cos(\omega_L-\omega_c)t \tag{3-18}$$

经中心频率为 f_I、带宽为 $2F$ 的带通滤波器滤波后，得

$$\begin{aligned} u_I(t) &= \frac{1}{2}K_M U_{sm} U_{Lm}(1+m_a\cos\Omega t)\cos(\omega_L-\omega_c)t \\ &= U_{Im}(1+m_a\cos\Omega t)\cos\omega_I t \end{aligned} \tag{3-19}$$

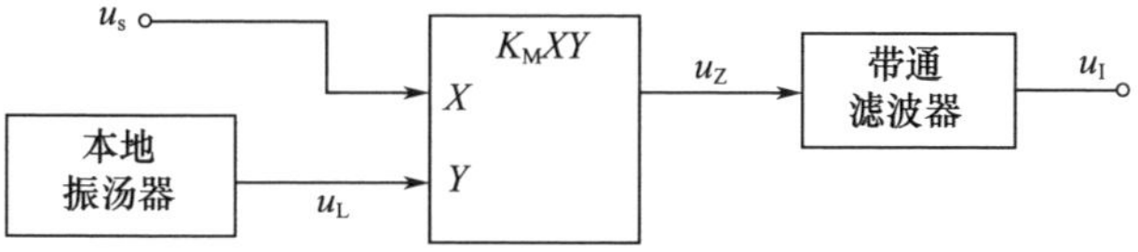

图 3－22　模拟相乘混频器电路框图

2. 二极管环形混频器

图 3－23 所示为二极管环形混频器电路，其工作原理与二极管环形调幅电路一致，它相当于两个混频器的组合，当本振信号 u_1 为正半周时，二极管 VD_1 与 VD_2 导通，VD_3 与 VD_4 截止，此时，混频器相当于一个二极管反相型平衡混频器。当本振信号 u_1 为负半周时，二极管 VD_3 与 VD_4 导通，VD_1 与 VD_2 截止，此时，混频器相当于一个二极管平衡混频器。混频结果输出为高频信号 u_s 与本振信号 u_1 的和频、差频及其高次谐波成分，具体工作原理可以参见《高频电子线路》教材，这里就不再阐述了。

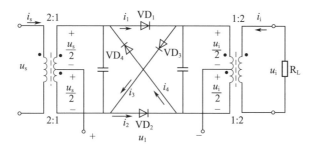

图 3－23　二极管环形混频器

3. 三极管混频器

1）电路形式

晶体管混频器的变频增益较高，在中波、短波接收机和测量仪器中广泛采用。晶体管混频器电路有多种形式，按照晶体管的组态和本振电压注入点的不同，有 4 种基本形式。晶体三极管混频器的电路形式和原理电路如图 3－24 所示。

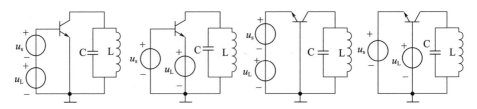

(a) 基极注入 基极输入　　(b) 射极注入 基极输入　　(c) 射极注入 射极输入　　(d) 基极注入 射极输入

图 3-24　三极管混频器的电路形式和原理电路

2）工作原理

利用三极管 i_c 和 u_{BE} 的非线性来进行频率变换。具体工作原理可以参见《高频电子线路》教材。

3.3.5　混频干扰和失真

由于混频器件特性的非线性，混频器将产生各种干扰和失真。

1. 干扰

1）组合频率干扰

它指混频器本身的组合频率中无用频率分量所引起的干扰。

对混频器而言，作用于非线性器件的两个信号为输入信号 $u_S(f_s)$ 和本振电压 $u_L(f_L)$，则非线性器件产生的组合频率分量为

$$fk = \pm pf_L \pm qf_s \quad p、q = 0、1、2、3\cdots$$

当中频 $f_I = f_L - f_s$ 或 $f_I = f_s - f_L$ 时，只要存在 $pf_L - qf_s = f_I$ 或 $qf_s - pf_L = f_I$ 两种情况，就可能会形成干扰，即

$$pf_L - qf_s \approx \pm f_I$$

2）副波道干扰

由于接收机前端选择性不好，外界干扰信号窜入而引起的最强的两个副波道干扰是中频干扰和镜像干扰。

当干扰频率等于或接近于接收机中频时，如果接收机前端电路的选择性不够好，干扰电压一旦漏到混频器的输入端，混频器对这种干扰相当于一级（中频）放大器，从而将干扰放大，并顺利地通过其后各级电路，就会在输出端形成中频干扰。

设混频器中 $f_L > f_s$，当外来干扰频率 $f_n = f_L + f_I$ 时，u_n 与 u_L 共同作用在混频器输入端，也会产生差频 $f_n - f_L = f_I$，从而在接收机输出端听到干扰电台的声音，就是镜像干扰，如图 3-25 所示。

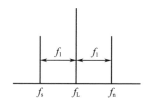

图 3-25 镜像干扰示意图

2. 失真

1) 交调失真

交调失真指在有用中频信号的包络上叠加了干扰信号的包络而引起的失真。具体表现如同时听到质量很差的有用信号和干扰电台的声音。

抑制措施:提高前端电路的选择性,降低加到变频电路输入端的干扰信号值;选择合适的工作状态及合适的器件(如平方律器件),减少不需要的非线性项。

2) 互调失真

互调失真指干扰信号之间彼此混频而产生接近中频的信号所引起的失真。具体表现如哨叫声和杂乱的干扰声而没有信号的声音,此现象通常称为阻塞。其抑制措施与抑制交调失真的措施相同。

3.4 放 大 技 术

3.4.1 高频小信号放大器

高频小信号放大器就是放大高频小信号(中心频率在几百千赫兹到几百兆赫兹)的放大器。高频小信号放大器主要由"放大部分+选频滤波部分"按级联方式构成。电路如图 3-26 所示。其电路由晶体管、调谐回路、偏置电路组成。其中,R_1、R_2 是放大器的偏置电阻;R_e 是直流负反馈电阻;C_1、C_e 是交流高频旁路电容;L、C 组成并联谐振回路,它与晶体管共同起着选频放大作用。采用部分接入方式是为了减弱晶体管输出阻抗对谐振回路的影响和为了放大器的前后级匹配。

1. 高频小信号放大器的特点

工作频率较高,中心频率一般在几百千赫兹到几百兆赫兹,带宽($2\Delta f_{0.7}$)在几千赫兹到几兆赫兹;信号较小,所以电路工作在线性范围内(甲类放大器)。

2. 高频小信号放大器的分类

可分为谐振放大器(窄带)和非谐振放大器(宽带)。

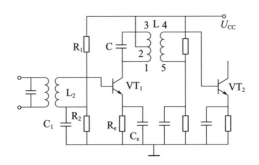

图 3-26　单级单调谐高频小信号放大器

3. 高频小信号放大器的主要质量指标

1) 增益(放大倍数)

放大器输出电压与输入电压之比,称为放大器的增益或放大倍数。

2) 通频带

放大器的电压增益下降到最大值的 0.7 倍时,上、下限频率之间的频率范围称为放大器的通频带,用 $B=2\Delta f_{0.7}$ 表示。也称为 3dB 带宽。通频带的示意图如图 3-27 所示。

根据定义得

$$B=2\Delta f_{0.7}=\frac{f_0}{Q_L}$$

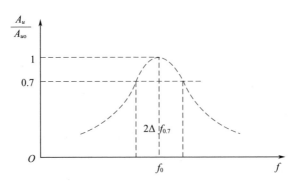

图 3-27　通频带的示意图

3) 选择性

从各种不同频率信号(有用的和有害的)中选出有用信号,抑制干扰信号的能力称为放大器的选择性。选择性常采用矩形系数和抑制比来表示。

矩形系数:表示与理想滤波特性的接近程度,有

$$K_{r0.1} = \frac{2\Delta f_{0.1}}{2\Delta f_{0.7}}$$

根据定义得,单级单调谐放大器的矩形系数为 9.96,理想的矩形系数为 1,由此可以看出,单级单调谐放大器的选择性较差。

4) 抑制比

表示对某个干扰信号 f_n 的抑制能力。

5) 工作稳定性

它指放大器的工作状态(直流偏置)、晶体管参数、电路元件参数等发生可能的变化时,放大器主要特性的稳定程度。不稳定状态的极端情况是放大器自激(主要由晶体管内反馈引起),使放大器完全不能正常工作。

6) 噪声系数

与低频放大器一样,选频放大器的输出噪声也来源于输入端和本身。通常用信噪比来表示噪声对信号的影响,电路中某处信号功率与噪声功率之比称为信噪比。信噪比越大,说明放大器的抗噪能力越强,输出信号的质量越好。

输出信号的信噪比与输入信号的信噪比的比值称为噪声系数。

3.4.2 中频 AGC 放大器

1. AGC 电路的作用

① 将接收到的微弱信号放大到解调器所需的电平,即提供足够的功率增益。

② 保证输送到解调器上的信号电平幅度恒定,即在输入信号电平发生大幅度变化时,中放的增益必须随之改变,以保持输出电平不变。

③ 尽可能多地滤除和抑制由各个传输环节产生的噪声和干扰,即必须具备良好的窄带滤波和限幅特性。

AGC 电路应包括能够产生一个随输入信号大小而变化的控制电压,即 AGC 电压($\pm U_{AGC}$);利用 AGC 电压去控制某些级的增益,实现 AGC。

2. AGC 电路的组成

AGC 电路由检波器、低通滤波器等组成,如图 3-28 所示。

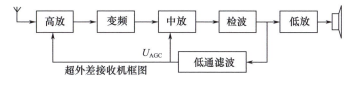

图 3-28 AGC 中频放大电路

工作过程：天线接收到的输入信号经高放、变频、中频放大后，进行检波，检波输出包含直流分量和低频分量，其中直流电平的高低直接反映出所接收的输入信号的强弱，而低频电压则反映的是原始的音频信号。检波输出信号一路经过隔直电容取出低频信号，经低频功放去推动扬声器发声。而检波器的另一路输出信号，经低通滤波器滤波后将得到反映输入信号大小的直流分量，即 AGC 电压，AGC 电压可正可负。利用 AGC 电压去控制高放和中放的增益，使 $|\pm U_{AGC}|$ 大时增益低、$|\pm U_{AGC}|$ 小时增益高，即达到了自动增益控制的目的。

3.4.3 高频功率放大器

高频功率放大器又称射频放大器，用于各种无线电发送设备中，作用是对高频载波或高频已调波进行功率放大，以满足发送功率的要求，然后经过天线将其辐射到空间，保证在一定区域内的接收机可以接收到满意的信号电平，并且不干扰相邻信道的通信。它是一种能量转换器件，在输入信号的作用下，将电源供给的直流能量转换成为高频交流输出。

1. 高频功率放大器的分类

① 窄带高频功率放大器。以具有选频滤波作用的谐振回路为负载，所以又称为谐振功率放大器或调谐功率放大器。

② 宽带高频功率放大器。采用非选频性负载，如传输线变压器或其他宽带匹配电路，故又称为非调谐功率放大器。

高频谐振功率放大器的原理电路如图 3-29 所示。

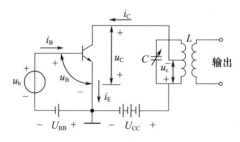

图 3-29 高频谐振功率放大器原理图

2. 高频谐振功率放大器的特点

① 采用谐振网络作负载，目的是保证从输出选取有用信号，实现阻抗的匹配。

② 一般工作在丙类或丁类状态。

③ 工作频率和相对通频带相差很大。

④ 在技术指标上要求输出功率大、效率高。

为了提高效率,高频功率放大器多选择在丙类或丁类甚至是戊类工作状态,高频晶体管在这样的工作状态下,输出电流的波形失真大,因此电路中必须采用具有一定滤波特性的选频网络作为负载,以得到接近正弦波的输出电压波形。这类高频功率放大器称为谐振放大器,多用于推动级和末级实现功率放大。

工作状态是由静态时晶体管在信号的一周内导通的时间长度决定的,这个导通时间称为导通角,用 θ 表示。θ 与输出功率和效率的关系可以用图 3 - 30 来描述。

由图 3 - 30 可以看出,在兼顾高输出功率和高效率时,通常取 $\theta = 60° \sim 80°$。

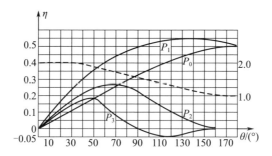

图 3 - 30 功率 P、效率 η 与导通角 θ 之间的关系

根据高频功率放大器的工作是否进入饱和区,可将放大器的工作状态分为欠压、过压和临界 3 种。若晶体管工作在放大状态,称为放大器工作在欠压状态(欠压区);若晶体管工作时进入饱和区,称放大器工作在过压状态;若晶体管刚刚进入饱和区的边缘,称放大器工作在临界状态。为了讨论不同工作状态对电压、电流、功率和效率的影响,以负载变化时各参数的变化为例来说明。负载变化时各参数的变化如图 3 - 31 所示。

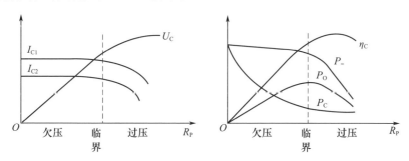

图 3 - 31 负载与各参数的变化关系

图中　U_C——输出电压;

I_{C1}——输出电流基波分量;

I_{C0}——输出电流直流分量;

η_C——效率;

$P_=$——直流电源提供的总功率;

P_O——输出总功率;

P_C——集电极耗散功率。

由图 3-31 可以总结出 3 种工状态的优缺点如下。

① 欠压状态。功率和效率都比较低,集电极耗散功率也较大,输出电压幅度较小,随负载阻抗变化而变化,输出电流具有恒流特性,因此较少采用。但晶体管基极调幅或已调波的放大需采用这种工作状态。

② 过压状态。当负载阻抗变化时,输出电压比较平稳且幅值较大,输出电流减小,在弱过压时,效率可达最高,但输出功率有所下降。在发射机的中间级放大、集电极调幅级常采用这种状态。

③ 临界状态。输出功率最大,效率也较高,与最大效率相差无几,输出电压和输出电流也较大,可以说是最佳工作状态。在发射机的末级常设计成这种状态,通常高频谐振功率放大器工作在此状态。

3.5 频率合成技术

频率合成是指以一个或数个参考频率为基准,在某一频段内,综合产生并输出多个工作频率点的过程。基于这个原理制成的频率源称为频率合成器。频率合成器被人们喻为众多电子系统的"心脏"。在航空通信、雷达测量、无线电定位、卫星导航和数字通信等先进的电子系统中都需要有一个频率高度稳定的频率合成器。一个性能优良的频率合成器应同时具备输出相位噪声低、频率捷变速度快、输出频率范围宽和捷变频率点数多等特点。频率合成器按频率综合方法可分为直接合成式和锁相合成式。

3.5.1 直接模拟频率合成

这是最早出现最先使用的一种频率合成器。由于大多是采用模拟电路来实现的,所以又称为直接模拟频率合成器。它是由一个或多个晶体振荡器经过开关转换、分频、倍频、混频、滤波得到所需要的频率。

图 3-32 所示为直接频率合成法的基本原理电路。图中晶体振荡器提供基准频率 f_r,而 f_1、f_2、f_3、$\cdots$ 和 f'_1、f'_2、f'_3、$\cdots$ 为标准频率在谐波发生器中产生的高次谐波,它们和 f_r 有同样的稳定度,用来得到一系列不同数值的稳定频率,可以

从这些谐波频率 f_1、f_2、f_3、…和 f'_1、f'_2、f'_3、…中选出任意两个频率加到混频器中,经过混频后,由滤波器选出这两种频率的和频或差频,从而得到一系列新的频率。

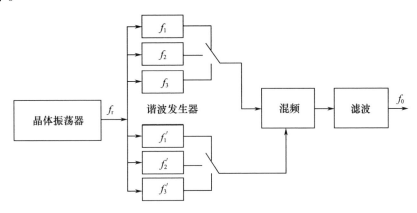

图 3-32　直接频率合成法基本原理框图

3.5.2　直接数字频率合成

直接数字频率合成(DDS)技术是一种新的频率合成方法,DDS 是一种全数字化的频率合成器,由相位累加器、波形 ROM、D/A 转换器和低通滤波器构成。时钟频率给定后,输出信号的频率取决于频率控制字,频率分辨率取决于累加器位数,相位分辨率取决于 ROM 的地址线位数,幅度量化噪声取决于 ROM 的数据位字长和 D/A 转换器位数。

1. 直接数字合成基本原理

在微机内,若插入一块 D/A 插卡,然后编制一段小程序,如连续进行加 1 运算到一定值,然后连续进行减 1 运算回到原值,再反复运行该程序,则微机输出的数字量经 D/A 变换成小阶梯式模拟量波形,如图 3-33 所示。再经低通滤波器滤除引起小阶梯的高频分量,则得到三角波输出。若更换程序,令输出 1(高电平)一段时间,再令输出 0(低电平)一段时间,反复运行这段程序,则会得方波输出。实际上,可以将要输出的波形数据(如正弦函数表)预先存放在 ROM(或 RAM)单元中,然后在系统标准时钟(CLK)频率作用下,按照一定的顺序从 ROM(或 RAM)单元中读出数据,再进行 D/A 转换,就可以得到一定频率的输出波形。

现以正弦波为例进一步说明如下。在正弦波一周期(360°)内,按相位划分为若干等分 $\Delta\phi$,将各相位所对应的幅值 A 按二进制编码并存入 ROM。设 $\Delta\phi = 6°$,则一周期共有 60 等分。由于正弦波对 180°为奇对称,对 90°和 270°为偶对

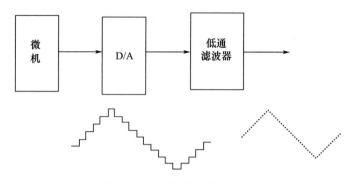

图 3-33　直接数字合成原理

称,因此 ROM 中只需存 0°~90°范围内的幅值码。若以 $\Delta\phi = 6°$ 计算,在 0°~90°之间共有 15 等分,其幅值在 ROM 中占 16 个地址单元。因为 $2^4 = 16$,所以可以按 4 位地址码对数据 ROM 进行寻址。现设幅值码为 5 位,则在 0°~90°范围内编码关系如表 3-2 所列。

表 3-2　正弦函数表(正弦波信号相位与幅度的关系)

地址码	相位	幅度(满度值为1)	幅值编码
0000	0°	0.000	00000
0001	6°	0.105	00011
0010	12°	0.207	00111
0011	18°	0.309	01010
0100	24°	0.406	01101
0101	30°	0.500	10000
0110	36°	0.588	10011
0111	42°	0.669	10101
1000	48°	0.743	11000
1001	54°	0.809	11010
1010	60°	0.866	11100
1011	66°	0.914	11101
1100	72°	0.951	11110
1101	78°	0.978	11111
1110	84°	0.994	11111
1111	90°	1.000	11111

2. 信号的频率关系

在图 3-34 中,时钟 CLK 的频率为固定值 f_c。在 CLK 的作用下,如果按照

0000、0001、0010、…、1111 的地址顺序读出 ROM 中的数据,那么表 3-2 中的幅值编码输出正弦信号频率为 f_{o1};如果每隔一个地址读一次数据(即按 0000、0010、0100、…、1110 顺序),其输出信号频率为 f_{o2},且 f_{o2} 将比 f_{o1} 提高 1 倍,即 $f_{o2} = 2f_{o1}$,依此类推。这样,就可以实现直接数字频率合成器的输出频率的调节。

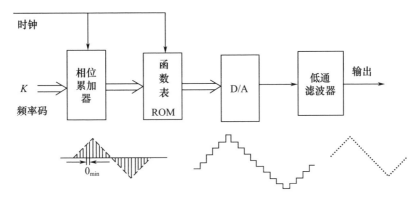

图 3-34 以 ROM 为基础组成的 DDS 原理图

上述过程是由控制电路实现的,由控制电路的输出决定选择数据 ROM 的地址(即正弦波的相位)。输出信号波形的产生是相位逐渐累加的结果,这是由累加器实现的,称为相位累加器,如图 3-34 所示。在图中 K 为累加值,即相位步进码,也称频率码。如果 $K=1$,每次累加结果的增量为 1,则依次从数据 ROM 中读取数据;如果 $K=2$,则每隔一个 ROM 地址读一次数据;依次类推。因此,K 值越大,相位步进越快,输出信号波形的频率就越高。在时钟 CLK 频率一定的情况下,输出的最高信号频率为多少? 或者说,在相应于 n 位常见地址的 ROM 范围内,最大的 K 值应为多少? 对于 n 位地址来说,共有 2^n 个 ROM 地址,在一个正弦波中有 2^n 个样点(数据)。如果取 $K=2^n$,就意味着相位步进为 2^n,则一个信号周期中只取一个样点,它不能表示一个正弦波,因此不能取 $K=2^n$;如果取 $K=2^{(n-1)}$,$2^n/2^{(n-1)}=2$,则一个正弦波形中有两个样点,这在理论上满足了取样定理,但实际难以实现。一般地,限制 K 的最大值为

$$K_{max} = 2^{n-2}$$

这样,一个波形中至少有 4 个样点($2^n/2^{n-2}=4$),经过 D/A 变换,相当于 4 级阶梯波,即图 3-34 中的 D/A 输出波形由 4 个不同的阶跃电平组成。在后继低通滤波器的作用下,可以得到较好的正弦波输出。相应地,K 为最小值($K_{min}=1$)时,一共有 2^n 个数据组成一个正弦波。

根据以上讨论,可以得到以下一些频率关系。假设控制时钟频率为 f_c,ROM 地址码的位数为 n。当 $K=K_{min}=1$,输出频率为

$$f_o = K_{\min} \times \frac{f_c}{2^n}$$

故最低输出频率为

$$f_{o\min} = \frac{f_c}{2^n}$$

当 $K = K_{\max} = 2^{n-2}$ 时,输出频率 f_o 为

$$f_o = K_{\max} \times \frac{f_c}{2^n}$$

故最高输出频率为

$$f_{o\max} = \frac{f_c}{4}$$

在 DDS 中,输出频率点是离散的,当 $f_{o\max}$ 和 $f_{o\min}$ 已经设定时,其间可输出的频率个数为

$$M = \frac{f_{o\max}}{f_{o\min}} = \frac{\frac{f_c}{4}}{\frac{f_c}{2^n}} = 2^{n-2}$$

现在讨论 DDS 的频率分辨率。如前所述,频率分辨率是两个相邻频率之间的间隔,现在定义 f_1 和 f_2 为两个相邻的频率,若

$$f_1 = K \times \frac{f_c}{2^n}$$

则

$$f_2 = (K+1) \times \frac{f_c}{2^n}$$

因此,频率分辨率 Δf 为

$$\Delta f = f_2 - f_1 = (K+1) \times \frac{f_c}{2^n} - K \times \frac{f_c}{2^n}$$

故得频率分辨率为

$$\Delta f = \frac{f_c}{2^n}$$

为了改变输出信号频率,除了调节累加器的 K 值以外还有一种方法,就是调节控制时钟的频率 f_c。由于 f_c 不同,读取一轮数据所花时间不同,因此信号频

率也不同。用这种方法调节频率,输出信号的阶仍取决于 ROM 单元的多少,只要有足够的 ROM 空间都能输出逼近正弦的波形,但调节比较麻烦。

DDS 有以下优点:频率分辨率高,输出频点多,可达 N 个频点(N 为相位累加器位数);频率切换速度快,可达微秒量级;频率切换时相位连续;可以输出宽带正交信号;输出相位噪声低,对参考频率源的相位噪声有改善作用;可以产生任意波形;全数字化实现,便于集成;体积小,重量轻。

3.5.3 锁相频率合成

许多电子设备要正常工作,通常需要外部的输入信号与内部的振荡信号同步,利用锁相环路就可以实现这个目的。

1. 锁相环的概念

锁相环路是一种反馈控制电路,简称锁相环(PLL),由鉴相器、环路滤波器和压控振荡器组成,如图 3-35 所示。

图 3-35 锁相环的基本构成

鉴相器用来鉴别输入信号 u_i 与输出信号 u_o 之间的相位差,并输出误差电压 u_d。u_d 中的噪声和干扰成分被低通性质的环路滤波器滤除,形成压控振荡器(VCO)的控制电压 u_c。u_c 作用于压控振荡器的结果是把它的输出振荡频率 f_o 拉向环路输入信号频率 f_i,当二者相等时,环路被锁定。维持锁定的直流控制电压由鉴相器提供,因此鉴相器的两个输入信号间留有一定的相位差。锁相环在工作的过程中,当输出信号的频率与输入信号的频率相等时,输出电压与输入电压保持固定的相位差值,即输出电压与输入电压的相位被锁住,这就是锁相环名称的由来。

2. 单环频率合成器

采用锁相倍频电路可以组成频率合成器。为了减小相邻两个输出频率的间隔,增加输出频率的数目,可在晶体振荡器和鉴相器之间插入前置可变分频器,如图 3-36 所示。这样组成的频率合成器称为单环频率合成器,其输出频率为

$$f_y = \frac{n}{m} f_i \quad n = 1, 2, \cdots, N; m = 1, 2, \cdots, M \tag{3-20}$$

最小频率间隔(步长)为 $\frac{1}{M} f_i$;频率范围为 $\frac{1}{M} f_i \sim N f_i$。

锁相频率合成器的主要性能指标有输出频率范围和频率数目、频率间隔和频率转换时间。其中频率转换时间的经验公式为

$$t_s = \frac{25}{f_r} \tag{3-21}$$

式中　f_r——鉴相器输入参考频率。

对于图 3-36 所示加有前置分频器的锁相环,有 $f_r = f_i/m$。

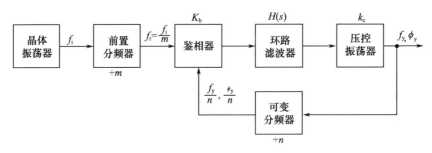

图 3-36　单环频率合成器的组成

为了得到良好的频率分辨率,要求频率间隔必须很小,对于单环频率合成器来说,则要求降低参考频率 f_r。由于环路滤波器必须滤除鉴相器输出电流中的无用频率分量,包括输入参考频率 f_r 及其谐波,因此其通频带必须小于参考频率 f_r,因而降低 f_r 将会使环路带宽变窄。这样,当频率变换时,环路的捕捉时间或跟踪时间就会加长,由于频率转换时间与 f_r 成反比,通常单环频率合成器的参考频率 f_r 不能小于 1kHz,这也就是它的最小频率间隔。单环频率合成器的第二个缺点是输出频率数目受限制。因为若要增加输出频率数目,则需增大分频比 n。而当输出信号频率大幅度变化时,环路的跟踪特性急剧变化。第三,频率合成器中必然要使用编程处理的可变分频器,而可变分频器的最高工作频率要比固定分频器低很多。对于图 3-36 所示单环频率合成器来说,可变分频器的工作频率就是 f_y,这就限制了频率合成器的最高输出频率。

3. 变模频率合成器

变模频率合成器(又称为吞脉冲频率合成器)是单环频率合成器的一种改进,它可以增大最高输出频率,其组成框图如图 3-37 所示。

在变模频率合成器中,双模分频器是具有 P 和 $P+1$ 两种分频比模式的固定分频器,当模式控制电路输出高电平或低电平时,它的分频比分别为 $P+1$ 和 P。另外两个可变分频器的分频比分别为 N 和 A,且规定 $N > A$。设 N 分频器每输出一个脉冲为一个工作周期,而每一工作周期又可分为两个时段。在第一时段开始时,两个可变分频器应先预置初始值,模式控制电路输出高电平,双模分

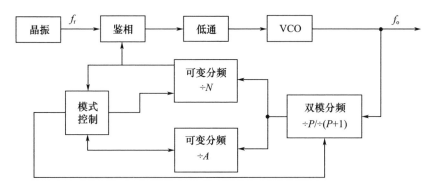

图 3-37 变模频率合成器

频器分频比为 $P+1$,然后,输出频率为 f_o 的合成器输出脉冲经 $P+1$ 分频后同时进入两个可变分频器作减法计数。当 A 分频器计数为零时,模式控制电路输出变为低电平,双模分频器分频比变成 P,开始进入第二时段。显然,此时分频器计数为 $N-A$,而在第一时段内频率合成器输出脉冲数为 $(P+1)A$。在第二时段内,同时进入两个可变分频器的脉冲频率为 f_o/P,当 N 分频器计数为零时,N 分频器输出一个脉冲给鉴相器,同时使模式控制电路输出重新变为高电平,又开始第二个周期计数。在第二时段内,频率合成器输出脉冲数为 $P(N-A)$。可见,一个周期内频率合成器输出脉冲数为 $M=(P+1)A+P(N-A)=PN+A$,所以总的分频比即为 $M=PN+A$,合成器输出频率为

$$f_o = (PN+A)f_r \tag{3-22}$$

变模频率合成器与普通单环频率合成器的频率间隔相同,但频率数增加。由于两个可变分频器最高工作频率为 f_o/P,因此变模频率合成器的最高输出频率可以提高为普通单环频率合成器的 P 倍。

例 3-1 在图 3-37 所示变模频率合成器中,已知 $f_r=1\text{kHz}$,$N=3\sim127$,$A=3\sim15$,$P=10$,求分频比范围、输出频率范围、频率间隔和可变分频器最高工作频率。

解:若 $A=3$,则 $N=4\sim127(N>A)$,则最小分频比为 $PN_{\min}+A=10\times4+3=43$,最大分频比为 $PN_{\max}+A=10\times127+3=1273$。

若 $A=15$,则 $N=16\sim127(N>A)$,最小和最大分频比分别为 175 和 1285。所以,此频率合成器分频比范围为 43~1285,相应的输出频率范围是 43~1285kHz,频率间隔为 1kHz,总频率数为 1243 个。可变分频器最高工作频率为 $1285/10=128.5\text{kHz}$。

4. 多环频率合成器

为了减小频率间隔,同时又不降低参考频率,可以采用多环形式。在多环频

率合成器里增添了混频器和滤波器。通过例3-2来说明其工作原理。

例3-2 图3-38是一个双环频率合成器,由两个锁相环和一个混频滤波电路组成。两个输入频率 $f_{i1}=1\text{kHz}$, $f_{i2}=100\text{kHz}$。可变分频器的分频比范围分别为 $n_1=10000\sim11000$, $n_2=720\sim1000$。固定分频器的分频比 $n_3=10$。求输出频率 f_y 的频率调节范围和步长(即频率间隔)。

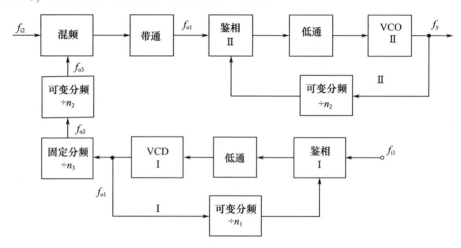

图3-38 双环频率合成器

解:环路 I 是锁相倍频电路,输出频率为

$$f_{o1}=n_1 f_{i1}$$

f_{o1} 经过 n_3 固定分频后,输出为

$$f_{o2}=\frac{n_1}{n_3}f_{i1}$$

f_{o2} 经过 n_2 可变分频后,输出为

$$f_{o3}=\frac{n_1}{n_2 n_3}f_{i1}$$

设混频器输出端用带通滤波器取出和频信号,则有

$$f_{o4}=f_{i2}+\frac{n_1}{n_2 n_3}f_{i1}$$

环路 II 也是锁相倍频电路,所以输出频率为

$$f_y=n_2 f_{o4}=n_2 f_{i2}+\frac{n_1}{n_3}f_{i1}=n_2 f_{i2}+f_{o2}$$

由上式可见,输出合成频率 f_y 由两部分组成。前一部分 $n_2 f_{i2}$ 调节范围为

72~100MHz,频率间隔为0.1MHz;后一部分 $n_1 f_{i1}/n_3$ 的调节范围为 1~1.1MHz,频率间隔为100Hz。所以,f_y 的总调节范围为 73~101.1MHz,步长为100Hz,总频率数为281000个。环路Ⅰ的参考频率为1kHz,环路Ⅱ的参考频率为101~101.53kHz,求得最大转换时间为25ms。

双环频率合成器的输出频率间隔可以小于参考频率。

小　　结

本章以无线通信系统的组成与功能为主线,介绍了通信电子电路的选频网络、混频电路、高频放大电路、中频 AGC 电路和频率合成技术。

选频网络可分为谐振回路和滤波器两大类,其作用就是选出需要的频率分量和滤除不需要的频率分量。由电感和电容元件组成振荡回路,振荡回路包含单振荡回路和耦合振荡回路,而单振荡回路又包含串联谐振回路和并联谐振回路。滤波器包含 LC 集中滤波器、石英晶体滤波器、陶瓷滤波器和声表面波滤波器等。

混频电路是一种频率变换电路,在输入信号作用下产生与输入信号的波形和频谱不同的输出信号。典型的有晶体管混频电路、二极管混频电路。混频电路可以产生干扰与失真。

高频放大电路可以在输入信号的作用下,将直流电源所提供的功率部分地变换为按输入信号规律变化的输出信号功率。高频小信号放大器和功率放大器都具有实现功率放大的功能,但两者在要求上却有明显区别。对于小信号放大器的要求,主要体现在增益、频率响应和稳定性等方面;而对功率放大器的要求,除了增益、频率响应和稳定性等方面外,最主要的是在保证功率管安全的情况下,高效率地输出尽可能大且失真在允许范围的功率。

自动增益控制(AGC)电路,属于反馈控制电路,它的性能直接影响到通信系统的性能。

频率合成器一般可分为直接式、锁相式。直接模拟频率合成器具有频率捷变速度快、相位噪声低的主要优点,使之在频率合成领域占有重要的地位。直接模拟频率合成器具有容易产生过多的杂散分量以及设备量大等缺点。

利用锁相环的相位锁定特性,获得与基准频率成一定倍数的新频率的电路,称为锁相频率合成器。锁相环路是利用一种相位误差信号去消除频率误差的自动反馈控制电路,可实现无误差频率跟踪,即当锁相环路锁定时,输出信号的频率与输入信号频率相等,若输入信号频率发生变化,输出信号的频率也跟随变化并保持相等。

复习思考题

1. 画出无线通信系统发送和接收设备框图并说明其作用。
2. 有一中频 $f_g=465\text{kHz}$ 的调幅超外差式接收机,当收听 $f_c=1396\text{kHz}$ 的电台时,听到哨声干扰,说明这哨声产生原因,且分析哨声的频率。
3. 有一中波段调幅超外差收音机,在收听 565kHz 的电台时,听到频率为 1495kHz 的强电台干扰,试分析这是何种干扰,并说明这种干扰是如何形成的。
4. 晶体滤波器、陶瓷滤波器和声表面波滤波器分别具有什么特点?
5. 高频谐振放大器中,造成工作不稳定的主要因素是什么?
6. 直接频率合成法基本原理是什么?
7. 画出基本锁相环的组成框图,并说明它的信号流程。
8. 画出吞脉冲频率合成器的结构框图,并阐述其工作原理。

第4章 通信技术基础

航空通信是现代航空电子系统的重要组成部分,被认为是航空电子发展的开端,是利用无线电波的传输特性实现飞机与地面、飞机与飞机之间、飞机与其他平台之间话音或数据信息的传输功能。本章介绍航空通信的一般概念以及现役通信系统中的关键技术,包括调制技术、语音编码技术、信道编码技术和通信抗干扰技术等。

4.1 通信一般概念

4.1.1 通信系统基本概念

广义的通信指的是消息的传输与交换。具体到航空电子领域,通信可以概括为采用某种调制技术,借助无线电信号的发射和接收,来实现消息的传输与交换。按照通信的功能,通信系统如图4-1所示。

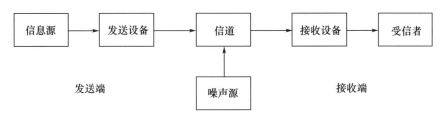

图4-1 通信系统的基本组成

一般来说,通信系统由发送端、信道和接收端组成。发送端包括信息源和发送设备,接收端包括接收设备和受信者。信息源的作用是把任何可能消息转换为电信号,被称为原始信号或基带信号。为了使原始信号适应信道传输,必须对信号进行一系列变换,完成这些变换功能的设备就是发送设备。信道就是信号传输的通道,常见的有双绞线、电缆、光纤、空气等。接收端的接收设备完成与发送设备相反的变换,从接收到的信号中恢复出原始信号。受信者也称为信宿,它把原始信号转变为相应的消息。

通信系统按信号特征分为模拟通信系统和数字通信系统;按其通信方式可

分为单工通信系统、半双工通信系统和全双工通信系统;按其采样调制方式来分,可分为基带传输系统和频带传输系统;按其复用方式可分为频分复用、时分复用和码分复用;按其工作频段可分为长波通信、中波通信、短波通信、红外线通信等。

4.1.2 航空通信

航空通信用于空-空、空-地之间的通信联络,使飞机随时接受战斗指令,机组协调动作,与其他兵种协同作战,是现代战争的中枢神经和生命线。

从不同的角度,航空通信有不同的分类。按通信对象可分为地-空通信和空-空通信;按技术体制可分为常规通信技术和抗干扰通信技术;按传输信息类型可分为语音通信和数据通信;按频段可分为短波通信、超短波通信和卫星通信。

1. 按通信对象分类

1) 地-空通信

地-空通信用于地面与飞机之间进行无线电通信联络,用以保障空军各级指挥员对各种遂行战术任务飞机的指挥通信,保障空军的各种飞机与陆军(步兵、炮兵、坦克兵)和海军(各种舰艇)进行协同通信,保障各种飞机实施陆上和海上的救生通信。

2) 空-空通信

空-空通信用于空中飞机编队之间的通信联络,用以保障通过指通机的中继通信和通过数据链的数据通信等。主要工作在超短波和微波频段,进行视距传输。

2. 按技术体制分类

1) 常规通信技术

常规通信技术手段主要包括调幅(AM)、调频(FM)、频移键控(FSK)等。主要特点是实现原理简单,信号带宽较窄,不具备抵抗敌方干扰和侦察的能力。

2) 抗干扰通信技术

抗干扰通信技术就是指无线电通信设备及系统为对抗敌方利用电磁能攻击通信电磁频谱、保护己方无线电通信正常工作所采取的通信反对抗技术、方法和措施。通信抗干扰技术的基本目的是通过对信息、信息载体及传播方式进行特定的处理,提高通信接收端的输出信干比,使其具备较强的区分有用信号和干扰信号的能力;提高通信信号的隐蔽性,使敌方难以识别和干扰,从而正确地接收所需的信息。

扩展频谱通信技术是通信抗干扰技术的主要技术手段。扩展频谱技术是把信息频谱展宽进行传输的技术,它具有信号频谱宽、波形复杂、安全隐蔽等显著特点,大大增加了敌方对信号进行截获、监测、测向定位和干扰的难度。

3. 按传输信息类型分类

1) 语音通信

为了保障飞行安全,飞行员必须不断地接受地面指挥所的指挥引导,地-空无线电通信是必不可少的。由于语言是人类最直接、最有效的信息交流方式,因此对飞机通信而言,机载话音通信就成为飞行员接受指挥引导、完成作战使命的最主要通信方式。明话和密话是航空通信的两种话音通信方式。

2) 数据通信

航空数据通信一般指数据链通信。美军参联会主席令定义:"战术数字信息链通过单网或多网结构和通信介质,将两个或两个以上的指挥系统和(或)武器系统链接在一起,由适合于传送标准(格式)化的数字信息的通信链路。数据链就通信而言,包括传输与终端设备、通信协议和消息标准三方要素组成,也简称为TADIL(Tactical Digital Information Link)。"按照战术数据链的应用角度分类,可分成以下三类。

① 以搜集和处理情报、传输战术数据、共享资源为主的数据链。这类数据链通常要求较高的数据率和较低的误码率,电子侦察机和预警机等一般都选择这种数据链。

② 以常规命令下达,战情的报告、请示以及勤务通信和空中战术行动的引导和指挥等为主的数据链。这类数据链要求的数据率不高,但准确性、可靠性要求高。歼击机、轰炸机、武装直升机等一般采用这种数据链。

③ 综合型机载数据链。这种数据链既具有搜集和处理情报、传输战术数据、共享资源等作用,同时也具有命令下达、战情报告、勤务通信以及空中战术行动引导和指挥的功能,甚至能同时传输数字话音。这种数据链不仅传输速率高,而且还具有抗干扰和保密双重功能,是当前机载数据链的主流。

数据链系统的突出特点是实时传输能力强、信息传输效率和自动化程度高,是实现信息系统武器化、武器系统信息化、信息系统与武器系统一体化的重要手段和有效途径,其相互关系如图4-2所示。

数据链与一般数据通信系统的主要区别是数据链有针对性地完成部队战时的实时信息交换任务,而数据通信用于解决用户和信息传输的普遍性问题。数据链所传送的信息和数据链用户要实现的目标十分明确,它无交换、路由等环节,并简化了通信系统中为了保证差错控制和可靠传输的冗余开销,它的通道链路协议和格式化消息的设计都针对满足作战的实时需求。由数据链网络连接的各种平台,包括指控站和无指控能力的传感器和武器系统,其平台上计算机都要

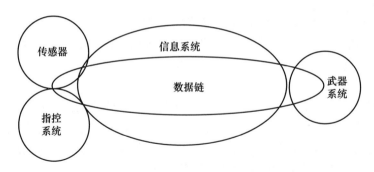

图4-2 数据链与其相关系统的关系

专门配置相应的软件,以接收和处理数据链端机传来的信息或向端机发射信息。即数据链与平台任务计算机之间必须相互紧密集成,以支持机器与机器、机器与人之间的相互操作。

4. 按频段分类

1) 短波通信

短波通信频段为高频(HF)频段3~30MHz,主要利用电离层反射实现地-空远距离(超视距)通信。短波通信的优点是通信距离远、设备简单、造价低廉、机动灵活、抗毁性好。缺点是信号不稳定、噪声干扰大、信道通畅率低。由于计算机技术、自适应选频技术及跳频抗干扰技术在短波通信中的广泛应用,克服了短波通信的缺陷,提高了通信质量,能基本满足要求。

2) 超短波通信

超短波通信频段为甚高频(VHF)和特高频(UHF)。这些频段利用空间直达波进行通信,通信容量大、信道稳定、噪声干扰小。因电波受视距传播限制,最大直接地-空通信距离约为400km。

3) 卫星通信

卫星通信系统可为远程作战飞机提供可靠的通信保障,可传送电话、数据和图像等信息,是地-空远距离通信的发展方向。地-空卫星通信系统由机载站、专用特高频卫星转发器和固定地球站等组成。机载站工作于特高频频段,工作频段为225~400MHz及微波波段。固定地球站与机载站之间的通信依靠通信卫星转发器的转发实现。

4.2 调制技术

4.2.1 调制的基本概念

调制在通信系统中的作用至关重要。调制就是把信号转换成适合在信道中传输的形式的一种过程。广义的调制分为基带调制和带通调制(也称为载波调制)。在无线电通信中,调制指载波调制,就是用调制信号去控制载波参数的过程。一般调制与解调的实现过程如图4-3所示。

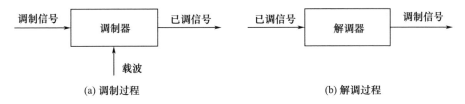

图4-3 调制与解调基本框图

调制信号是指来自信息源的消息信号(基带信号),这些信号可以是连续模拟的,也可以是数字的,但带宽较窄,频谱低频分量丰富,易受信道特性影响;未受调制的周期性振荡信号称为载波,它可以是正弦波,也可以是非正弦波(如周期脉冲序列);载波调制后称为已调信号,它包含调制信号的全部特征。解调是调制的逆过程,其作用是将已调信号中的调制信号恢复出来。

调制和解调是无线电收发两个重要的、必不可少的信号处理过程,因为由语言、图像等信息源直接变换过来的原始信号是频率较低的电信号,这些信号不适宜在无线信道中直接传输,必须经过频率变换才能发送出去。具体来讲,无线电系统采用调制和解调技术的主要作用如下。

① 可以有效辐射电磁波,增加传输距离。在无线电系统中,信号借助天线所辐射的电磁波来传输。由电磁理论可知,为使天线能够有效地辐射电磁波,天线的尺寸应与被辐射信号的波长处于一个数量级上。由于信息信号一般都是频率较低的基带信号,它的波长很长。例如,话音信号的波长为 $10^6 \sim 8.8 \times 10^4$ m(对应的频率为 300~3400Hz),如果由天线直接辐射,那么所需天线尺寸在工程上难以实现。为此,必须借助调制技术,将频率较低的信息信号附加到频率较高的载波信号上去。

② 可以提高发射与接收效率。在无线电发射和接收的过程中,发射机与接收机都必须采用天线和谐振回路。但语言、图像信号等信息源直接变换过来的信号频率变化范围很大,因此天线和谐振回路的参数应该在很宽范围内变化,显然,这是难以做到的。通过调制将信号进行频谱搬移,将收发信号集中在一定的信号频率范围内,这样无线电收发机的调谐回路就容易实现了。

③ 可以增加系统的容量。通过调制可将多个信息信号(它们的频谱分量处于同一频带范围内)移到不同频率或不同时间的各个载波信号上,从而能够实现多路和多址信息传输。

④ 可以提高系统的抗干扰能力和保密能力。首先,调制和解调的实质是频谱变换过程,通过频率搬移可以主动避开干扰;其次,低频信号经过调制发送后,将有利于接收机在接收端进行分选;再次,不同的调制方法通常需要不同的解调方法,在接收端就涉及调制识别的问题,这在一定程度上也可以起到一定的保密作用。

调制技术可进行如下分类:若载波为连续高频信号,称为连续波调制;若载波为脉冲信号,称为脉冲调制。调制信号是模拟信号,称为模拟调制;调制信号为数字信号,称为数字调制。已调信号频谱与基带信号频谱只有位置搬移而无结构改变的称为线性调制;否则称为非线性调制。

4.2.2 连续波调制

1. 连续波模拟调制

1) 幅度调制

幅度调制(AM)是载波幅度随着调制信号的变化而变化的调制技术。AM在民用和军用都普遍使用,其基本实现过程如图4-4所示。

调制过程需要相加器和相乘器。a、b、c 和 d 各信号的波形示意图如图4-5所示。

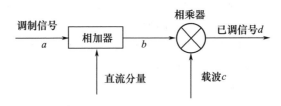

图4-4　AM实现框图

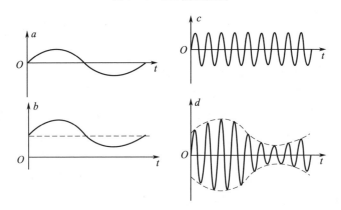

图4-5　AM波形示意图

首先,调制信号与直流分量相加,再经过相乘器与高频载波相乘,即得到已调信号 d,此波形的包络与调制信号 a 完全一致;解调时采用包络检波器即可完成,而包络检波器在实际电路中由二极管、电容等组成,结构非常简单。

但是,如果直流分量的取值不合适,即小于调制信号的最大值,则将会出现过调幅现象,如图 4-6 所示。一旦过调幅现象出现,AM 信号的包络就不再和调制信号吻合,出现失真现象。

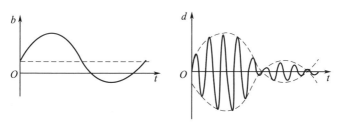

图 4-6 过调幅波形

所以,在使用 AM 技术的无线电设备中,调制信号一般都要通过限幅器对信号幅度进行峰值限制,以避免过调幅现象的发生。另外,由于调制信号中加入了直流分量,所以,发射机的发射功率有一部分是用来传送与调制信号无关的直流分量,因此,AM 设备的发射机的发射效率不高。

鉴于 AM 技术的特点,工程师在 AM 实现框图中去掉了直流加法器,并添加了不同滤波器,得到了单边带调制(SSB)信号和残留边带调制(VSB)信号,以提高发射功率,减小带宽。但是,相对于 AM 来说,SSB 和 VSB 信号的调制和解调过程相对复杂。

2)角度调制

正弦载波有 3 个参量,即幅度、频率和相位。调制信号的信息不仅可以被载荷于载波信号的幅度变化中,还可以放在频率或相位变化中。在调制时,载波频率随着调制信号变化,称为频率调制(FM);载波相位随着调制信号变化,称为相位调制(PM)。

FM 波形的幅度是恒定的,不随调制信号变化,如图 4-7 所示。FM 信号的频率则与调制信号幅度变化规律一致。当调制信号幅值最大时,FM 信号频率最高,波形最密;当调制信号幅值最小时,FM 信号频率最低,波形最疏。

FM 信号的波形特点使得该信号不可能采用像 AM 那样的包络检波器进行解调,常用的解调器件是鉴频器。鉴频器是一种输出电信号波形与输入信号频率成正比的电子器件,实现鉴频器的方法有调频-调幅变换型、相位鉴频器、脉冲计数式鉴频器和锁相环鉴频器等。

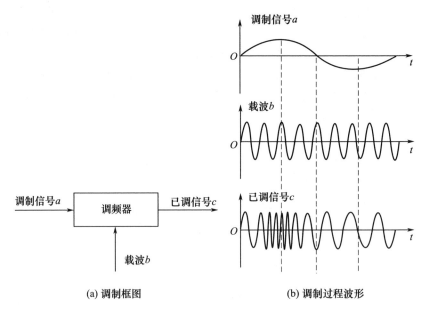

(a) 调制框图　　　　　(b) 调制过程波形

图 4-7　调频波形

PM 信号与 FM 很相似,它们的时域波形几乎无法区分,而且,FM 和 PM 信号的调制过程可通过添加微分器或积分器的方法相互转换,因此,PM 技术很少使用。

2. 连续波数字调制

1)一般数字调制

从数学角度讲,调制在实质上是一个集合中的信号到另一个集合中的信号的映射,映射规则就是调制,而解调就是从已调信号集合到基带信号集合的逆映射。对模拟调制来说,集合中信号的取值是无限而且连续的;对数字信号来说,集合取值是有限而且离散的。针对数字信号有限、离散取值特性,数字信号连续波的调制可采用键控方法实现,即利用数字基带信号控制可控开关,使其根据数字信号不同状态连通不同通道,输出已调波形,如图 4-8 所示。

在连续波数字调制中,高频载波的个数 n 与数字基带信号的进制数有关。对于二进制数字基带信号,$n=2$,称为二进制数字调制;对于八进制数字基带信号,$n=8$,称为八进制数字调制;依此类推。n 个高频载波幅度不同时,即为幅移键控;频率不同时,即为频移键控;相位不同时,即为相移键控。

2)新型数字调制技术

为了提高数字调制性能,提出了多种新的调制解调体制。这些新型调制解调体制各有所长,虽然较为复杂,但随着超大规模集成电路和数字信号处理技术

第4章　通信技术基础

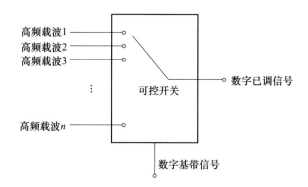

图4-8　连续波数字调制原理

的发展,新型调制解调体制容易用集成电路实现。

(1) 正交振幅调制(QAM)。

正交振幅调制是一种振幅和相位联合键控,即载波的振幅和相位作为两个独立参量同时受到调制。根据振幅和相位与基带信号对应关系不同,QAM的信号矢量图的分布被形象地称为星座图。不同的星座图,代表不同的QAM实现方法,性能也不同(图4-9)。通过验证,星座图边界越接近圆形,噪声容限越大,性能越好。

QAM特别适用于频带资源有限的场合。例如,由于电话信道的带宽通常限制在话音频带(300~3400Hz)范围内,若希望在此频带中提高通过调制解调器的传输数字信号速率,QAM非常适用。

(2) 最小频移键控(MSK)。

MSK信号是一种包络恒定、相位连续、带宽最小并且严格正交的二进制频移键控(2FSK)信号。其中,恒包络和相位连续是其重要特点。恒包络信号对信道非线性特性具有更好的适应力,保持较小的频谱占用率,已调信号除了主瓣外,只有很小的旁瓣,甚至几乎没有旁瓣。为了彻底解决相位不连续问题,人们很自然地会想到,相邻码元之间的相位不应该有瞬时突变,而应该在一个码元时间内通过逐渐累积来完成,从而保持码元转换点上的相位连续。MSK信号波形图和相位路径如图4-10所示。

4.2.3　脉冲调制

1. 脉冲模拟调制

脉冲模拟调制可分为脉冲幅度调制(PAM)、脉冲宽度调制(PWM)和脉冲位置调制(PPM),时域波形如图4-11所示。脉冲形式有多种多样,在进行数字分析时,可采用理想冲激序列,在实际工程中可灵活使用与信道特性匹配的脉冲

77

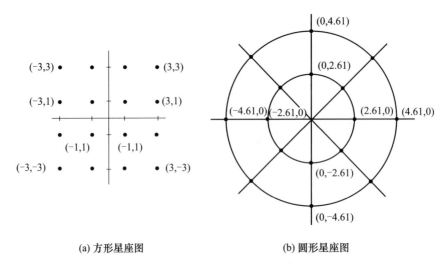

(a) 方形星座图　　　　　(b) 圆形星座图

图 4-9　16QAM 星座图

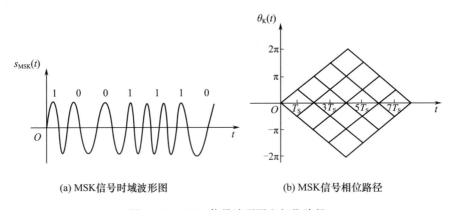

(a) MSK信号时域波形图　　　　　(b) MSK信号相位路径

图 4-10　MSK 信号波形图和相位路径

串。图中采用具有一定脉冲宽度的矩形脉冲串为载波。

2. 脉冲数字调制

脉冲数字调制的实质是模拟信号的数字化处理。在信号处理过程中分为抽样、量化和编码 3 个步骤。根据奈奎斯特低通抽样定理和带通抽样定理,当脉冲序列的抽样速率大于两倍信号带宽时,时间离散的抽样值(PAM)信号可完全表示出原模拟信号信息。

对抽样值信号进行幅度离散化,即是量化。在工程实践中,量化通常由量化器完成。量化器的主要参数包括量化阶数、量化间隔和量化信噪比。根据在量化过程中量化间隔是否能改变,量化被分为均匀量化和非均匀量化。量

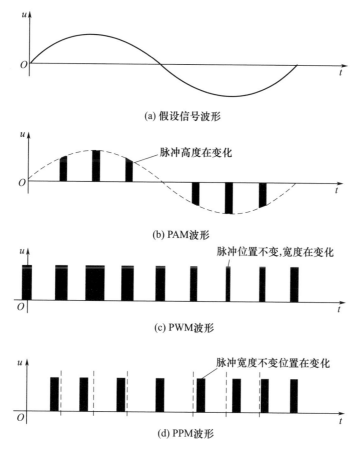

图 4-11 PAM、PWM、PPM 波形

化信噪比是量化器性能的重要指标,它表示量化过程中的量化误差对信号的影响。

量化阶数与编码位数密切相关,若选择二进制编码,编码位数 N 与量化阶数 M 之间呈对数关系,即 $N = \log_2 M$。编码过程就是把有限个量化值与一定进制的数字信号对应的过程。编码方法灵活多样,编码质量与编码器类型、码型选择等多种因素相关。

脉冲数字调制最直接的应用就是语音信号的数字化处理,在 4.3.1 小节中将详细介绍。

3. 脉内调制

脉内调制就是在宽脉冲内采用附加的频率或相位调制以增加信道带宽的方法。由于脉内调制信号在接收端采用匹配滤波器的接收方法压缩信号带宽,因此,也称为脉冲压缩。脉冲压缩技术多用于雷达信号处理领域,通过增大发射脉冲宽度和带宽来提高雷达作用距离和距离分辨力。

1) 线性调频脉冲压缩信号(chirp 信号)

在宽脉冲内进行非线性相位调制或线性频率调制时宽带宽积(D)。时宽带宽积又称为脉冲压缩比,定义为脉冲时域宽度和频域带宽的乘积。线性调频信号的包络是宽度为 τ 的矩形脉冲,但信号的瞬时载频是随时间线性变化的,如图 4-12 所示。

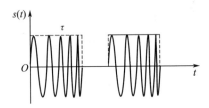

图 4-12　线性调频脉冲压缩信号波形

利用匹配滤波器原理,接收机对输入信号进行匹配滤波,最终得到输出脉冲宽度压缩 D 倍,功率增加 D 倍的单频脉冲信号。

2) 相位编码脉冲压缩信号

相位编码是将宽脉冲分为许多短的子脉冲,这些子脉冲宽度相等,但其载频各以特殊的相位发射。每个子脉冲的载频相位是依照编码来排定的,巴克码是常用码型之一。二进制编码信号的基本方式如图 4-13 所示,一个载波宽脉冲的载频相位被分为 N 个宽度位的单元,图中 $N=7$,每个单元被"+"或"-"编码,其中,"+"表示正常的载波相位,"-"表示载波相位相移 180°。

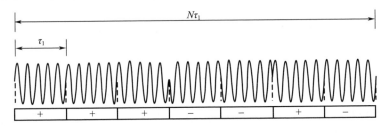

图 4-13　7 单元相位编码信号

接收端匹配滤波器原理如图 4-14 所示。图中,抽头延时线共有 7 个抽头,相邻抽头的延迟时间为子脉冲宽度 τ_1,各抽头输出信号经加权后送入相加器,加权系数与信号的相位编码序列相反。可以看出,输出脉冲幅度增加了 N 倍,脉冲宽度缩小 N 倍,实现了脉冲压缩。

第4章 通信技术基础

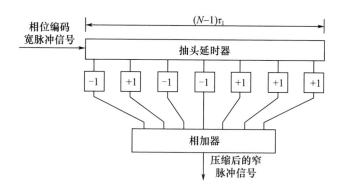

图4-14 相位编码信号的压缩滤波器

4.3 语音信号处理技术

语音信号处理是研究用数字信号处理技术对语音信号进行处理的一门学科,处理的目的是用于得到某些参数以便高效传输或存储;或者用于某种应用,如人工合成语音、辨别出讲话者、识别出讲话内容、进行语音增强等。本节简单介绍语音数字编码技术和语音合成技术。

语音信号是通信的主要信息源。为了适应数字通信系统的传输要求,语音信号需要先进行模数(A/D)转换,称为语音数字编码技术。如果直接采用 A/D 转换技术进行编码,传输的语音数据量太大。为了降低传输或存储的数据量,必须进行压缩,达到减小传输码率、提高传输效率的目的。因此,这类编码又称为压缩编码。压缩编码需要在保持可懂度与音质、降低传码率和降低编码繁杂度三方面折衷。

语音合成是通过机械的、电子的方法产生人造语音的技术。TTS(Text To Speech,文语转换)技术隶属于语音合成,它是将计算机自己产生的或外部输入的文字信息转变为可以听得懂的、流利的汉语口语输出的技术,相当于给机器装上了人工嘴巴。

4.3.1 语音数字编码技术

语音数字编码技术主要有波形编码、参数编码和混合编码3种。

1. 波形编码

波形编码是指直接对语音信号波形的离散样值进行编码,包括时域和变换域编码技术。目前,时域波形编码技术比较成熟,主要有脉冲编码调制(Pulse Code Modulation,PCM)、简单增量调制(Delta Modulation,DM)以及各种改进的增量编码方式。波形编码过程即是脉冲数字调制过程(见 4.2.3 小节),每种具体编码方式在采用的量化和编码方法上不同。变换域编码主要包括子带编码(Sub-Band Coding,SBC)、自适应变换编码(Adaptive Transform Coding,ATC)等。

1) 脉冲编码调制

脉冲编码调制(PCM)可采用均匀量化和非均匀量化,称为均匀 PCM 和非均匀 PCM。非均匀 PCM 的特点是量化量阶随着抽样值分布不同而不同。大幅值样本使用大量阶(Δ),对于小幅值样本使用小量阶。利用语音信号幅度的统计特性,对幅值进行对数压缩,然后进行均匀量化和编码,可降低数码率。国际上常用的非均匀量化方法是 A 律和 μ 律,如图 4-15 所示。

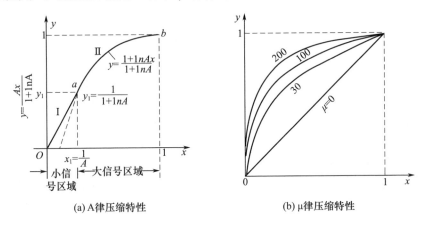

(a) A 律压缩特性   (b) μ 律压缩特性

图 4-15   A 律和 μ 律压缩特性示意图

除了非均匀量化外,还有一种自适应方法,称为自适应 PCM(APCM)。它使量阶 Δ 自适应于输入信号的幅值变化,使得 Δ 匹配于输入信号的方差值,或使量化器增益 G 随着幅值变化而使量化器的信号能量为恒定值,称为 Δ 匹配自适应或 G 匹配自适应。

2) 差分脉冲编码调制

降低传输速率的一种方法是减少必需编码的信息量,在相邻的语音样本之间存在明显的相关性,即冗余度,因此,对相邻样本间差信号(差分)进行编码,这种称为差分脉冲编码调制(DPCM)。DPCM 实质上是最简单的一阶线性预测,采用自适应量化及高阶自适应预测的 DPCM 称为 ADPCM。实践表明,ADPCM 可比 PCM 有 4dB 的信噪比增益。

3) 增量调制

增量调制(DM)是一种简单的 DPCM,即用 1b 量化器进行调制。如果相邻样值幅度差值为正,则量化器输出 1;如果差值为负,量化器输出 0。译码采用脉冲串控制,用锯齿波逼近的方法,如图 4-16 所示。

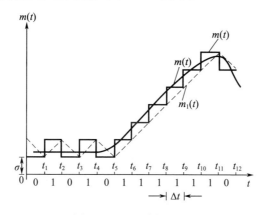

图 4-16 DM 译码原理

DM 最大的特点就是简单、易于实现。然而,当语音波形幅度剧烈变化时,译码波形不能充分跟踪这种剧烈变化而必然产生失真,这种现象称为斜率过载(过载噪声图形见图 4-17(b));当波形平坦,幅度为固定值时,译码后的波形呈现出 Δ 的增减,这种噪声称为颗粒噪声,给人以粗糙的噪声感觉。噪声波形如图 4-17(a)所示。

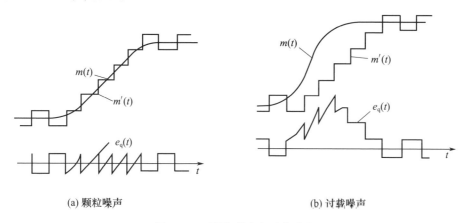

(a) 颗粒噪声　　　　　　　　　(b) 过载噪声

图 4-17 颗粒噪声和过载噪声

4) 连续可变斜率增量调制(CVSD)

采用随着输入波形自适应地改变 Δ 大小的自适应编码方式,使 Δ 值随信号平均斜率而变化:斜率大时,Δ 自动增大;反之 Δ 则减小。这就是自适应增量调制(Adaptive DM,ADM)。试验表明,抽样率为 56kHz 时,ADM 具有与抽样率

8kHz 时 7b 对数 PCM 相同的语音质量。

连续可变斜率增量调制（Continuous Variable Slop Delta Modulation，CVSD）是一种常用的 ADM。CVSD 的原理是按照码序列中表示斜率过载的情况改变量阶。CVSD 编码器在低于 24kb/s 时，语音质量优于 ADM，主要是颗粒噪声低，听起来比较清晰；但在 16kb/s 时，语音质量低于同速率的 APCM；而在 40kb/s 以上时，可有优等长话的语音质量。

5）子带编码（SBC）

SBC 也称为频带分割编码，它首先使用带通滤波器组将语音信号分割成若干个频带（也称为子带），然后用调制的方法对滤波后的信号即子带信号进行频谱平移变成低通信号，以利于降低抽样率，再利用奈奎斯特速率对其进行抽样，然后进行量化编码处理。它的优点在于可以减少量化噪声对听觉的妨碍程度，整体上降低比特数，也可方便地控制噪声谱。

2. 参数编码

与波形编码不同，语音参数编码通过对语音信号的参数提取及编码，力图使重建语音信号具有尽可能高的可懂度，即保持语音的语意，而重建信号的波形同原语音信号的波形可能会有相当大的区别。参数编码技术就是将信源信号在频率域或其他正交变换域提取特征参量，并将其转换为数字代码进行传输。解码是其反过程，将接收到的数字序列经变换恢复特征参量，再根据特征参量重建语音信号。常见的参数编码方法有线性预测编码（Linear Predictive Coding，LPC）、多脉冲激励线性预测声码器（MPE – LPC）、规则脉冲激励声码器（RPE – LPC）、码激励线性预测声码器（CELP）及其衍生出的编码算法、多带激励声码器（MBE – LPC）、矢量和激励线性预测编码（VSELP）及代数码本激励线性预测编码（ACELP）等。

信源编码器又称声码器，它将分析与合成结合起来，实际上是一个语音分析合成系统。它的优点：一是结构比较简单，节省信道；二是参数编码可改变为保密系统，大大提高信道的使用价值。典型声码器包括通道声码器、共振峰声码器和线性预测（LPC）声码器。其中 LPC 声码器仍然是最为成功的，也是应用最为广泛的，而 LPC – 10 便是作为在 2.4kb/s 速率下语音通信的标准技术。LPC – 10 原理框图如图 4 – 18 所示。

在发送端，原始信号经过低通滤波器后，输入 A/D 变换器，以 8kHz 速率采样 12b 量化得到数字化语音，然后以 180 个样点为一帧进行帧处理。分两个支路同时进行，其中一个支路是线性预测分析器，用于提取预测系数和增益因子；另一支路是音调检测器，用于提取其基音周期和清/浊音判决。在 LPC – 10 的数据流中，将预测分析滤波器的系数、RMS（均方根）增益、基音周期和清/浊音

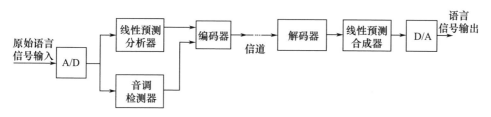

图 4-18 LPC-10 原理框图

及同步,共 55b 为一帧,每秒传输 44.4 帧,所以,数据传输速率 2.4kb/s。在接收端,利用直接查表法对数码流进行检错、纠错,即可得到基音周期、清/浊标志、增益以及滤波器系数,然后对接收数据进行由帧块到基音块的转换和插值,采用随机数作为清音激励源,周期冲激序列通过全通滤波器作为浊音数据源,经过滤波器,然后再进行幅度校正和去加重变换,可得语音信号。

4.3.2 语音合成技术

语音编码是研究怎样才能较为真实地恢复输入语音波形的问题。语音合成的目的是产生与人通信有关的语音,可懂度是很重要的。合成与编码的关系密切,在某些应用中,如在语音应答系统中,两者的区别只是将收发间的信道变换成存储器而已。

语音合成可以分为以下 3 个类型。

1. 波形合成法

这是一种相对简单的语音合成技术。它把人发音的语音波形直接存储或进行波形编码后存储,根据需要编辑输出。这种语音系统中语音合成器只是语音存储和重放器件。其中,最简单的就是直接进行 A/D 变换和 D/A 变换,或称为 PCM 波形合成。这种方法合成出的语音,词汇量不可能很大,因为所需的存储量太大了(大约 1s 的机器语音需要 64kb 以上存储量),虽然可以采用波形编码技术进行压缩,但是,如果使用大的语音单元作为基本存储单元,如词组或句子,仍需要很大的存储空间。

2. 参数合成法

参数合成法也称为分析合成法,是一种节约存储容量但较为复杂的方法。必须对信号进行分析,提取出语音的参数,最常采用的方法是提取 PARCOR(偏自相关)系数、LPC 系数等,由人工控制这些参数的合成。这种方法采用声码器技术,以高效的编码来减小存储空间,但使音质欠佳。

3. 规则合成法

规则合成法通过语音学规则产生语音。合成的词汇表不事先确定,系统中存储的是最小语言单位(如音素或音节)的声学参数,以及由音素组成的音节、由音节组成的词、由词组成的句子以及控制音调、轻重等韵律的各种规则。给出待合成的字母或文字后,合成系统利用规则自动地将它们转换成连续的语音声波。这种方法可以合成无限词汇的语句,存储量比参数合成法更小,但音质也更难以保证。三种语音合成方式特征比较如表4-1所列。

表4-1 3种语音合成方式特征比较

基本信息		波形合成法	参数合成法	规则合成法
基本信息		波形	特征参数	语言中的符号组合
语音质量	可懂度	高	高	中
语音质量	自然度	高	中	低
词汇量		少(500字以下)	大(数千字)	无限
数码率		PCM、ADPCM、APC	LPC、共振峰	LPC、复倒谱
1Mb可合成的语音长度		15~40s	100~70s	无限
合成单元		词组、句子、音节	音节、词组、句子	音素、音节
实现		简单	比较复杂	复杂
设备		存储器	存储器和处理器	处理器

4.4 信道编码技术

为了有效地抗干扰,必须花费更多的时间,传送一些多余的重复信号,从而占用了更多带宽,即牺牲一部分有效性来换取信息传输的可靠性。这种编码称为信道编码。

4.4.1 基本原理

数字信号在传输过程中可能会遇到各种干扰,如信道加性干扰、信道乘性干扰。传输过程中的干扰可使信号波形变坏,导致接收端的错误判决。乘性干扰引起的码间串扰可使用均衡的方法纠正;加性噪声影响的消除,要考虑调制制度、解调方法及发送功率;若仍难以满足要求,则采用差错控制措施。

从差错控制角度来看,按加性干扰引起误码分布规律的不同,信道可分为3类,即随机信道、突发信道和混合信道。恒参信道是典型的随机信道,其差错随机出现,且统计独立。具有脉冲干扰的信道以及有衰落现象的信道是典型的突发信道,错误是成串出现的,即在一些短促的时间区间内会出现大量错码,而在这些区域之间存在较长无错区间,称这种成串出现的错码为突发错码。短波信道和对流层散射信道是典型的混合信道,随机错误和突发错误都存在,且都不能忽略不计。对于不同类型的信道,采用不同的差错控制方式。

1. 差错控制方式

常用的差错控制方式有 3 种,即前向纠错、检错重发和混合纠错方式。此外,还有其他的差错控制方法,如信息反馈法、检错删除法等。

1) 前向纠错方式

前向纠错,记为 FEC(Forward Error Correction)。发送端发送能够纠正错误的码,称为纠错码,接收端收到后自动地纠正传输中的错误。其特点是单向传输、实时性好,但编译码设备较复杂。

2) 检错重发方式

检错重发又称自动请求重传,记为 ARQ(Automatic Repeat reQuest)。接收端收到的信码中检测出错码时则设法通知发送端重发,直到正确收到为止。检测出错码是指在若干接收码元中知道有一个或多个是错的,但不一定知道该错码的具体位置。这种方法的特点是需要反馈信道,译码设备简单,对突发错误和信道干扰较严重时有效,但实时性差,主要用在计算机数据通信中。

3) 混合纠错方式

混合纠错方式,记为 HEC(Hybrid Error – Correction),是 FEC 和 ARQ 方式的结合。发端发送具有一定纠错和检错能力的码。收端收到码后,检查差错情况,如果错码在纠错能力范围内,则自动纠错,如果超过了码的纠错能力,但能检测出来,则经过反馈信道请求发端重发。这种方式具有 FEC 和 ARQ 的优点,可达到较低的误码率,因此,近年来得到广泛应用。

FEC 和 ARQ 都是在接收端识别有无错码,识别方法是由发送端的信道编码器在信息码元序列中增加一些监督码元,这些监督码元与信码之间有一定的关系,接收端利用这种关系由信道译码器来发现或纠正可能存在的错码。这种方法称为差错控制编码,或纠错编码。信码和监督码组合起来称码组或码字。

2. 有关差错控制编码的几个概念

1) 信息码元与监督码元

信息码元又称信息序列或信息位,这是发送端由信源编码后得到的,被传送的信息数据比特通常以 k 表示。监督码元又称监督位或附加数据比特,这是为了检纠错码而在信道编码时加入的判断数据位,通常以 r 表示,编码之后的数据比特位 $n = k + r$ 经过分组编码后的码又称为 (n, k) 码,即表示总码长为 n 位,其中信息码长(码元数)为 k 位,监督码长(码元数)为 $r = n - k$。通常称其为长为 n 的码字(或码组、码矢)。

例如,8 位信息码元 11100101 经过差错控制编码之后变为 12 位,即

111001010101,则是 $k=8$, $r=4$, $n=12$;8 位 11100101 称为信息码元,经差错控制编码在信息码元之后所加的 4 位 0101 称为监督码元,合起来 111001010101 称为一个码字,可称为(12,8)码。

2) 许用码组与禁用码组

信道编码后的总码长为 n,总的码组种类数应为 2^n。其中被传送的信息码组种类有 2^k 个,通常称为许用码组;其余的码组种类共有 $2^n - 2^k$ 个不传送,称为禁用码组。

3) 码重、码距与纠错能力

在分组编码后,每个码组中码元为"1"的数目称为码的重量,简称码重。两个码组对应位置上取值不同(1 或 0)的位数,称为码组的距离,简称码距,又称汉明距离,各码组之间距离最小值称为最小码距。最小码距的大小与信道编码的检纠错能力密切相关。

4) 编码分类

信道编码器函数关系式为 $A = f(M)$,A 表示编码后的码字,M 表示信息码字,$f(\cdot)$ 表示编码规则。根据编码规则 $f(\cdot)$ 是否线性可分为线性码和非线性码;根据 A 是否只取决于当前码元,即 $A_i = f(M_i)$,$(i = 0,1,2,\cdots,2^k - 1)$ 或 $A_i = f(M_i, M_{(i-1)}, \cdots, M_{i-(m-1)})$ $(i = 0,1,2,\cdots,2^k - 1; m = 1,2,\cdots)$,可分为分组码和卷积码。若 A 中的前 k 位或者后 k 位就是信息码组 M,则称这种编码为系统码;否则称为非系统码。

4.4.2 几种常见的差错控制编码

1. 奇偶监督码

奇偶监督码也称为奇偶校验码,它是一种最简单的线性分组检错编码方式。其方法是首先把信源编码后的信息数据流分成等长码组,在每一信息码组之后加入一位(1b)监督码元作为奇偶检验位,使得总码长 n(包括信息位 k 和监督位 1)中的码重为偶数(称为偶校验码)或为奇数(称为奇校验码)。如果在传输过程中任何一个码组发生一位(或奇数位)错误,则收到的码组必然不再符合奇偶校验的规律,因此可以发现误码。奇校验和偶校验两者具有完全相同的工作原理和检错能力。

这种奇偶校验编码只能检出单个或奇数个误码,而无法检出偶数个误码,对于连续多位的突发性误码也不能检测,故检错能力有限。另外,该编码后码组的最小码距为 2,故没有纠错码能力。奇偶监督码常用于反馈纠错方式。

2. 恒比码

恒比码又称为定比码。在恒比码中,每个码组"1"和"0"都保持固定的比例。这种码在检测时,只要计算接收到的码组中"1"的数目是否正确就知道有无错误。例如,在我国用电传机传输汉字时,只使用阿拉伯数字代表汉字。这时,采用的所谓"保护电码"就是"3∶2"或称"5中取3"的恒比码,即每个码组的长度为5,其中"1"的个数总是3,而"0"的个数总是2。恒比码适用于传输字母和符号。

3. 汉明码

汉明码属于线性分组编码方式,是一种最小码距3,能纠正一个错码的效率较高的线性分组码。大多数分组码属于线性编码,其基本原理是,使信息码元与监督码元通过线性方程式联系起来。线性码建立在代数学群论的基础上,各许用码组的集合构成代数学中的群,故又称为群码。

在发送端编码时,信息码的值决定于输入信号,是随机的。而监督码则应根据信息码的取值按监督关系式决定。已知信息码后,直接按生成方程可算出监督码。到接收端解码时接收端收到每个码组后,检验所收到的信息码元与监督码元的关系,看是否与发送端一致;否则认为有错,并且根据错误方式的不同可以纠正一位错码。当 n 很大时,编码效率很高。

4. 循环码

循环码(CRC)是一种重要的线性码,它有3个主要数学特征:循环码具有循环性,即循环码中任一码组循环一位(将最右端的码移至左端)以后,仍为该码中的一个码组;循环码组中任意两个码组之和(模2)必定为该码组集合中的一个码组;循环码每个码组中,各码元之间还存在一个循环依赖关系,即其中一个码元可以用另外某几个码元的模2加表示。循环码的码字可以用码字多项式 $m(x)$ 表示,而所有的码字多项式 $m(x)$ 都可以被一个常数项不为零的 r 次多项式 $g(x)$ 整除,$g(x)$ 称为该循环码的生成多项式。所以,当接收端机接收到一个码字时,可以通过将其码字多项式与生成多项式作除法来检验接收码组是否出错,如果可以整除则认为接收正确;否则认为接收错误。同样,也可以根据错误的方式不同进行一定范围的纠错。

5. 连环码(卷积码)

连环码是一种非分组码,通常它更适用于前向纠错法,因为其性能对于许多实际情况常优于分组码,而且设备简单。这种连环码在它的信码元中也有插入的监督码元,但并不实行分组监督,每一个监督码元都要对前后的信息单元起监督作用,整个编解码过程也是一环扣一环连锁地进行下去。

在解码过程中,首先将接收到的信息码与监督码分离。由接收到的信息码再生监督码,这个过程与编码器相同,再将此再生监督码与接收到的监督码比较,判断有无差错。

6. 交织

交织法是这样进行数据传输的,在发送端,编码序列在送入信道传输之前先通过一个"交织寄存器矩阵",将输入序列逐行存入寄存器矩阵,存满以后按列的次序取出,再送入传输信道。接收端收到后先将序列存到一个与发送端相同的交织寄存器矩阵,但按列的次序存入,存满以后,按行的次序取出然后送进解码器。由于收、发端存取的程序正好相反,因此,送进解码器的序列与编码器输出的序列次序完全相同。

假设交织矩阵每行的寄存器数目 N 正好等于分组码的码长,传输过程中产生的成群差错长度,也正好等于交织矩阵每列寄存器的数目 M。那么,由于交织措施,送入解码器的差错被分解开了,每组只分配到一个。因此,如果所采用的分组码只能纠正一个差错,长度为 M 的成群差错就可以纠正,可见,交织法结合纠正离散差错的简单编码就可以完成纠正群差错的任务。

7. RS 码

RS 码是 Reed(里得)和 Solomon(所罗门)两位研究者发明的,故称为里得 – 所罗门码,简称 RS 码。它是以字节为单位进行前向纠错的线性纠错编码方法,具有很强的纠正随机误码和突发误码的能力。

RS 编码中,输入数据分成信息段,每段内 k 为字节数,每字节的比特数为 m。一个可纠正 t 个误码字节的 RS 码可表示为 (n,k,t)。

n 表示码长, $n = 2^m - 1$ 字节。

k 表示信息段: k 个符号。

$n-k$ 表示监督段: $n-k = 2t$ 符号或 $m(n-k)$ 比特。

t 表示可纠正 t 个误码字节。

最小码距: $d_0 = 2t+1$ 符号或 $m(2t+1)$ 比特。

根据线性编码理论,线性编码所得码组的最小码距 $d_0 = 2t+1$,由此可见,RS 码是所有线性编码中 d_0 最大的码。

RS 码的主要优点是:它是多进制编码,所以特别适用多进制调制的场合;它能够纠正 t 位二进制错码,即能纠正不超过 mt 个连续的二进制错码,所以适合在衰落信道中纠正突发性错码,它的编码效率很高,适用于实时性要求较高的信息传输场合。

4.5 扩展频谱技术

通信抗干扰技术是指无线电通信系统对抗利用电磁能攻击通信电磁频谱、保护无线电通信正常工作所采取的反对抗技术、方法和措施。通信抗干扰的基本目的是通过对信息、信息的载体及传播方式进行特定的处理,提高通信接收端的输出信干比,使其具备较强的区分有用信号和干扰信号的能力,提高通信信号的隐蔽性,使敌方难以识别和干扰,从而正确地接收所需信息。通信抗干扰技术一般分为3类:一是信号处理,如采用扩展频谱技术,利用伪随机序列对发射和接收的信号进行扩频处理,以达到对干扰信号进行抑制的目的;二是空间处理,如采用自适应天线调零技术,当接收端受到干扰时,使其天线方向图零点自动指向干扰方向,以提高通信接收机的信干比;三是时间处理,如猝发传输技术,由于通信信号在传输过程中暴露时间很短暂,降低了通信信号被侦察、截获的概率,从而提高了通信系统的抗干扰能力。

扩展频谱通信技术是军事通信抗干扰技术的主要技术手段。扩展频谱技术是把信息频谱展宽进行传输的技术,它具有信号频谱宽、波形复杂、安全隐蔽等显著特点,大大增加了敌方对信号进行截获、监测、测向定位和干扰的难度。

4.5.1 基本知识

扩展频谱通信是一种信息传输方式,其信号所占有的带宽远大于所传输信息必需的最小带宽。香农在其信息论中提出了著名的香农公式,即

$$C = W\log_2\left(1 + \frac{P}{N}\right) \qquad (4-1)$$

式中 C——信道容量;

P/N——接收的平均信号与加性白噪声功率比;

W——传输的信道频带宽度。

P/N 与 W 给定之后,只要采用合适的编码系统,可以接近于 C 的传输信息速率来传送信息,而且差错概率可以任意小。换言之,如果 C 不变,W 大了,P/N 就可以小。注意到 P/N 对 C 的贡献是对数关系,而 W 对 C 的贡献却是线性关系,因此 C 不变,W 增加1倍,则 P/N 可以减少4倍,只要 W 增加足够大,P/N 甚至可以小于1,即信号淹没在噪声下也可以无差错地恢复出来。扩展频谱可以使信号功率较低,不易被敌人所探测截获,而敌方施放的干扰也被扩频通信接收端的解扩器扩展,落在接收滤波器内的干扰被削弱许多倍,从而收到抗干扰的效果。

4.5.2 扩频通信的典型方式

扩频通信的一般原理如图4-19所示。

与无扩频的无线通信原理相比,多了扩频调制和扩频解调。按照扩展频谱的方法不同,抗干扰扩频通信有直接序列(DS)扩频、跳频(FH)、跳时(TH)以及

它们的混合使用等方式。

直接序列(DS)扩频:DS 扩频(DS – SS)简称直扩,是直接用扩频码序列在发端扩展信号频谱,在收端用相同的扩频码序列去解扩,还原出原始的信息。常用的扩频调制解调器是平衡调制器,直扩后的信号能量主要集中在 2 倍于扩频码序列频谱的频带内。

跳频(FH):FH 是用扩频码序列去进行移频键控,使发射信号的载频不断地变化。与常规移频通信不同,它采用的频率多达成千上万个,在某一小时间段内,跳频调制的信息频谱中心位于跳频中心频率,而宽度取决于驻留时间的长短,但从宏观上讲,跳频信号也是宽带的。

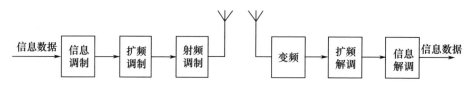

图 4 – 19　扩频通信的一般原理

跳时(TH):TH 是使发射信号在时间轴上跳变,先把时间轴分成许多时间片,在一帧内哪个时间片发射信号由扩频码序列控制。跳时与时分系统不同,它不是在一帧中固定分配一定位置的时片,而是由扩频码序列控制的按一定规律跳变位置的时片。

混合方式:单独的 DS、FH 或 TH 均有不足的一面,将它们组合应用,可以得到取长补短的效果,而且便于工程实施,常用的混合方式有 DS + FH、DS + FH + TH。

4.5.3　伪随机信号

1. 伪随机信号的特点

伪随机信号(Pseudo Noise,PN)具有白噪声信号的统计特点,各种伪噪声编码方式都具有大量的信号码形式,故整个系统具有较理想的相关特性,所以,有较强的抗干扰能力。接收机采用延迟锁相环相关接收技术,可达到较快的捕获和同步。由于伪噪声码的产生方式和结构多样化、软件化,这样可随时变换密钥,且密钥最大,但对通信双方,只要知道预约的伪噪声码型,其解密也是比较方便的。

2. 常见的伪噪声码

1) m 序列

m 序列是最大线性移位寄存器序列,有优良的自相关函数,且易于产生和复制。它可由一个 n 级线性移位寄存器产生,只要寄存器的多项式是不可约的本原多项式,n 级线性移位寄存器所产生的非零序列周期为 2^n-1。序列发生器原理框图如图 4-20 所示。

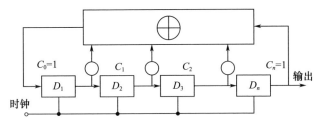

图 4-20　m 序列发生器

不同阶数的本原多项式系数(见表 4-2)可通过查表获得。表中多项式的系数写成八进制数形式,每一位数代表多项式的 3 位系数。

表 4-2　m 序列本原多项式系数

级数 r	长度 N	系数
3	7	13
4	15	23
5	31	45,67,75
6	63	103,147,155
7	127	203,211,207,235,277,313,325,345,367
8	255	435,453,537,543,545,551,703,747
9	1023	1021,1055,1131,1157,1167,1175
10	2047	2011,2033,2157,2443,2745,3471

m 序列的特性如下。

在 m 序列中,码元"1"的个数和码元"0"的个数最多相差一个;在每个周期内,共有 2^{n-1} 个元素游程(连续出现的同种元素串),其中 0 的游程和 1 的游程数据各占一半;m 序列与其位移序列的模 2 和是另一个 m 序列;m 序列的自相关函数是双值函数,如图 4-21 所示。

$$R(\tau)=\begin{cases}1 & \tau=0,\bmod p\\ -\dfrac{1}{p} & \tau\neq0,\bmod p\end{cases} \tag{4-2}$$

m 序列虽然具有优良的自相关特性,但是,可产生的序列个数有限,虽然随着级数的增加,m 序列个数也有所增加,但仍不能满足大量密钥需求的情况。

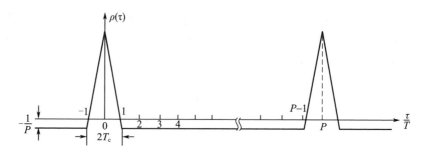

图4-21 m序列自相关函数

2) M序列

M序列是最长序列,它是由非线性移位寄存器产生的码长为 2^n 的周期序列。M序列已达到 n 级移位寄存器所能达到的最长周期,所以,又称为全长序列。

M序列可在m序列基础上实现。因为m序列已经包含了个非0状态,缺少由 n 个0组成的一个0状态。因此,由m序列构成M序列时,只要在适当的位置插入一个0状态(n 个0),即可使m序列码长由 2^n-1 增长至码长 2^n,实现M序列转换。显然,0状态插入应在状态 $100\cdots0$ 之后,使之出现0状态,同时,还必须使0状态的后续为原m序列状态后续 $00\cdots01$ 即可。其生成逻辑可由下式表示,即

$$f(x_1,x_2,\cdots,x_n)=f_0(x_1,x_2,\cdots,x_n)+\bar{x}_1\bar{x}_2\cdots\bar{x}_{n-1} \qquad (4-3)$$

式中 $f_0(x_1,x_2,\cdots,x_n)$——m序列本原多项式;

$x_1x_2\cdots x_{n-1}$——$n-1$ 个反馈状态。

M序列的相关特性不如m序列,但M序列的数量远远超过m序列。n 级移位寄存器产生的M序列共有 $2^{2n-1}-n$ 个。

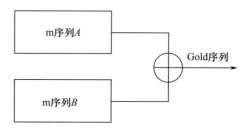

图4-22 Gold序列发生器

3) Gold序列

Gold码是m序列的复合码,由R. Gold在1967年提出。它是由两个码长相

等、码时钟速率相同的 m 序列优选对模 2 构成。每改变两个 m 序列相对位移就可以得到一个新的 Gold 序列。当相对位移 2^n-1 比特时,就可得到一族 2^n-1 个 Gold 序列,再加上两个 m 序列,共得 2^n+1 个 Gold 序列。Gold 序列发生器的结构框图如图 4-22 所示。

m 序列优选对是指在 m 序列集中,其互相关函数最大值的绝对值 $|R_{\max}|$ 最接近或达到互相关值下限的一对 m 序列。即设 A 是对应于 n 级本原多项式 $f(x)$ 所产生的 m 序列,B 是对应于 n 级本原多项式 $g(x)$ 所产生的 m 序列,当它们的互相关函数 $|R_{a,b}(k)|$ 满足

$$|R_{a,b}(k)| = \begin{cases} 2^{\frac{n+1}{2}}+1 & n\text{ 为奇数} \\ 2^{\frac{n+1}{2}}+1 & n\text{ 为偶数,且不是 4 的倍数} \end{cases} \tag{4-4}$$

则 $f(x)$ 和 $g(x)$ 所产生的 m 序列 A 和 B 构成一对优选对。

4.5.4 直接序列扩频

直接序列扩频(Directory Sequence Spread Spectrum,DS-SS)通信技术简称直扩。直扩是以高速的扩频序列和低速的信息序列直接相乘,得到宽带的基带扩频波形,再对载波进行调制,形成射频扩频信号。这种信号的特点是,在时域上信息以窄的脉冲调制载波,在频域上信号占据远大于基带信号的带宽。

直扩通信系统基本工作原理:在发射机中,将信息数据经通常的信息调制后变为带宽 B_m 的调制信号,其功率密度为 W_m。然后用速率远大于信码速率的伪随机编码对信号进行扩频调制,使信号带宽从 B_m 扩展为 B_c,$B_c \gg B_m$,形成功率谱密度 W_c 极低的扩频信号。由于不同的 PN 码序列可形成不同的通信地址,因此扩频通信除有抗干扰能力外,还可作为码分多址通信(CDMA)。收信机收到扩频信号后,首先通过同步电路捕获到发送端 PN 码的准确相位,使本地 PN 码与发送端 PN 码完全相同和同步,经相关解扩处理后恢复出信码信号。直扩通信系统示意图如图 4-23 所示。

在扩频通信中,射频频带扩展的倍数 $\dfrac{B_c}{B_m}=G_p$ 称为扩频信号的处理增益。一方面,由于频带扩展了 G_p 倍,空中扩频信号的功率密度 W_c 相应地降低了 G_p 倍,使扩频后的信号功率分配在很宽的频带内,甚至隐蔽在噪声中,以隐蔽方式对抗通信中的干扰;另一方面,扩频信号在接收的过程中,本地伪码对于干扰信号也进行了 G_p 倍的频谱扩展,使干扰信号的功率谱密度 W_s 在接收机信息解调后降低了 G_p 倍,从而抑制了干扰。在直扩通信中的 G_p 值大小通常用 dB 表示,

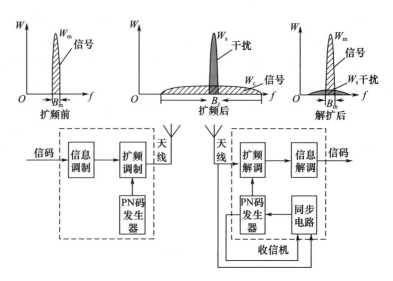

图 4-23 直扩通信系统示意图

用来反映抗干扰能力的高低。

4.5.5 跳频通信

跳频通信技术简称跳频(Frequency Hopping,FH)。跳频是射频占用带宽的周期性改变。一个跳频信号可以视为一系列调制数据突发,它具有时变、伪随机的载频。所有可能的载波频率的集合称为跳频集,每个跳频点占用的信道带宽称为瞬时带宽,所有跳频点可用的频谱带宽称为总跳频带宽。

跳频通信技术的基本工作原理:在发信机中,将信息数据经通常的信息调制后变成带宽为 B_m 的调制信号,受 PN 码控制的可变频率合成器与本振信号合成之后,获得发射载波频率,使发射机在带宽 B_c 内以不同的时间间隔 T_0 输出按 PN 码规律跳变不同频率的载波信号,形成跳频信号。在收信机中,通过同步电路捕获到发送来的跳频信号准确相位,使与发送端一致的本地 PN 码控制可变频率合成器输出与发送方频率同步跳变的本振信号,跳变的本振信号对接收到的跳频信号进行解扩处理,恢复出信码信号。跳频通信系统示意图如图 4-24 所示。

跳频信号在较宽的频率范围内跳变,以躲避方式对抗干扰。跳频通信的抗干扰能力取决于跳频带宽中的跳频点数量和跳频速率。跳频信号的处理增益 $\frac{B_c}{B_m} = G_p$,也等于跳频频率点数,G_p 值越大则反映出跳频系统抗部分频带干扰的能力越强。跳频通信通常按跳频速率可分为慢速、中速和快速跳频。跳频速度越快,跳频系统抗敌方跟踪式干扰的能力越强。

跳频技术的抗干扰机理是一种躲避式的抗干扰方式,是对抗敌方窄带干扰、部分频段干扰的有效手段。对跳频技术最有效的干扰是跟踪式干扰,为了对抗敌方跟踪式干扰,需采用高速跳频、跳频组网等技术。

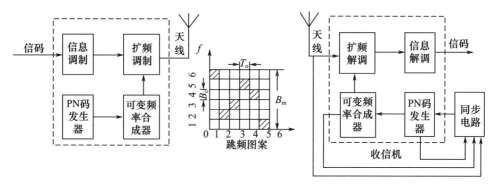

图 4-24 跳频通信系统示意图

4.5.6 跳频/直扩混合扩频通信

把直扩和跳频结合起来,使较宽的直扩信号在更宽的频带范围内按一定的跳频规律跳变,在一段时间内均匀使用更宽频带的通信技术,称为跳频/直扩混合扩频通信技术,简称跳/扩混合技术。跳频/直扩混合扩频通信系统的扩频处理增益是直扩处理增益和跳频处理增益的乘积。

工作原理:PN 序列发生器在捕捉同步跟踪电路作用下,取得与发射端同步的相同扩频序列和跳频图案,用以控制和调制跳变频率合成器输出。接收信号与 PN 序列发生器调制后的频率信号混频,得出已解扩解调中频信号,再经中频滤波和基带解调,获得对应于发射数据 $d(t)$ 的接收数据 $\hat{d}(t)$。跳频/直扩混合通信系统示意图如图 4-25 所示。

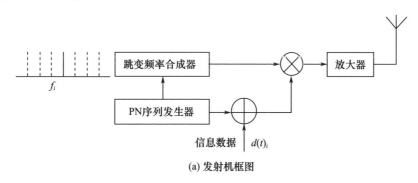

(a) 发射机框图

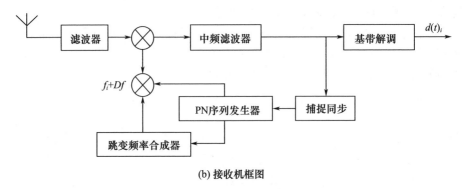

(b) 接收机框图

图 4–25 跳频/直扩混合通信系统示意图

小　　结

本章介绍了通信的一般概念、主要调制技术以及与通信信号处理密切相关的语音信号处理技术、信道编码技术和通信抗干扰技术。

通信系统由发射端、信道和接收端三部分组成。航空通信按通信对象，可分为地–空通信和空–空通信；按技术体制，可分为常规通信技术和抗干扰通信技术；按传输信息类别，可分为语音通信和数据通信；按频段，可分为短波通信、超短波通信和卫星通信。

调制和解调是实现通信的基本方式。调制过程包括调制信号（基带信号）、载波和已调信号（频带信号）。按照载波是连续波还是脉冲波可分为连续波调制和脉冲波调制。连续波和脉冲波调制又可分为模拟调制和数字调制。

语音数字编码技术主要有波形编码、参数编码和混合编码。波形编码是指直接对语音信号波形的离散样值进行编码，包括时域和变换域编码技术；参数编码技术就是将信源信号在频率域或其他正交变换域提取特征参量，并将其转换为数字代码进行传输。语音合成技术与编码技术关系密切，分为波形合成法、参数合成法和规则合成法。

信道编码是利用多发送与信息码元存在某种变换关系的监督码元实现抗干扰的。差错控制方式包括前向纠错、检错重发和混合纠错方式。一种编码方式的检纠错能力与码组的最小码距有关。

扩展频谱技术的理论基础是香农定理，包括直接序列（DS）扩频、跳频（FH）、跳时（TH）以及它们的混合使用等方式。

复习思考题

1. 通信系统由哪几部分组成？
2. 航空通信按通信对象可分为哪几类？
3. 短波通信有哪些特点？
4. 调制和解调的主要作用有哪些？
5. 模拟脉冲调制可以分成哪几类？数字脉冲调制可用哪几步完成？
6. 波形编码技术有哪些？参数编码技术有哪些？各有什么特点？
7. 什么是线性码？什么是分组码？
8. 什么是码距？什么是码重？
9. 使用扩展频谱技术的目的是什么？
10. 扩展频谱的主要方式有哪些？
11. 伪随机信号的特点是什么？m 序列的特点是什么？如何产生 M 序列和 Gold 序列？

第5章 无线电导航技术基础

导航来源于人类交通和军事活动对方位或位置识别的需求。早期的导航活动利用目视、地磁现象、天文知识、惯性技术等实现，导航精度比较低下，应用范围也仅限于陆路和海上交通。导航技术推动了经济发展，对战争具有重要的辅助作用。从19世纪末到20世纪初，无线电技术开始用于导航中的计时校准和方位测量，由此进入了无线电导航时代，翻开了导航史上的崭新一页。本章重点讲述无线电导航的基本理论和空军常用的导航技术。

5.1 无线电导航概述

5.1.1 基本概念

1. 导航的定义与任务

导航是一门研究导航装置和导航方法的科学，是保证运载体安全、准确、准时地沿着选定路线到达目的地的一种手段。利用无线电技术对运载体航行的全部或部分过程实施导航，称为无线电导航；能够完成全部或部分无线电导航功能或任务的技术装置组合称为无线电导航系统；置于地面、舰船或已知运动轨迹的卫星上，为其他用户提供导航定位功能的无线电导航系统或设备，称为无线电导航台(站)。

在各种复杂气象条件下，采用最有效的方法，以规定的准确度，在指定的时间内把飞行器(飞机、导弹、火箭、宇宙飞船等)引导到预定目标，是导航的基本任务。无线电导航在保证空军战斗活动中，应当完成以下几项任务。

① 引导飞机起飞，进入并沿预定航线正确飞行。飞机沿预定航线飞行时，需随时知道飞行的方向是否正确和到达目标的距离，导航设备应指示出飞机和目标间的相对方位关系和距离；为了检查飞机的航线是否正确，导航设备应提供出飞机所在位置的参数，如经度、纬度等。

② 引导飞机进入着陆机场和正确调度飞机等待着陆。多架飞机同时进入着陆机场后，为了安全可靠，防止混乱、碰撞，就必须利用地面和机上的着陆导航设备，对飞机进行有秩序的空中调度，使它们正确地按顺序着陆。

③ 保证飞机能够在各种复杂气象条件下安全着陆。导航设备应提供准确的航向、下滑角和高度数据,使飞机对准跑道,沿预定下滑轨迹着陆。

④ 提供相对方位和距离数据,引导飞机进行空中集合或编队飞行。

⑤ 特殊任务:夜间或复杂气象条件下引导飞机飞向敌方目标,执行轰炸、攻击、侦察、照相以及巡逻、反潜、救援等战斗任务。为此,导航设备必须提供精确的高度、方位、地速、位置等飞行参数。

2. 导航系统的分类

无线电导航技术具有比较完备的理论体系,凝聚了多种理论,是多项技术的综合结晶,具有严格的科学体系结构。无线电导航系统可以按不同方法分类。

1) 按所测量的电气参量划分

① 振幅式无线电导航系统;

② 相位式无线电导航系统;

③ 频率式无线电导航系统;

④ 脉冲(时间)式无线电导航系统;

⑤ 复合无线电导航系统。可同时测量两个或两个以上相同或不同的电气参量的系统。

2) 按所测量的几何参量(或位置线的几何形状)划分

① 测角无线电导航系统。其位置线是与通过导航台的指北线有一定角度的一簇半射线(直线无线电导航系统)。

② 测距无线电导航系统。位置线是以导航台为中心的一簇同心圆(圆周无线电导航系统)。

③ 测距差无线电导航系统。位置线是运载体与两个地面台成恒定距离差的一簇双曲线(双曲线无线电导航系统)。

3) 按系统的组成情况划分

① 自主式(自备式)无线电导航系统。仅包括运载体上的无线电导航设备,可独立产生或得到导航信息。

② 非自主式(它备式)无线电导航系统。包括运载体上的无线电导航设备和运载体外的无线电导航台(站),两者利用无线电波配合工作得到导航信息。

无线电导航设备根据运载体不同,可分别称为机载、船(舰)载或车载导航设备。

4) 它备式无线电导航系统按无线电导航台(站)的安装地点划分

① 陆基无线电导航系统。导航台(站)安装在地面(或海上/船舰上)。

② 空基无线电导航系统。导航台(站)安装在飞机上。

③ 星基无线电导航系统。导航台(站)安装在人造地球卫星上,也称为卫星导航系统。

5) 按有效作用距离划分

① 近程导航系统。有效作用距离小于 500km。

② 远程导航系统。有效作用距离大于 500km。

6) 按工作方式划分

① 有源工作方式导航系统。用户设备工作时需要发射信号,导航台站与用户设备配合工作得到用户的定位信息。

② 无源工作方式导航系统。导航台发射信号,运载体上只需载有导航接收机就可实现定位或定向,用户设备不需发射信号。

对军事应用来说,无源工作方式可以实现隐蔽定位,不暴露目标,但不能像有源工作方式那样附加双向通信和指挥功能。

5.1.2 导航的基本要素

通常将与飞行器的引导和定位有关的最基本的参量称为导航元素,常用的导航元素有以下几个。

1. 航迹

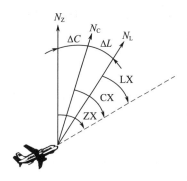

图 5-1 飞机的航向

飞机重心在空间运动时的轨迹称为航迹,航迹在地面的投影称为航线,航线是每次飞行时给定的重要参数。

2. 航向

飞机重心点的子午线北向和飞机纵轴夹角在水平面的投影称为航向(X)。

航向是以子午线北向开始,沿顺时针方向向飞机纵轴旋转来计算的。航向值可以分别从地理子午线(N_Z)、磁子午线(N_C)和罗盘子午线(N_L)来计算,相应地称为真航向(ZX)、磁航向(CX)和罗盘航向(LX)(图 5-1)。

它们之间有以下关系,即

$$ZX = CX + \Delta C$$
$$CX = LX + \Delta L$$
$$ZX = LX + \Delta C + \Delta L$$

式中　ΔC——磁差;

　　　ΔL——罗差。

ΔC 是由于地理子午线与磁子午线不重合产生的。磁北偏东，ΔC 为正值；磁北偏西，ΔC 为负值。ΔL 是由于飞机上存在铁磁物质，使机上罗盘指北方向与磁北方向不一致所产生。罗北偏东，ΔL 为正值；罗北偏西，ΔL 为负值。ΔL 随着飞机纵轴与地磁方向夹角的不同而不同。事先可由试验所测出的罗差曲线进行补偿。

3. 相对方位角

飞机纵轴和某一地面目标方向之间的夹角在水平面上的投影，称为相对方位角(XF)。相对方位角由飞机的纵轴沿顺时针方向算起，如果目标是地面无线电台，测得的相对方位角称为电台相对方位角(DXF)，如图 5-2 所示。

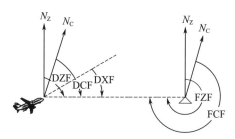

图 5-2　飞机和电台的各种方位角

4. 方位角

观测者所在点(如飞机或电台)子午线北端和观测目标(如电台或飞机)方向之间的夹角在水平面上的投影称为目标的方位角(F)。方位角有以下几种。

① 电台真方位角(DZF)：飞机所在点的地理子午线北端沿顺时针方向和电台方向之间所夹的角。

② 飞机真方位角(FZF)：电台所在点的地理子午线北端沿顺时针方向和飞机方向之间所夹的角。

由图 5-2 可以看出：FZF = DZF + 180°。

③ 电台磁方位角(DCF)：飞机所在点的磁子午线北端沿顺时针方向到电台方向之间所夹的角。

④ 飞机磁方位角(FCF)：电台所在点的磁子午线北端沿顺时针方向到飞机方向之间所夹的角。由图 5-2 可以看出，FCF = DCF ± 180°。

5. 飞行高度

从某一定的基准水平面到飞机的垂直距离称为飞机的飞行高度(H)。

从平均海平面到飞机的垂直距离称为绝对高度(H_J)。我国以黄海平均海平面作为全国高度起算的基准面;由机场平面到飞机的垂直距离称为相对高度(H_X);飞机与地面间的真实距离称为真实高度(H_Z)。3 种高度的示意图如图5-3所示。

6. 空速($\overline{V}$)

飞机相对于空气介质的运动速度称为空速。它是一个矢量,其方向与飞机纵轴方向一致。空速由飞机上的空速表测得。

7. 风速($\overline{U}$)

空气相对于地面的水平运动速度称为风速。一般情况下,可以通过地面气象台获得风速和风向(FX)数据;但对高空、高速的飞机来讲,地面测报的数据不能满足精确导航的需要。为了确保精确导航,机上应能随时测得风速大小和风向。

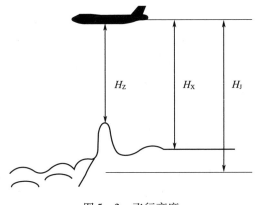

图5-3 飞行高度

8. 地速($\overline{W}$)

飞机相对于地面运动的速度称为地速。通过地速对时间的积分 $\int_{t_1}^{t_2}\overline{W}\mathrm{d}t$,就可以推算出飞机的航程及位置。地速可以通过求解航行速度三角形的方法得出。自备式的多普勒导航雷达是一种能够自动测出地速的装置。

9. 航行速度三角形

由于风向的影响,飞机不可能沿着飞机的纵轴方向运动,而是沿着由原来的航向和风向的合成方向运动。

由空速 $\overline{V}$、风速 $\overline{U}$ 和地速 $\overline{W}$ 所组成的三角形称为航行速度三角形,如图5-4所示。

空速向量和地速向量之间的夹角称为偏流角(PL)。偏流角是飞机领航中

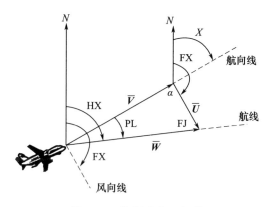

图 5-4 航行速度三角形

的一个重要参数,以空速线为基准,地速线偏在其右方,偏流角为正;偏在左方,偏流角为负。

地速线和风向线之间的夹角称为风角(FJ)。

由空速表和罗盘得到空速的大小和方向,由地面气象台获得风速的大小和方向,通过航行速度三角形就可以推算出地速和偏流角。根据余弦定理可得

$$W = \sqrt{V^2 + U^2 - 2VU\cos\alpha} \qquad (5-1)$$

$$\cos\alpha = \cos[180° - (FX - X)] = -\cos(FX - X) \qquad (5-2)$$

$$W = \sqrt{V^2 + U^2 - 2VU\cos\alpha(FX - X)} \qquad (5-3)$$

根据正弦定理,有

$$\frac{U}{\sin PL} = \frac{W}{\sin\alpha} \qquad (5-4)$$

得

$$\sin PL = \frac{U}{W}\sin\alpha = \frac{U}{W}\sin[180° - (FX - X)] \qquad (5-5)$$

$$= \frac{U}{W}\sin(FX - X) \qquad (5-6)$$

5.2 无线电测量原理

无线电导航通过测量电磁波在空间传播时的电信号参量(如幅度、频率及

相位等)进行导航定位,它是一个时间和空间的联合概念,因此,需要在特定的时刻描述在特定空间位置的状态,从而能够对载体进行有效地导引。由于导航通常是相对于某一具体目的地而言的,因此用空间极坐标是方便和合理的。在无线电导航的设计中,往往构建一定的机制使得实际中测量的无线电参量与角度、距离等导航几何参量与无线电信号建立对应关系;然后利用几何参量与待求导航参数之间的数学关系,通过解方程或者其他等效方法求得所需的导航参数。

5.2.1 角测量原理

方位角参量的测量通常需要导航台发射一定的无线电信号,由安装在载体上的接收设备(称为无线电测向器)完成角度的测量。振幅法和相位法是方位角度测量的两种常用方法。

1. 振幅法

振幅法是利用天线的方向性图实现振幅与角度的对应关系,有两种实现体制:一种是导航台站用方向性天线发射信号,用户利用无方向性天线接收,定义为站台主动式;另一种是导航台站用无方向性天线发射信号,用户端利用方向性天线接收,定义为用户主动式。

1) 站台主动式

站台主动式主要用来测量导航台站和载体的连线与基准方向(地理北向或某一特定方向,如飞机跑道)之间的夹角。如图5-5所示,导航台发射有一定宽度的定向波束在空间作全方位扫描,扫描的角速度为ω,当定向波束扫过基准方向时,导航台发射全向波束的脉冲信号,作为计时起点。设用户收到全向波束信号的时刻为t_1,收到定向波束的时刻为t_2,则用户与导航台站连线方向与基准方向的夹角可求得

$$\alpha = \omega(t_1 - t_2) \tag{5-7}$$

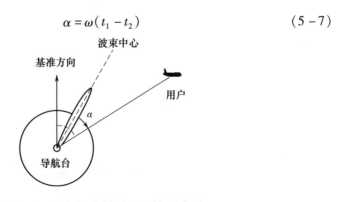

图5-5 站台主动式振幅法测向示意图

2）用户主动式

用户主动式用来测量载体和导航台站连线与载体轴向之间的夹角,如无线电罗盘。导航电台利用无方向性天线发射全向信号,载体测向设备利用方向性天线进行接收,如图 5-6 所示。图中用户的方向性天线可以旋转,当方向性图的零点从载体的轴向旋转到载体与导航台站的连线方向时,用户便无法接收到导航台站的信号,此时便可以测量出载体和导航台站连线与载体轴向之间的夹角。

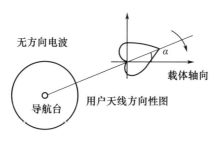

图 5-6　用户主动式振幅法测向示意图

利用方向性天线的零点进行测向的方法称为最小值法。同理,还有最大值法和等信号法,后者是利用带有两个波束的方向性天线的等幅值进行测向的方法。

2. 相位法

无线电波传播时,相位与角度之间没有直接的对应关系,但可以通过采取某些措施使它们建立起对应关系,如旋转方向性天线、绕圆周旋转无方向性天线以及采用基线测量法等。与振幅法不同,相位法并不要求天线有尖锐的方向性,即采用无方向性天线也可完成角度的测量。

1）旋转天线方向性图

如图 5-7 所示,假若导航台具有两套发射天线:一套是在水平面内旋转的方向性发射天线;一套是全向天线,也称无方向性天线。系统通过全向天线辐射与方向性天线转动频率相同的电波信号,空间中距导航台相同距离处的该信号相位将是完全相同的,与方位无关,称之为基准相位信号;同时通过在水平面内旋转方向性天线,则空间任意一点接收到的场强将是一个包络调制信号,包络的相位与接收点的方位相关,称为可变相位信号。测出可变相位信号和基准相位信号之间的相位差,就可以确定接收点的方位,如伏尔和塔康系统。

2）旋转无方向性天线

无方向性天线在辐射电磁波时,本身不含空间的角度信息。假设无方向性天线 A 在发射信号的同时,还在半径为 R 的平面圆周上以固定的角频率 Ω 旋

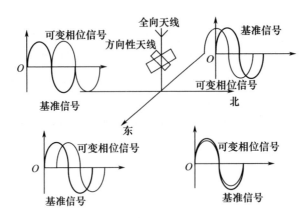

图 5-7 旋转天线方向性图

转,如图 5-8 所示。

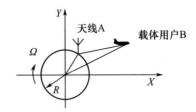

图 5-8 旋转无方向性天线测角示意图

由于旋转天线的多普勒效应,接收信号的频率将被天线的转速所调制,相当于对信号进行了频率调制。这种调制使接收信号的相位发生相应变化,产生的包络线相位与方位有一定的对应关系,从而可以确定载体的方位,如多普勒伏尔系统。

3. 基线方式

采用相位的基线测角原理如图 5-9 所示。沿确定的基准方向 AB 并以一定的距离 D 放置两个无方向性天线 A、B,它们发射同相的电磁波。用户处于天线 A、B 的远场 U 点,通过接收 A、B 的信号并比较它们的相位 ϕ_A、ϕ_B,则可得到用户相对于基准轴 AB 的角度 α,其关系

$$\phi = \phi_B - \phi_A = \frac{2\pi}{\lambda} \cdot D \cdot \cos\alpha \tag{5-8}$$

式中 λ——接收电波的波长。

由于相位计只能测量 2π 范围以内的相位值,而由式(5-8)确定的相位差的范围是 $(-\infty, +\infty)$,所以存在测相的多值性,即当 $D > \lambda$ 时,相位差的范围将

超过2π。因此，基线长度D应当尽量设计为小于波长λ。

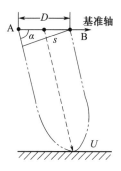

图 5－9　采用相位的基线测角原理

5.2.2　距离测量原理

无论是对距离（即矢径长度），还是距离差、距离和的测量，都是利用电磁波在均匀介质空间中传播的直线性和等速性为条件的，主要有相位、频率和脉冲（时间）3 种测量距离的方法。

1. 相位法

相位测距（差）是通过测量电磁波在运载体和导航台之间信号相位的变化来确定距离（差）的。设 A、B 两点的距离为r，则电波传播在它们之间形成的相位差为

$$\phi_{AB} = r \cdot \frac{\omega}{c} \quad (5-9)$$

在测距时为了避免时间同步问题，通常测的是双程相位差，即电波往返于 A、B 间的相位差为

$$\Delta\phi = 2r \cdot \frac{\omega}{c} \quad (5-10)$$

由此可得 A、B 间的距离为

$$r = \frac{\lambda_0}{2\pi}\Delta\psi \quad (5-11)$$

应用相位法测量距离差时，实际是测量载体收到导航台站 A、B 发射电波的相位差。由于导航台站之间是严格同步的，因此载体接收到两个信号相位的不同完全是由电波传播的行程差引起的。可以得到相位差和距离差之间的关系为

$$\Delta r = r_B - r_A = \frac{\lambda_0}{2\pi}\Delta\phi \quad (5-12)$$

由几何知识可知,测得的相位差实际上描述了以两个导航台为焦点的双曲面的方程。由于两个台站(或载体与用户)之间的距离较大,因此相位法测距中通常存在多值性问题,需要采取相应措施消除多值模糊。

2. 频率法

频率测距是利用发射信号与反射信号的差频来进行测量的,因此必须要有一定的反射面,通常用来进行对地高度或相对水面高度的测量。发射信号为一线性时间调频信号,也就是其频率的变化与时间成正比。由于电波的传播需要时间,那么在某一时刻反射回来的信号与正在发射信号的频率将不相同,它们之间的频率差异将反映信号传播的时间,对应于信号往返的距离或载体的高度。通过测量反射信号与发射信号间的差拍频率,就可以得到距离。

3. 脉冲法

脉冲法测距,实质上是用尖锐的脉冲对时间轴进行标定,然后通过脉冲间隔读取时间,进而测量距离。脉冲测距通常有有源和无源两种方式。

1) 有源测距

有源测距是指信号在用户和导航台站之间经历了往、返两个传播过程(这时用户需要发射信号),通过测量信号在空间的往返传播时间计算出用户和导航台站之间的距离。其测距示意图如图 5 - 10 所示。

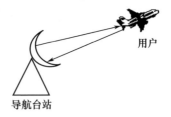

图 5 - 10 有源测距示意图

通常测距询问脉冲由用户发出,该脉冲经过特殊编码以区别于其他用户发出的信号,导航台站收到该脉冲后,延迟一定的时间 τ(为了进行零距离测量)后向该用户发射应答脉冲,由用户接收并测量两个脉冲之间的时间间隔 Δt,便可以得到载体和导航台站之间的距离,即

$$D = \frac{\Delta t - \tau}{2} \cdot C \quad (5-13)$$

有源测距对时钟的性能要求比较低,但是存在电磁暴露问题,不利于军事的应用,并且容易对其他设备造成干扰。

2) 无源测(伪)距

无源测距方式中,用户仅仅接收导航台站发来的电波信号,利用本地时间测量信号的到达时刻,同时由接收信号的电文获知信号的发射时刻。利用本地的接收时刻与导航电文中数据所提供的发射时刻之差,即可以完成距离的测量。因此,无源测距中要求用户的时钟与导航台的时钟必须严格同步,即保持同频同相,或者说既无频差又无钟差。所以,严格意义上的无源测距往往需要在测距之前进行大量的时钟同步工作。

如果用户时钟与导航台时钟不同步,所测得的距离中就包含了与它们钟差对应的一段距离,此时所测距离称为伪距,往往需要再增加另外的观测量对钟差予以消除。罗兰-C系统和GPS系统均采用此种测距方式。

5.3 无线电导航定位原理

无线电导航定位是通过无线电信号测量得到的几何、物理参量来确定用户的方位、距离、位置、姿态等。其中,方位、距离、姿态等导航参量可以较直接地由无线电参量(如幅度测角、时间测距、相位测姿等)测量得到,而用户的位置参量则需要较复杂的导航解算,主要有两种方法:通过测量的几何参量与几何位置之间的数学关系进行定位,通常称为位置线法定位;通过测量的物理参量(如速度、加速度等)与几何位置之间的运动学关系确定位置,一般称为推航定位法。

5.3.1 位置线交点定位法

1. 导航参数和位置线

无线电导航一般是利用装在飞机(或地面)上的无线电接收测量设备,接收地面固定导航台(或飞机)发射的信号,对这些电波测量和处理后,得到导航台相对于飞机(或飞机相对于导航台)的各种几何参数,称为导航参数,如方位角、距离、距离差等数据。

飞机同基准点(一般是导航台)导航参数相等的各点连线,称为位置线。每一个导航参数(角度、距离、距离差等)只能确定飞机相对于基准点处于一条位置线上,而不能确定飞机处于某一点上。根据测量参数的不同,经常用到的位置线有以下几种。

1) 直线位置线

飞机相对固定导航台正北方向方位角(FF)不变时,其位置线是从电台出发的一条射线。如从地面导航台测量飞机方位角时,导航台测出方位角FF后只能确定飞机处在这条直线位置线上,如图5-11所示。

固定导航台相对于飞机正北方向方位角(DF)不变时,其位置线是从飞机出发的一条射线。这是从飞机上测量导航台方位角的情况,如图 5-12 所示。

2) 圆位置线

飞机与固定导航台之间的距离不变时,其位置线是以电台为圆心,飞机与电台间距离为半径的圆,如图 5-13 所示。

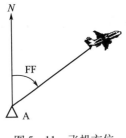

图 5-11 飞机方位

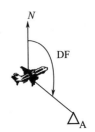

图 5-12 导航台方位

3) 双曲线位置线

当飞机与两个固定导航台之间的距离差保持不变时,其位置线是以两个电台为焦点并通过飞机的双曲线,因此确定一条位置线需要两个导航台,如图 5-14 所示。

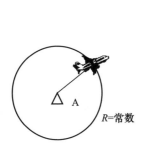

图 5-13 圆位置线

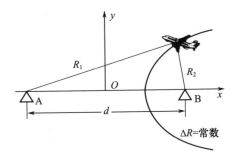

图 5-14 双曲线位置线

2. 位置线定位

如果飞行员保持导航参数不变飞行,可以得到直线、圆、双曲线的运动轨迹,但这时飞机的位置并不能唯一确定,只有同时测定两个导航参数,得到两条相交的位置线时,才能确定飞机的瞬时位置。利用两条位置线交点来确定飞机位置的方法称为位置线交点定位法,这种定位方法是无线电导航定位的基础,通常有以下几种形式。

1) 测向法定位

利用两条直线位置线交点确定飞机位置,又称直线位置线定位,如图 5-15 (a) 所示。

2）测距法定位

利用两条圆位置线交点确定飞机位置，又称圆位置线定位，如图 5-15(b)所示。这种方法有两个交点，一般利用飞行区域区分。

3）测距差法定位

利用两条双曲线位置线的交点来确定飞机位置，又称双曲线位置线定位，如图 5-15(c)所示。这种方式至少需要 3 个地面导航台，经常用在远程导航上。

4）测距测向法定位

利用直线位置线和圆位置线的交点确定飞机位置，又称直线和圆位置线定位、极坐标法定位、$\rho - \theta$ 定位，如图 5-15(d)所示。这种方式只需要一个地面固定导航台，雷达通常采用这种方式。

位置线交点法定位形式除上述 4 种外，还有其他许多形式，但现在航空导航设备主要采用上述 4 种形式。

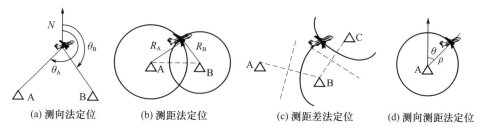

图 5-15 位置线交点定位方法

5.3.2 推航定位

推航定位是许多自备式导航系统和设备的主要定位方式，其基本原理是应用运动学方程的积分关系，它的主要步骤如下。

① 给定用户或载体出发时刻的位置坐标。

② 测定用户在运动过程中的速度参量 $v = (v_x, v_y, v_z)$（通常在用户的载体坐标系中）。

③ 利用航姿系统所测量的姿态信息（横滚角 r、俯仰角 p、航向角 y），将测量的载体坐标系中的速度分量转换到地平坐标系。

$$\begin{bmatrix} v_e \\ v_n \\ v_u \end{bmatrix} = \begin{bmatrix} \cos r \cos y - \sin r \sin y \sin p & -\sin y \cos p & \cos y \sin r + \sin y \sin p \cos r \\ \cos r \sin y + \sin r \cos y \sin p & \cos y \cos p & \sin y \sin r - \cos y \sin p \cos r \\ -\cos p \sin r & \sin p & \cos p \cos r \end{bmatrix} \begin{bmatrix} v_x \\ v_y \\ v_z \end{bmatrix}$$

④ 经积分运算，求速度与时间乘积的累加和，即运动的距离，通过计算得到

用户的位置坐标。

例如，假设已知用户起点的地理坐标为 λ_0、φ_0、h_0，测得用户东、北、天向的速度为 v_e、v_n、v_u，则可通过下式的计算得到用户的地理位置，即

$$\lambda_n = \lambda_0 + \sum_{i=0}^{n}\frac{v_{ei} \cdot T_s}{R_{Ni}}, \quad \varphi_n = \varphi_0 + \sum_{i=0}^{n}\frac{v_{ni} \cdot T_s}{R_{Mi}}, \quad h_n = h_0 + \sum_{i=0}^{n} v_{ui} \cdot T_s$$

(5-14)

式中 T_s——速度信息的采样时间间隔。

由式(5-14)可见，如果测得的速度数据或者姿态数据有误差，则位置误差将具有随时间积累的特性。所以，在一段时间的推航之后，需要对推航的位置信息进行更正，一般可以在载体通过导航台站或者地标时重新进行空间位置对准，或通过其他定位精度更高、没有积累误差效应的导航系统对其定期校正，或者与其他导航系统进行组合，实现信息的融合处理。

5.4 常用无线电导航系统及基本原理

5.4.1 振幅无线电导航

1. 基本概念

根据无线电波的信号振幅与导航参数的对应关系，完成导航参数测量功能的导航系统称为无线电振幅导航系统。这里的导航参量通常是指角坐标参量，包括飞机或船只的方位、导航台方位、飞机的下滑角和航向角等。

振幅导航系统一般用于运载体的测向，通过自动测向仪引导飞机、船只朝向或离开导航台，并可利用两个或两个以上的导航台实现定位；或者通过仪表着陆系统实现飞机的下滑着陆功能。

无线电振幅导航系统属于地基无线电定位系统，一般由地面的导航台和运载体(飞机、船只)上的测向器组成。前者用于发射有一定方向或全向(无方向性)的无线电信号，称为信标台或航向(下滑)台；后者用于接收信号和实施定向，称为无线电罗盘或定向接收机等。振幅导航系统的工作波段为长波、中波或短波，其覆盖范围可达几百千米。

运载体为了利用信标台的信号，需事先知道信标台的准确地理坐标、发射频率、发射形式、台站识别码、工作时间等参数，根据这些参数调谐机载或船载的定向接收机，得到运载体的方位和位置。导航台站可以工作于连续发射状态或者脉冲发射状态，发射的信号包括识别信号、工作信号和辅助信号3种类型，分别用来识别地面导航台、测量导航参量、传送某些辅助信息。

无线电振幅导航系统可以利用反射信号或直达信号来测定目标的角坐标参量,其方法有最大值法、最小值法和等信号比较法。获取角参量的方式有 E 型和 M 型两种,其中 E 型是利用载波信号振幅本身的变化来实现测向,M 型是利用载波信号振幅的调制深度变化进行测向。振幅导航系统角度测量的精度与外界环境条件有关,一般为 $\pm 1° \sim \pm 5°$。

2. 方位 θ 的无线电测量法

振幅导航系统通常利用无线电系统天线的方向性图实现对方位角的测量。在 E 型方式下,无线电信号的调制深度保持不变,载波信号的幅度 E 与导航角参量 θ 建立起 $E=E(\theta)$ 的依从关系;而 M 型工作方式则在其工作区内保持载波信号幅度大于规定的数值,用信号的调制深度 m 和 θ 建立起 $m=m(\theta)$ 的关系。为了利用这两种关系测得导航参量,通常采取以下 3 种方法。

1)最大值法

利用具有针状方向性图的天线,以运载体本身为中心,以子午线北向 N 为基准,沿顺时针方向转到其方向性图最大值对准导航台(信标台)的位置,此时接收信号为最大,天线所转过的角度即为所要观测的导航台的方位角 θ 或导航台所在的方向,如图 5-16 所示。

最大值法在测量信号幅值的过程中,由于接收机输入端存在着干扰和噪声,以及测量设备分辨率的影响,使在信号方向性图的最大值处有一个机载测向器无法分辨的幅值范围 ΔU,所对应的角度区域称为不灵敏区,用 ϕ_N 表示。为减小 ϕ_N 的值,要求天线的方向性图足够尖锐,并且输入信噪比尽可能高。

采用最大值法测向,由于只有一个波束,机载测向器无法分辨出导航台可能的偏差方向,即不能判断出导航台偏离最大值轴线的方向。

2)最小值法

采用分开一定角度的双针状方向性图天线,将天线从子午北向 N 旋转到方向性图的最小值对准信标台,天线所转过的角度即为导航台的方位。该方法与最大值法相反,其中理想的信号最小值为零值,如图 5-17 所示。

最小值法在零值点附近也存在一个无法识别信号微小变化的幅值范围 ΔU,由此形成不灵敏区 ϕ_N,但该法的不灵敏区相对较小,其测向精度也比最大值法要高。另外,当天线的两个波束采用不同的调制频率时,可以比较容易地判断出导航台偏离最小值点轴线的方向。

3)等信号法(或称比较信号法)

采用部分重合的双针状方向性图天线,当两个波束的接收信号相等时,即可获得一条等信号线的方向。转动天线,使天线两个波束的接收信号强度相等,即可确定出导航台的方位。其不灵敏区 ϕ_N 和测向精度均介于最大值法和最小值法之间,并且也能判断出被测导航台偏离等信号线的方向,如图 5-18 所示。

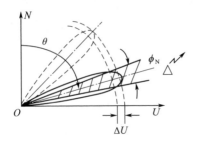

图 5-16 最大值法测向

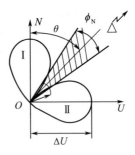

图 5-17 最小值法测向

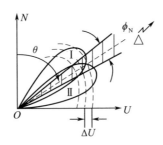

图 5-18 比较信号法测向

以上 3 种方法各有特点,最小值法的测量灵敏度和精度较高,最大值法接收信号的信噪比最大,而在天线制作的难易程度方面最大值法较难;这几个方面等信号法的性能表现都是居中的。由于最小值法不灵敏区较小,且在高频、超高频、甚高频及微波频段,均可获得所要求的方向性图,因此应用场合较多。

3. 无线电罗盘系统

1) 系统简介

无线电罗盘测向系统是一种陆基定向系统,由机载或船载定向仪自动测定地面发射台的无线电波来波方向,从而获得飞机或船只相对信标台的角坐标方位数据。

系统由机载设备和地面设备两部分组成,机载无线电自动定向仪(ADF)是一种 M 型最小值法测向设备,称为无线电罗盘(Radio Compass);地面导航台也称无方向性信标(NDB),其台站识别信号采用 1020Hz 调制的莫尔斯码格式。

系统工作频率一般在 150~1750kHz 范围内,属于中波、长波波段,功率在 500W 左右。在此波段内,可靠的方位信息只能靠地波或直达波才能得到,其作用距离由地面导航台发射功率及机上接收机灵敏度决定,一般可达几百千米,典型值为 250~350km。

另外，地面台发射的信号常常会受到天波的影响，在夜间情况会更加恶劣。因此，只有当飞机离地面导航台较近，地波信号覆盖良好时，方位读数才可靠。当接收点的信号场强较大，且忽略飞机结构的影响时，系统的测向精度可达到2°左右。

2）基本组成

目前飞机上装载的 ADF 通常由以下 4 个部分组成。

(1) 天线系统。

包括垂直天线、环形天线和测角器。由环形天线旋转产生的感应电压输入到罗盘接收机中，与垂直天线的接收信号结合形成 M 型测向信号。当环形天线做成固定方式时，以测角器的旋转代替环形天线的旋转。

(2) 罗盘接收机。

一般多为普通的超外差式报话两用接收机，有很好的选择性和灵敏度，用于将接收的高频信号进行放大、变频、检波等处理，变换为携带有方位信息的低频信号，输出到无线电磁指示器和水平状态指示器中，实现自动测向。

接收机还可单独与垂直天线连接，接收导航台发出的音频调制的识别信号及其他信息，通过音频选择供飞行员监听，或接收无线电广播、通信等。

(3) 控制盒。

由表头及各种旋钮组成，用来控制各种工作状态的转换、波段转换、电台选择和调谐等，以及进行波道预选、频率选择和远、近台的转换。由于地面导航台在大部分的时间里只发射等幅信号，为便于监听，控制盒上还设有音调电门，将其置于音调位置，接收机内将以固定音调对载频信号进行调幅，使耳机中产生声音输出。

(4) 指示器。

通过同步电机与测角器相连，用指针指示出所测方位角度的数值。机载 ADF 所指示的角度是以飞机纵轴为基准，沿顺时针方向转到飞机与导航台连线所形成的夹角，要获得导航台相对于飞机的方位，还必须知道飞机的航向角，因此需要与磁罗盘等航向测量设备相结合。

3）基本原理

图 5-19 所示为无线电罗盘的工作原理框图。无线电罗盘是通过测角系统中的搜索线圈，始终跟踪导航台方位，完成其测向功能的。其工作过程如下。

① 当搜索线圈偏离导航台方位时，接收机获得能反映其偏离状况的并且具有直接控制能力的偏差信号。显然这种偏差信号应随搜索线圈的偏台而产生，又随搜索线圈偏台的消失而消失。

② 利用上述偏差信号，控制搜索线圈跟踪导航台方位。

③ 根据搜索线圈的指向，将导航台的无线电相对方位角显示出来。

具有倒"8"字形方向性图的环形天线接收地面信标台的发射信号，为使该信号与垂直天线接收到的信号同相叠加，先将环形天线的信号移相90°，并经放大与倒相后加给平衡调制器。平衡调制器在135Hz低频信号控制下对环形天线信号换向得到两个幅度相等而相位相反的信号，然后与垂直天线的无方向性信号进行相加，得到一个调制度是电波来向θ函数的调幅波信号。

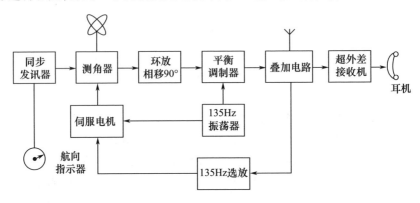

图5-19 无线电罗盘原理框图

调幅波信号在超外差式接收机中进行处理，经过混频、中放、检波等环节，得到具有方位信息的低频信号并分成两路输出。一路输送到耳机用于人工定向；另一路经135Hz的选频放大电路，将135Hz信号从低频信号中分离出来，放大后作为误差信号加到伺服电机的控制线圈上。同时在伺服电机的励磁线圈中，还加有从135Hz本地振荡器直接输出的135Hz信号。在这两个信号的共同作用下，伺服电机转动，同时带动环形天线向最小值信号的方向转动，直到转到环形天线信号为零、方向性图最小值对准导航台时为止，此时无线电罗盘中就只有垂直天线的信号。在这个过程中，同步发讯机转子和航向指示器指针都在同步转动，最终指示器指针就指示出所测导航台的航向角。

4. 仪表着陆系统

1) 系统简介

着陆是飞机航行中最为重要的阶段，也是事故率最高的阶段，要求飞行员必须在很短的时间内完成许多高标准的操作。若仅靠目视着陆，一般要求在飞行高度不低于300m时，水平能见度不小于4.8km；否则难以保证降落安全。

仪表着陆系统是通过地面的无线电导航设备和机上无线电领航仪表相互配合工作，使飞机在着陆过程中建立一条正确的下滑线。飞行员根据仪表的指示修正航向、高度和下滑角，以保持正确的下滑线，直至飞机下降到距地面20~

80m高度,距离跑道始端 300~1000m,然后按目视着陆。

仪表着陆系统的工作示意图如图 5-20 所示。仪表着陆系统的地面设备包括航向台(LOC)、下滑台(GS)和信标台(MB)三大部分。航向台和下滑台都是利用在空间相交的双针状方向性图天线,以等信号区的形式分别提供与水平面成一定角度的下滑面引导和与水平面垂直的航向面引导。下滑面和航向面相交形成一条位于跑道中心线上方、与跑道面有一定角度的固定下滑航道,以使飞行员沿这条下滑线操纵飞机下滑。当飞机偏离下滑线时,就会产生偏离信号,然后由飞行员或自动驾驶仪来校正或消除这种偏离,保证飞机沿下滑线安全地着陆。信标台有 2~3 个,在跑道中心线的延长线上,垂直向天空辐射方向性图为圆锥形的无线电波束,提供飞机距离跑道入口的位置坐标信息。

2) 下滑台

下滑台利用两组在不同高度的天线,同时辐射方向性图互相交叠的上、下两个波束,在与水平面成一定角度的方向上形成等信号区。两组天线的信号可以通过载波频率、调制频率或调制方式的不同加以区别,下面以调制频率的不同进行介绍。

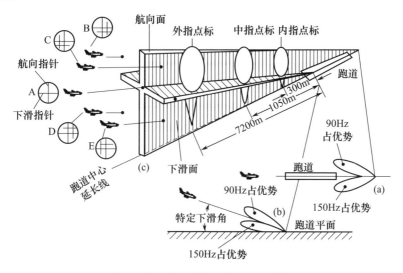

图 5-20 仪表着陆系统工作示意图

(1) 下滑台地面信标。

下滑信标安装于飞机跑道一侧,距跑道中心 120~180m,距跑道终端 200~450m,为飞机着陆提供与跑道成 2°~3°倾角的下滑面引导,有效导航距离为 10n mile 以上。下滑台工作的载频频率在 329.15~335MHz 频段内,每隔 150kHz 为一频点,共有 40 个波道,各波道与导航台的波道配对使用。

地面信标基本组成如图 5-21 所示，发射机产生甚高频振荡，通过功率分配和交叉调制电桥分别加到两个通道上去，其上、下天线通道的载波分别被 90Hz、150Hz 低频信号调幅。

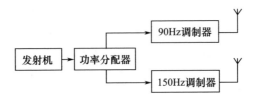

图 5-21　下滑台地面信标组成

设馈电给上、下天线的电流分别为

$$i_h = I_{hm}(1 + m_1 \sin\Omega_1 t)\sin\omega t$$
$$i_L = I_{Lm}(1 + m_2 \sin\Omega_2 t)\sin\omega t \qquad (5-15)$$

式中　ω——载频角频率；
$\quad m_1$——$\Omega_1 = 2\pi f_1$ 的低频信号的调幅系数，$f_1 = 90\text{Hz}$；
$\quad m_2$——$\Omega_2 = 2\pi f_2$ 的低频信号的调幅系数，$f_2 = 150\text{Hz}$。

若向两根天线馈送的电流初始相位为零，则它们在远区形成的场可表示为

$$e_h = E_{hm}f_h(\theta)(1 + m_1 \sin\Omega_1 t)\sin\omega t$$
$$e_L = E_{Lm}f_L(\theta)(1 + m_2 \sin\Omega_2 t)\sin\omega t \qquad (5-16)$$

式中　E_{hm}, E_{Lm}——分别为上、下天线在它们的方向性图最大值方向辐射的信号幅度；
$\quad f_h(\theta), f_L(\theta)$——分别为上、下天线在垂直面上归一化的方向性函数。

则两天线辐射信号的合成场为

$$e = e_h + e_L = [E_{hm}f_h(\theta) + E_{Lm}f_L(\theta)]\Big[1 + \frac{m_1 E_{hm}f_h(\theta)}{E_{hm}f_h(\theta) + E_{Lm}f_L(\theta)}\sin\Omega_1 t$$
$$+ \frac{m_2 E_{Lm}f_L(\theta)}{E_{hm}f_h(\theta) + E_{Lm}f_L(\theta)}\sin\Omega_2 t\Big]\sin\omega t$$
$$(5-17)$$

空间调制深度为

$$M_1 = \frac{m_1 E_{hm}f_h(\theta)}{E_{hm}f_h(\theta) + E_{Lm}f_L(\theta)}, \quad M_2 = \frac{m_2 E_{Lm}f_L(\theta)}{E_{hm}f_h(\theta) + E_{Lm}f_L(\theta)} \qquad (5-18)$$

（2）下滑台机载接收机。

机载接收机的基本组成结构如图 5-22 所示。天线接收下滑台辐射的信

号,经过放大、变频、检波,用低频滤波器将90Hz和150Hz的信号分开,分别整流成直流电压信号,接入相减电路,下滑指示器指示的是两电压信号的差值,其相对于下滑线的偏离 Δg 与空间调制深度之差成正比,即

$$\Delta g = K(M_1 - M_2)$$

式中　K——比例系数。

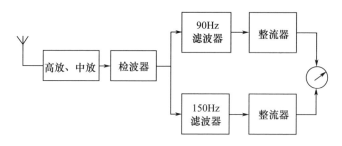

图 5-22　下滑台接收机基本组成框图

下滑指示器的指示取决于上、下天线方向性图的调制系数之差。令 Δg 等于零,且 $m_1 = m_2$ 时,可得到关于等信号区方向的位置方程为 $E_{hm}f_h(\theta_0) = E_{Lm}f_L(\theta_0)$。两天线信号调制系数相等的方向与地面形成 $2° \sim 3°$ 的夹角。当飞机处于下滑道平面下方时,下滑接收机接收的150Hz调制系数大于90Hz的调制系数,下滑指示器指示飞机向上行;反之亦然。

3) 航向台

航向台地面信标安装在跑道中心线的延长线上,提供与跑道平面垂直的航向面信号。当飞机高度在600m以上时,要求在航向道左右10°扇形范围内的有效导航距离应达18~25n mile;在航向道左右35°扇形范围内,有效导航距离应达10~17n mile。航向台发射的载频频率为108~112MHz,每隔50kHz为一频点,共划分了40个波道。其识别信号为1020Hz调制的莫尔斯电码。

与下滑台原理类似,航向台的地面信标沿跑道中心线两侧发射两束水平交叉的辐射波瓣,分别被90Hz和150Hz低频信号调幅。当飞机飞行在跑道中心线上时,两者的调制系数相同,仪表指针或水平位置指示器中的航道杆在中心位置;当飞机在跑道中心线的左边时,90Hz信号的调制系数将大于150Hz的调制系数,仪表指针偏向右边,飞机向右修正航向。用航道杆指示飞机的航向偏离程度时,每一点代表0.5°。

航向台天线是沿一条直线装设的许多对水平极化的偶极子天线,如图5-23所示,垂直于跑道且对称放置,一般为5对或7对。各天线振子按下述方式馈电:用同相电流对各振子馈电,形成一个最大值方向位于跑道中心线上的单波瓣

方向性图,称为和信号方向性图;由旁频电流给跑道中心线两边的振子反向供电,即两边的电流相位相差180°,形成位于跑道中心线上相位相反的双波瓣方向性图,称为差信号方向性图;其合成的方向性图就成为向左或右偏离跑道中心线一定角度的波束形状。

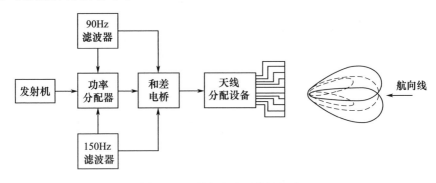

图 5-23　航向台地面信标组成

由于90Hz与150Hz调制频率的旁频分量在跑道中心线两侧是反相的,其方向性图就一个向左偏离、一个向右偏离,在跑道中心线方向上两个波瓣的方向性图相交,形成信号相等的航向导引面。

与航向台地面信标配合使用的机载航向接收机,其组成结构和工作原理与下滑接收机基本相同,不再重复。

4)指点信标

指点信标配合仪表着陆系统使用,架设在飞机进近方向的跑道中心线延长线上,在距跑道始端的几个特定位置点上垂直向上发射锥形波束,为飞机提供距离信息。

国际民航组织(International Civil Aviation Organization,ICAO)规定,大、中型机场应设置3个指点信标台,即外标台、中标台和内标台,如图5-24所示。小型机场一般只有外标台和中标台。3个信标台分别装设在距离跑道入口端约7200m、1050m和75m的地方,具体安装位置根据机场条件可做适当调整。它们的发射频率都为75MHz的音频调幅信号,外标台的音频调幅频率为400Hz,识别电码为2划/s(蓝色灯);中标台音频调幅频率为1300Hz,识别电码为1点1划/s(琥珀色灯);内标台音频调制频率为3000Hz,识别电码为6点/s(白色灯)。

只有当飞机飞过信标台上空时,机上信标接收机才能收到信号,接收机的指示灯和音响设备将提醒飞行员进行决断。随着距机场的距离越来越近,报警声音和灯光的闪烁会逐级地越来越短促。

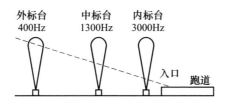

图 5-24 指点信标的发射波束

5.4.2 频率无线电导航

1. 基本概念

无线电频率导航系统将无线电信号中的频率与导航参量建立对应的关系，通过测量频率达到测量导航参量的目的。用来与导航参量相联系的常用频率有载波频率、调制频率、脉冲重复频率、信号的差拍频率和多普勒频率。

这些频率可分别建立起与距离、距离差、速度、角度等参量的对应关系，相应的导航系统称为频率测距(差)、测速(测角)系统。目前，应用比较广泛的频率无线电导航系统是调频式无线电高度表和多普勒导航系统。

2. 频率式无线电高度表

1) 基本情况

高度表是飞行载体的基本仪表之一，用来测量载体对于地面的飞行高度，是保证飞行安全的关键导航设备。

飞机上的高度表主要有气压式高度表和无线电高度表两种类型。气压式高度表测量的是飞机上大气的静态压力，利用它与本地海平面或机场水准面的静态气压之差给出地理高度。而无线电高度表用来测量飞机距离当地地表面的垂直距离，也就是飞机的真实高度，又分为频率式高度表和脉冲式高度表。

一般无线电高度表的发射信号位于 400~5000MHz 的频率上，采用频率调制(低高度表)或脉冲调制(高高度表)两种不同的工作体制。通常脉冲调制高度表的最小可测高度由脉冲宽度来确定。例如，脉冲宽度为 50ns 时，其最小可测高度会大于 15m，因此多用于高空高度的测量。而采用频率调制的低高度表，最小测量高度可达 0.5m，多用于飞机靠近地面(如 600m 以下)的低空飞行引导，特别是在进场着陆阶段。

2) 频率测高原理

频率测高通常利用调频信号与反射信号之间的差拍频率进行距离测量，图 5-25 所示为频率测距设备的工作原理示意图。

调制器产生频率调制信号，发射振荡器向外发射线性调频信号，t_1 时刻信号

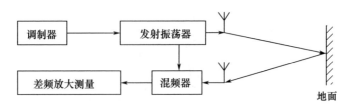

图 5-25 频率测距设备工作原理示意图

频率为 $f_1 = kt_1$,并加到混频器,该信号称为直达波。经过一段时间后,地面反射信号在 t_2 时刻被接收机的混频器接收,该信号称为反射(回)波,信号频率仍为 f_1,但直达波信号频率已变为 f_2,且满足 $f_2 = kt_2$。直达波与反射波在接收机中进行混频,得到两信号的差频信号,其频率为 $\Delta f = k(t_2 - t_1)$。由高度公式 $h = c\Delta t/2$,可以计算出飞机距反射面的距离 $h = c\Delta f/2k$。

采用频率测距需要有反射体,因此往往用来测量载体的相对高度,并且此时无与地面的相对运动产生的多普勒频移。

3. 多普勒导航

多普勒导航系统为频率测速推航系统,是一种基于多普勒效应的自主式导航设备。系统的基本测量部件是多普勒导航雷达,通过测量载体在运动过程中发射到地面并反射回来的信号频率偏移或变化,计算出地速和偏流角,并在航姿系统的辅助下完成载体位置的推算功能。由于可以提供精确的地速参量,多普勒雷达广泛应用于飞机的导航定位,是许多军用、民用飞机自主远程导航的必选设备之一。

多普勒雷达的工作基于多普勒效应。众所周知,当无线电发射机发出电磁波时,如果接收机与发射机之间有相对运动,那么,接收机收到的电磁波,其频率与发射机的发射频率会有差异,这个差异称为多普勒频移,记为 f_d。f_d 与接收机和发射机之间的相对径向速度成正比,即

$$f_d = \frac{vf}{c} = \frac{v}{\lambda} \qquad (5-19)$$

式中　v——接收机与发射机之间的相对径向速度;

　　　f——发射频率;

　　　c——声速或光速;

　　　λ——发射信号的波长。

式(5-19)所揭示的规律就是多普勒效应。

图 5-26 给出了多普勒雷达一个波束的图形。这个波束斜向朝着地面,一些辐射能量被反向散射回来,如果飞机的水平速度是 v,则径向速度是这个速度

在波束方向的分量 $v\cos\gamma$，γ 是飞机速度与波束中心线之间的夹角。对于多普勒雷达来说，因为发射机和接收机都在飞机上，都在以径向速度 $v\cos\gamma$ 沿地面发生移动，因此接收到的多普勒频移要乘以系数 2，亦即

$$f_d = 2\frac{vf}{c}\cos\gamma = 2\frac{v}{\lambda}\cos\gamma \tag{5-20}$$

式(5-20)就是多普勒雷达测量飞机速度的基本公式。

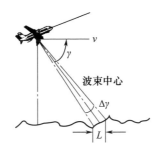

图 5-26 多普勒雷达波束基本几何关系

机载多普勒雷达向地面发射电波和接收地面的回波，通过测量地面回波的多普勒频率，反过来算出飞机的速度，亦即为了测量飞机的三维速度，在飞机上安装有多普勒雷达发射机/接收机和天线。现代多普勒雷达的天线至少要向地面辐射 3 个不在同一平面内的微波电磁波束。一些电磁能量被地面反向散射回来，由多普勒雷达的接收机检测到。由于天线波束有一定宽度，反向散射回来的信号，其频谱类似于噪声，其中心处于所希望的多普勒频率上。在多普勒雷达中有频率跟踪器，用以确定中心多普勒频率。由于各波束的中心线相对于当地水平面的角度是已知的，3 个或更多波束的多普勒频率合并起来，解算出飞机的三维速度分量，如沿机轴方向、横向和垂向的速度分量（或地速与偏流角）。当飞机上有航向基准和垂直基准时，这些速度分量还可以换算为沿北向、东向和地球垂向的速度分量，再经过积分，以产生当前的位置。多普勒导航系统的组成如图 5-27 所示，除多普勒雷达外，还包括导航计算机。

图 5-27 多普勒导航系统原理框图

由于多普勒频率直接与运载体的运动速度相关，所以通过测量该频率来确

定运动速度是非常方便的。利用多普勒频率来测定运载体的运动参量,已成为无线电导航领域的一个重要分支。相对其他导航系统而言,多普勒导航系统有以下优点。

① 系统基本上可以全天候工作。
② 飞机自备导航设备,不需要设置地面站。
③ 可以提供全球导航,不受地区及国际协议的限制。
④ 能够连续提供飞机的速度、角度和位置信息。

推航位置的精度约为航程的2%,测速精度高达0.1%～0.3%,偏流角测量精度为1%。

另外,系统的不足之处在于以下几点。
① 需要罗盘、航姿系统等所提供的姿态信息才能完成位置定位。
② 随着距离的增加,定位精度随之下降。
③ 系统测量的瞬时速度不如平均速度准确。
④ 由于反射体的运动(如对于水面上的应用),精度会有所下降。

5.4.3 脉冲无线电导航

1. 基本概念

无线电时间导航系统是指以电波传播的时间和导航参量之间的关系作为工作基础的导航系统。这种系统大多都是测量两个具有脉冲包络的射频信号之间的时间间隔,所以也称无线电脉冲导航系统。

利用对无线电脉冲时间的测量,可以实现测距、测距差和测角等导航功能。测距方式包括一次雷达和二次雷达方式,都是利用电波传播的特性来完成导航任务的。一次雷达与普通雷达的初始工作方式相同,利用目标的无源反射信号的时间和回波特性进行测距或目标探测,典型系统为无线电脉冲高度表、气象探测雷达和航管一次雷达等;二次雷达通过转发方式来工作,由运载体设备和地面设备两部分组成,这种方式可以有效地提高系统的作用距离,并可用测距通道来传递其他信息,典型应用为应答/测距系统(DME)、航管二次监视雷达等。

测距差方式需要在两个地面台站上安装发射机,辐射在时间上协调一致的信号,运载体上的接收机接收到地面发射的两个脉冲信号,测出两信号传播的时间差,从而得出到两个地面台站的距离差。

测角方式是基于测量来回扫描的无线电波束之间的时间间隔,来确定飞机在空间的角位置。微波着陆系统(MLS)就是采用这种工作方式,所产生的微波波束以很高的角速度在既定的工作区域内来回扫描,用来回扫过着陆飞机时所形成的两个脉冲之间的时间间隔,确定出飞机的航向角和下滑角,用以引导飞机进行高级别的精密着陆。

2. 脉冲无线电高度表

与调频式无线电高度表一样,脉冲式无线电高度表也用于测量飞机距地面(水面)的垂直距离;但它是通过测量脉冲信号由飞机到地面,再由地面反射回到飞机的传播时间来测定高度,其测高原理与普通的测距雷达基本相同,因此脉冲式无线电高度表也称为雷达高度表。

一般情况下,高度测量的范围取决于发射脉冲的重复周期,最小可测高度决定于脉冲宽度,而测高精度由对脉冲前沿的测量精度及其设备噪声决定。

以前,脉冲宽度只能做到微秒量级,如脉宽为 $0.5\mu s$ 时,其最小起测高度为 75m;75m 以下高度无法测知,称为盲区。随着电子技术的发展,脉冲宽度已经可以达到毫微秒(ns)量级,降低了起测高度,缩小了盲区,因而这种高度表也称为毫微秒脉冲高度表。它的测量精度等性能已经接近于调频式高度表,有比较广泛的应用。

3. 微波着陆系统

1) 基本情况

空中运载体在整个航行过程中,着陆阶段的安全非常重要,对着陆引导的要求十分严格,早期的仪表着陆系统已不能适应航空技术发展的要求,迫切需要研制适应性强、覆盖范围广、制导精度高的新型着陆系统。

微波着陆系统是一种全天候精密进场着陆系统,采用时间基准波束扫描的原理工作。系统分地面设备与机载设备两大部分,地面设备一般包括正向方位角制导台(正航向台)、仰角制导台(下滑台)、拉平制导台、后方位角制导台(反向航向台)和精密测距设备。根据需要,有时也可增设360°方位台、后仰角制导台(反向下滑台)等。

微波着陆系统的工作覆盖区如图 5-28 所示。正向方位和仰角的制导区域覆盖到以跑道为中心线 ±60°的扇形区域,其垂向覆盖区为 0°~20°,径向作用距离为 30n mile。方位制导和仰角制导的数据更新率分别为 13 1/3Hz 和 40Hz。

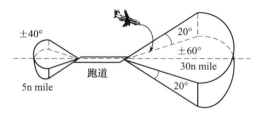

图 5-28 微波着陆系统的工作覆盖区

反向制导区域(失误进场)应能覆盖以跑道为中心的 ± 40°的扇形区域,径向作用距离不小于 5n mile,数据更新率为 6 1/3Hz。

拉平制导区应能够覆盖 -2°～+8°的扇形区,其数据更新率为 40Hz。

MLS 可采用的工作频段包括 C 频段中的 5000～5250MHz 和 Ku 频段中的 15400～17500MHz,该波段能保证系统在世界上任何地方都能稳定而可靠地全天候工作。

MLS 系统采用模块化设备,每一模块都能独立完成规定的功能,可以根据机场的不同要求选装其中的某些模块并组成系统。系统同时具有地 - 空数据传输功能,以便给着陆飞机及时传送有关信息,如当地气象条件、跑道长度等。

2) 基本工作原理

时基波束扫描微波着陆系统通过测定飞机在空间的角位置来导引飞机着陆。波束以很高的角速度在既定的工作区域内来回扫描,利用来回扫过着陆飞机时所形成的两个脉冲之间的时间间隔作为测定飞机空间角位置的基本数据。

现以航向台为例说明微波着陆系统的测角原理。航向台天线辐射的是在水平面内很窄(约 1°)而在垂直面内相当宽(为 20°～30°)的扇形波束,该波束从水平面内在跑道一侧 60°角的位置开始,以恒定角速度沿规定方向扫描到跑道另一侧 60°角的位置,作短暂固定时间的停歇后,再沿相反方向以同样的角速度回扫到起始位置。经过一段固定休止时间后,重复上述扫描过程。

若在波束扫描的空域内有飞机进入,将接收到航向台发射的信号。当扇形波束自初始位置扫描扫过飞机时,机上设备将接收到一个脉冲信号,称为"去"脉冲;当波束由中间停歇位置扫回其初始位置时,又将扫描过飞机,机上设备这时将收到"来"脉冲信号。机上接收到的"去"和"来"脉冲的脉冲宽度,与扇形波束在水平面内的宽度及波束扫描速度有关。而"去""来"两个脉冲之间的时间间隔则确定了飞机在扫描空间中的角位置,如图 5 - 29 所示,测量出这一时间间隔后,就可以单值地确定飞机相对于跑道中心线的方位角。

在图 5 - 29 中,当扇形波束的扫描角速度不变时,则有 $\dfrac{d\theta}{dt} = \dfrac{1}{K}$,$K$ 为常数,称为刻度因子,由波束扫描速度而定。在航向台和下滑台中,一般 $K = 50\mu s/(°)$ 左右。由于波束的扫描速度很高,扫描范围一般仅为 100°以上(如 120°),因而波束单程("去"或"回")扫描时间不会超过 20ms,来回扫描加上中间的停歇时间也不会超过 50ms。在这样短的时间内,可以近似认为飞机的位置基本上没有变动。

由图 5 - 29 可以看出,当飞机处于跑道中心线上的位置时,接收到"去"脉冲和"来"脉冲的时间间隔为 T_0。当飞机处于与跑道中心线成 θ 方向的位置时，则接收到"来""去"脉冲的时间间隔为 T_R，经简单数学计算可得

$$\theta = \frac{T_R - T_0}{2K} \qquad (5-21)$$

式中，K 与 T_0 可视为常数，或设计时视要求而确定的常数。因此，只要能测量出"去"和"来"脉冲之间的时间间隔 T_R，就可以确定飞机相对于跑道中心线的方位角 θ。

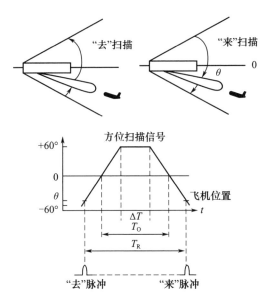

图 5-29 时基波束扫描微波着陆系统测角原理图

下滑台扇形波束在垂直面内来回扫描，根据机载接收机收到这一辐射波束所产生的"去""来"脉冲之间的时间间隔，就可确定飞机在地平面上的仰角，即着陆飞机的下滑角度。

微波着陆系统的方位信号、仰角信号和数据信号，采用时分多路传输（TMD）的信号格式，在同一频率上时分发播。数据传输分系统用来发射有助于飞机着陆的各种数据。通常可以将所发射的数据大体上分为两类，即基本数据和辅助数据。基本数据中包括方位偏差刻度因子、最小可选用的下滑角（下滑航线）、最大方位覆盖区、着陆性能类别、各地面设备的状态、各地面台（航向、下滑、拉平制导台等）的波束宽度数据、从距离测量设备应答器到参考点的距离、工作扇形区的宽度等。这些数据是利用这一系统着陆的飞机都需要使用的。着陆飞机主要利用这些数据来确定或计算出其决断高度，并按无线电高度表的指

示来实现飞机的拉平操作。辅助数据主要是向一些携带更高性能设备的飞机提供如跑道条件、安装位置等数据。所提供的这类数据只需要经过简单的处理,就可以利用机上标准显示器显示出来。

在时基波束扫描微波着陆系统的信号格式中,基本数据和辅助数据分别占据一些不同的时段,如图5-30所示。不论是基本数据还是辅助数据,都是以差分相移键控方式调制在载频上向外辐射的。数据传输分系统通常也是设置在安装正航向台的地方。

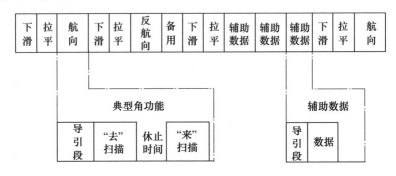

图 5-30 微波着陆系统信号格式

5.4.4 复合无线电导航系统

1. 基本概念

同时利用电磁波的几个参量,分别建立起与不同导航参量之间的关系,得到更加完善的、在功能上加强或在性能上提高的导航系统,称为复合无线电导航系统。

例如,相位无线电导航系统的主要优点是测定距离和距离差的精度很高,同时也具有读数多值性的缺点,而且多值性的周期就等于相位循环的周期;但在许多脉冲无线电导航系统中,虽然测量精度不如相位系统高,但却不存在多值性问题。这两种系统在信息质量方面的互补性,就决定了可以将它们复合成一种测量精度高、没有多值性的系统。

无线电波中总包含有辐射点方向的信息,如辐射连续振荡波,可利用相位法测定距离;同时利用方向性天线根据信号幅度的变化来确定方向,这样就组成了测向-测距的振幅-相位复合系统。

时间(脉冲)型无线电导航系统通常都是以脉冲方式辐射,通过测量回波脉冲与基准脉冲的时间间隔获得距离信息,同时也可以用方向性天线来确定方向,这样就组成了振幅-时间复合系统,即另一种测向-测距系统。

2. 塔康导航系统

1）基本情况

塔康(TACAN)是战术空中导航系统的简称,是美国 1955 年研制并投入装备的近程无线电导航系统。TACAN 属于相位－时间复合系统,从导航参量来看属于测角－测距系统,其特点是只需要一个导航台,可以安置在地面固定位置（机场、航路点）或运动着的运载体（如航母）上,有很大的机动灵活性,特别适合于军事方面的需要。该系统由塔康地面设备（或塔康信标台）和机载设备组成,可以为以导航台为中心、半径在 350～370km 范围内的飞机提供导航服务,可连续给出飞机所在点相对于信标台的方位角和距离（斜距）。

2）测向原理

塔康系统由地面和机上设备组成,由机上设备通过测量与地面台的距离及飞机的磁方位角来实现定位,如图 5－31 所示,因此,又称为极坐标 ($\rho - \theta$) 定位系统。

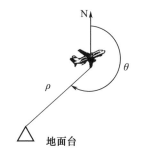

图 5－31　塔康系统定位原理

塔康系统的基本设备包括塔康地面信标台和塔康机载设备。塔康信标台一般是安装在地面某已知位置,也可安装在大型军舰或大型飞机上,这时则称为塔康舰载信标台或机载信标台。塔康机载设备安装在飞机上。

塔康系统的测向采用相位式全向信标原理,机上设备根据接收信号包络的相位来确定自己相对于地面信标台的方位,包括粗测和精测两个过程。

方位粗测时,塔康信标天线在水平面内以 15Hz 沿顺时针方向旋转的心脏形方向性图向周围辐射方位信号,如图 5－32(a) 所示。此时若在其周围任一点（如 M 点）观察信号,则该点的信号幅度将随时间（即随方向性图旋转）而变化,且以方向性图的旋转周期为周期。由图 5－32(b) 可知,信号是频率为 15Hz 的正弦信号。

为了测得不同方位点的正弦波信号相位,就必须给定一个共同的基准。塔康的基准规定为:当心脏形方向图的最大值旋转到指向地理位置正东方（相对

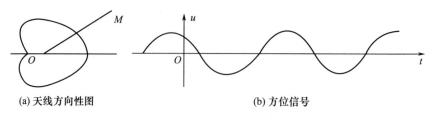

图 5-32 塔康天线方向性图及机上收到的方位信号

磁北顺时针旋转 90°)时,地面信标天线发射主基准信号。这样,以主基准为起点,信号正弦波的正斜率过零点为包络取样点,测得二者之间的相位差,就正好等于电台方位角。例如,当飞机处于信标台正南方(图 5-33)时,电台方位角为 0°;而在此方位的飞机收到的方位包络信号取样点恰好与主基准信号重合,即包络相位为 0°,因此相位 0°对应了地理方位 0°,指示器读数也为 0°。飞机处于信标台的其他方位情况,也可以用上述方法得出相类似的结果,即正弦包络信号相对于基准信号的相位差是与飞机相对于地面信标台的方位角——对应的,机上设备测量 1°的相位差对应方位的 1°。同样,测量过程中 1°的相位测量误差就等于 1°的方位误差。

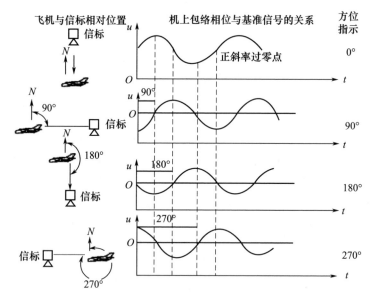

图 5-33 飞机处于塔康信标不同方位的测向波形图

为了提高测试精度,塔康增加了方位精测。其方法是在粗测的心脏形方向性图上又叠加了一个 9 波瓣方向性图,如图 5-34(a)所示,从而把整个 360°方位区划分成 9 个 40°的方位区。当天线方向性图旋转时,9 个波瓣的每个波瓣扫过空间一点后,便产生一个正弦波。该正弦波的频率为 15Hz 的 9 倍,即 135Hz。同样,为了便于机载设备在 135Hz 信号上比较相位,当 9 波瓣的每一瓣最大值对准正东方向时,也发射一组辅助基准脉冲信号。机载设备通过测量 135Hz 正弦波的每一个正向过零点与辅助基准脉冲间的相位差来测向。由于 135Hz 信号的 360°相位只对应了方位的 40°,1°的相位测量误差,只相当于 1/9(°)的方位误差,因此大大提高了测向精度,其信号波形如图 5-34(b)所示。

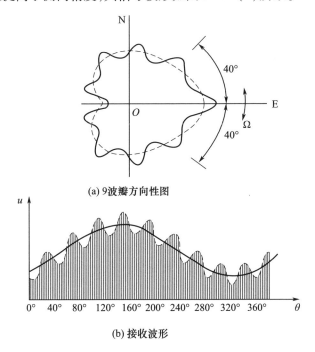

图 5-34 9 波瓣方向性图与接收波形

虽然精测可以提高测量精度,但由于 135Hz 包络信号的一个周期(360°相位)只对应一个 40°方位区,而 40°方位区共有 9 个,所以测向存在多值性,无法单独使用,只有粗测和精测结合起来,才既解决了多值性问题,又提高了测向精度。

3)测距原理

塔康测距采用应答式双程脉冲测距原理。机载设备发射询问脉冲,地面信标台作为应答器,地面信标台收到询问后延迟 t_0 后再发射回答脉冲,机载设备测量询问脉冲与收到回答脉冲的时间间隔,并把此差值转变成距离读数。飞机到信标台的距离为

$$R = \frac{C(t_r - t_0)}{2} \qquad (5-22)$$

式中 t_0——系统延时;

t_r——电波在机载设备和信标台之间的总传播时间。

测距的最大特点是机载设备的询问脉冲有一定的频闪效应,根据频闪效应,机载设备只能捕获地面信标台对自己询问产生的回答,滤除其他飞机询问的回答脉冲,保证测距的准确性。

5.4.5 卫星导航系统

卫星导航为导航技术带来了革命性的变化,已广泛应用于日常生活和军事的各个方面,产生了深远的影响。它可以在全球范围内全天候地为海陆空天用户提供精确的实时位置、速度和时间信息。在军事方面,它已经成为导航定位、精确打击、军事力量调动部署和指挥等方面不可缺少的工具和手段,在现代战争中正发挥着无法替代的作用。

1. 基本概念

全球导航卫星系统(Global Navigation Satellite System GNSS)是20世纪70年代中期美国国防部开始发展的第二代卫星导航系统。和GPS同期发展的卫星导航系统还有苏联的GLONASS(GLObal NAvigation Satellite System)。GPS可以提供全球三维位置、速度和时间,是三军通用的导航定位设备。

卫星导航系统的出现是无线电导航史上的一个重要里程碑,其发展速度和应用范围已超过人们的想象力,它能为全球陆、海、空、天的各类军民载体全天候提供高精度的三维位置、速度和精密的时间信息。

2017年11月5日,"北斗"三号首发双星升空,开始了系统组网,标志着我国"北斗"卫星导航系统已经步入全球组网新时代,2020年6月完成全球组网。北斗导航系统与美国的GPS、俄罗斯的格洛纳斯(GLONASS)、欧洲的伽利略(GALILEO)并称全球四大卫星导航系统。虽然全球四大卫星导航系统的实现方案是不同的,但其系统构成和定位原理极为相似。下面仅以"北斗"卫星导航系统为例,介绍卫星导航系统的构成与定位原理。

2. 系统构成

"北斗"卫星导航系统由空间段、地面段、用户段三部分组成。

空间段由35颗卫星组成,其中包括27颗中地球轨道卫星(MEOS)、5颗静止轨道卫星(GEOS)、3颗倾斜同步轨道卫星(IGOS)。MEOS平均分为3组,分别运行在3个相隔为120°的轨道面上。GEOS的5个定点位置分别为东经58.75°、80.00°、110.50°、140.00°、160.00°。IGOS运行于倾角为55°的轨道面上。"北斗"卫星均配备有无线电导航卫星服务载荷,其中 GEOS 还配有无线电定位卫星服务载荷。

地面段由主控站、监测站和注入站组成。主控站负责管理、协调整个地面控制系统的工作,处理各个监测站收集的跟踪数据,生成导航定位差分完好性信息和导航电文。注入站即地面天线和通信辅助系统,负责将主控站的指令数据及卫星的遥测数据在星地间传递。

用户段是指用户的终端,即导航信号接收机。"北斗"卫星信号接收机有各种类型,有用于航天、航空、航海及普通大众使用的机载或车载导航型接收机,也有用于测定方位的测量型接收机等。

3. 定位导航原理

卫星导航系统的原理:围绕地球运转的人造卫星连续向地球表面发射经过编码调制的连续波无线电信号,编码中载有卫星信号准确的发射时间,以及不同的时间卫星在空间的准确位置(星历)。其定位原理如图 5-35 所示。

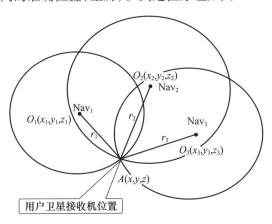

图 5-35 卫星导航系统的定位原理示意图

载于海陆空运载体上的卫星导航接收机在接收到卫星发出的无线电信号之后,如果它们有与卫星钟准确同步的时钟,便能测量出信号的到达时间,从而计算出信号在空间的传播时间。再用这个传播时间乘以信号在空间的传播速度,便能求出接收机与卫星之间的距离,写成公式为

$$r = \sqrt{(x_1 - x^2)(y_1 - y)^2 + (z_1 - z)^2} \quad (5-23)$$

式中 r——卫星与接收机之间的距离;

x_1, y_1, z_1——表示卫星位置的三维坐标值;

x, y, z——表示接收机位置的三维坐标值。

其中，r、z_1、y_1 和 x_1 是已知量，x、y、z 是未知量。

如果接收机能测出距 3 颗卫星的距离，便有 3 个这样的方程式，把这 3 个方程式联立起来，便能解出接收机的 x、y 和 z 这 3 个未知数，从而定出接收机的位置。

实际上，卫星导航系统还有一大套地面支持设施，总的叫地面区段，它不断跟踪卫星，算出它们近期的准确轨道；还不断测量出卫星上所载的原子钟的微小误差，以使卫星所播发的位置和时间一直保持着很高的精度。然而用户接收机一般不可能有十分准确的时钟，因此由它测出的卫星信号在空间的传播时间是不准确的，因而测出的距卫星的距离也不准确，这种距离叫做伪距（PR）。无论如何，在接收卫星信号的这个瞬间，接收机的时钟与卫星导航系统所用时钟的时间差是一个定值，假设为 Δt，那么上述公式就要改写成

$$r = \sqrt{(x_1 - x^2)(y_1 - y)^2 + (z_1 - z)^2} + \Delta t \cdot c \qquad (5-24)$$

式中　c——电波传播速度（光速）；

　　　Δt——时钟误差，是一个未知数。

只要接收机能测出距 4 颗卫星的伪距，便有 4 个这样的方程，把它们联立起来，便可以解出 4 个未知量 x、y、z 和 Δt，即能求出接收机的位置并告诉它准确的时间。

当用户不运动时，由于卫星在运动，在接收到的卫星信号的载频中会有多普勒频移。

这个频移的大小和正负是可以根据卫星的星历和时间，以及用户本身的位置计算出来的。然而如果用户本身也在运动，则这个多普勒频移便要发生变化，其大小和正负取决于用户运动的速度与方向。根据这个变化，用户便可以算出自己的三维运动速度。另一种求解用户速度的方法是，由于知道了用户在不同时间的准确三维位置，便能用三维位置的差除以所经过的时间，求解出用户的三维运动速度。

所以卫星导航系统可以为海、陆、空甚至外层空间的用户给出准确的三维位置、三维速度和时间信息。

5.4.6　组合导航系统

1. 基本概念

组合导航是把两种或两种以上不同导航系统以适当的方式综合在一起，使其性能互补、取长补短，以获得比单独使用任一导航系统时更高的导航性能。

全球卫星导航系统（GNSS）、惯性导航系统（INS）和多普勒导航（DNS）是现

代导航定位的几种主要手段,它们之间可以两者融合互补,构成定位、测速、定姿一体化的 GNSS/INS 或者 INS/多普勒雷达组合系统组合导航系统。

1) GPS/惯性组合导航系统

GPS 给出位置、速度、时间(p,v,t)解,惯导给出位置、速度、姿态(p,v,θ)解。在惯导和 GPS 均可用时,这是最容易实现、最快捷和最经济的组合方式。二者组合由于有系统的冗余度,对故障有一定的承受能力。

2) 惯导/多普勒雷达组合系统

惯导与 DVS 都是自主式导航系统,工作时都不需要任何外部陆基或星基设备的支持。组合后虽然不能说可完全隐蔽地工作(因要向地面辐射信号,以获得多普勒测量),但由于多普勒雷达的波束很窄,且以很陡的角度向地面辐射,所以很难对其实施欺骗和干扰。因此,惯性/多普勒组合系统特别适合于军事应用场合。此外,该组合系统还能实施空中对准,以提高快速反应能力。然而,由于惯导和 DNS 都是推算导航系统,在组合后给出的位置信息中积累误差不能被消除。

2. 惯性导航系统和卫星导航之间性能互补特性

惯性导航系统(Inertial Navigation System,INS)是根据牛顿力学原理,由陀螺仪和加速度计测得的载体相对于惯性空间的角速度和加速度信息,积分求得载体的三维速度、位置和姿态信息等导航参数。惯性导航系统是一种不依赖于外部信息,又不发射能量的自主式、可在任何介质和任何环境条件下实现导航,隐蔽性、抗干扰性好。惯性导航提供的导航数据十分全面,它除能提供载体的位置和速度外,还能给出航向、姿态和航迹等;而且,它具有数据更新率高、短期精度好和噪声小等优点。然而,惯性导航并非十全十美,当其单独使用时定位误差随时间而积累,每次使用之前初始对准时间较长,这些对执行任务时间较长或要求有快速反应能力的应用来说,无疑是严重的缺点。

卫星导航系统导航精度高,且不随时间发散,这种长期稳定性是惯导系统望尘莫及的。但卫星导航系统也有其致命弱点:频带窄,当运载体做较高机动运动时,导航性能下降,尤其重要的是,卫星导航在战时将受到导航星发射国家的制约。接收机的码环和载波环极易失锁而丢失信号,从而完全丧失导航能力。

其余导航系统也有各自的优、缺点。各种导航系统单独使用时是很难满足导航性能要求的,提高导航系统整体性能的有效途径是采用组合导航技术。于是,人们设想把具有不同特点的导航系统组合在一起,即用两种或两种以上的非相似导航系统对同一导航信息作测量并解算以形成量测量,从这些量测量中计算出各导航系统的误差并校正之。从而取长补短,用以提高导航系统的精度。

随着对运动载体的导航定位精度和可靠性要求的提高,单一的导航系统已经难以满足用户的需求。应用最优估计理论把两种或多种导航系统组合在一起,可以充分利用各子系统的信息实现信息融合与互补,提高系统的整体导航精度和可靠性。

由于 GNSS 和 INS 具有良好的优势互补性,因此 GNSS/INS 组合可以提高系统的整体导航性能及导航精度。其优势主要体现在以下几个方面。

① 可以对惯性导航系统误差进行估计和校正,提高组合导航精度。

② 可以弥补卫星导航信号缺损问题,提高组合导航能力。

③ 可以提高卫星导航接收机对卫星信号的捕获和跟踪能力,提高整体导航效率。

④ 可以增加观测信息冗余度,提高异常误差的监测能力,提高系统的容错能力。

⑤ 可以提高导航系统的抗干扰性,提高组合导航完好性。

所以,惯导与卫星导航组合确实起到了优势互补的作用。然而,组合效果的优势却与组合结构和算法有关。

3. 组合结构与算法

1) 组合结构

根据应用要求及参与组合观测量的深度,GNSS/INS 组合导航可以分为松组合、紧组合和深组合 3 种组合模式。

松组合方式具有结构简单、易于工程应用的特点,得到了广泛应用,但该方式对可观测卫星的数目有要求,系统解算结果受此影响较大;与松组合方式不同,紧组合直接利用 GNSS 观测数据参与计算,在可观测卫星数目不足 4 颗的情况下仍可以实现数据融合。相比松组合和紧组合导航系统,深组合系统是 GNSS 和 INS 互相辅助的一种模式,目前还在进一步研究当中。

2) 组合算法

组合导航系统实现的关键是多源数据的融合,在 GNSS/INS 组合导航系统中主要指非线性滤波。在组合导航中设计滤波算法时,首先建立组合导航系统的数学模型,即状态方程和量测方程;然后采用合适的滤波算法对系统状态进行最优估计,削弱噪声的影响,得到状态估计值;最后利用这些状态估计值来修正组合导航系统的误差,获取准确的导航参数信息,从而提高导航定位的精度。

自 20 世纪 60 年代现代控制理论出现以后,人们开始研究一种新的组合式导航系统,它是由各类传感器、滤波器、控制器和导航计算机组成,其中根据最优控制理论和卡尔曼滤波方法设计的滤波器是这一系统的关键部件,通过滤波器把各种单独的导航系统组合在一起,形成一种组合式导航系统。它是把各类传感器提供的各种导航信息提供给滤波器,应用卡尔曼滤波方法进行信息处理,得出惯性导航系统的误差最优估计值,再由控制器对惯性导航系统进行校正,使得系统误差最小。

小　　结

机载导航设备对保证飞机的飞行安全和战斗任务的完成具有重要作用。本章简要介绍了以下内容:导航的定义和任务,根据测量的电气参量、几何参量(或位置线的几何形状)和按系统的组成情况、无线电导航台(站)的安装地点、有效作用距离5个方面对导航系统分类。与飞行器的引导和定位有关的导航要素有航迹、航向、相对方位角、方位角、飞行高度、空速、风速、地速,并且由于地速受到空速的影响,空速、风速、地速遵循航行速度三角形原理。利用振幅法和相位法可以测量方位角度,振幅法测量角度包括站台主动式与用户主动式两种;相位法包括旋转天线方向性图、旋转无方向性天线和基线方式3种。距离测量有相位、频率和脉冲(时间)3种测量距离的方法。无线电导航定位主要有位置线法和推航定位法。振幅法测方位有最大值法、最小值法和等信号法,常用的导航系统有无线电罗盘系统和仪表着陆系统。频率无线电导航系统有频率式无线电高度表和多普勒导航雷达。脉冲无线电导航系统有脉冲无线电高度表和微波着陆系统。常用的复合无线电导航系统是塔康导航系统。卫星导航系统可为用户提供全天候、全天时、高精度定位、导航和授时信息。组合导航是把两种以上不同导航系统以适当的方式联系在一起,性能互补,获取更高的导航性能。卫星/惯导组合是常用的组合导航系统。

复习思考题

1. 根据无线电导航系统的分类,通过举例来说明无线电导航技术都涉及哪些领域的门类学科。
2. 电台相对方位角与电台真方位角有何区别?
3. 如何获得空速和风速?如何根据空速向量和风速向量求航线?
4. 振幅法测角有几种方式?这些测角方式与天线有什么关系?
5. 相位法测角有几种方式?需要几种天线?
6. 如何利用电波的物理特性测量距离?
7. 目前常用的位置线交点定位法有哪些形式?举例说明如何利用位置线交点定位法进行定位。
8. 推航定位有几个步骤?如何实现?

9. 振幅法导航在哪些设备上得到应用？简述其基本工作原理。
10. 频率导航在哪些设备上得到应用？简述其基本工作原理。
11. 脉冲无线电导航在哪些设备上得到应用？简述其基本工作原理。
12. 复合无线电导航在哪些设备上得到应用？简述其基本工作原理。
13. "北斗"系统的由哪些部分组成？
14. 惯性和卫星组合导航的优势主要体现在哪几个方面？

第6章 雷达技术基础

雷达是英文 Radar 的译音,源于 Radio Detection and Ranging 的缩写,原意是"无线电探测和测距",即用无线电的方法发现目标并测定其在空间的位置,因此雷达也称为"无线电定位"。随着雷达技术的发展,雷达的任务不仅是测量目标的距离、方位和仰角,而且还包括测量目标的径向速度,以及从目标回波中获取更多有关目标的信息。它从最初仅能完成空对面及空对空的探测,发展到今天功能完备且具有多种类型。本章着重介绍微波技术和雷达技术基础知识。

6.1 微 波 技 术

6.1.1 微波基本概念

微波一般指频率为 $3 \times 10^8 \sim 3 \times 10^{12}$ Hz,对应的波长为 1m～0.1mm 范围的电磁波。微波在整个电磁波谱中的位置如表 6-1 所列。

表 6-1 电磁波频谱及相关波段表

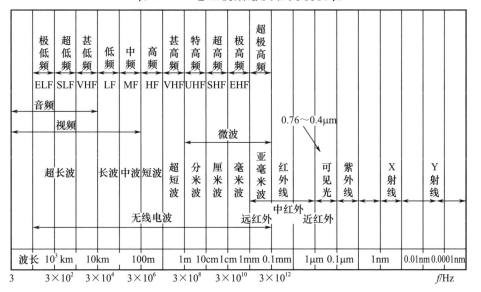

由表6-1可见,微波频率的低端与普通无线电波的"超短波"波段相连接,其高端则与红外线的"远红外"区相衔接。微波所占的频率范围几乎是所有低频频率范围之和的1000倍(即在300MHz~3000GHz的范围可包含1000个所有长、中、短波波段的频率范围之和)。根据频率的高低,在微波波段范围内,还可分为分米波、厘米波、毫米波及亚毫米波等波段。若更详细地划分,厘米波又可分为10cm波段、5cm波段、3cm波段及1.25cm波段等;毫米波可细分为8mm、6mm、4mm及2mm波段等。实际工程中常用拉丁字母代表微波波段的名称。例如,S、C、X分别代表10cm波段、5cm波段和3cm波段;Ka、U、F分别代表8mm波段、6mm波段和3mm波段等,详见表6-2。

表6-2 微波频段的划分

波段	频率范围/GHz	波段	频率范围/GHz
UHF	0.30~1.12	Ka	26.50~40.00
L	1.12~1.70	Q	33.00~50.00
LS	1.70~2.60	U	40.00~60.00
S	2.60~3.95	M	50.00~75.00
C	3.95~5.85	E	60.00~90.00
XC	5.85~8.20	F	90.00~140.00
X	8.20~12.40	G	140.00~220.00
Ku	12.40~18.00	R	220.00~325.00
K	18.00~26.00		

6.1.2 常用微波器件

1. 波导

广义地说,凡是用来引导高频电磁能的装置,都称为波导。从这个意义来讲,传输线也可以看作波导。然而,通常所说的波导却指的是单根传输装置。

波导的种类很多。按材料来分有金属波导、介质波导和陶瓷波导等;按形状来分有矩形波导、圆形波导和椭圆波导等。但使用上,金属矩形波导比较普遍,金属圆形波导次之。矩形波导与圆形波导的形成如图6-1所示。图中尺寸为临界值,实际使用中 $a \geq \lambda/2$。

2. 波导T形接头和双T接头

波导T形接头和双T接头的主要用途是将微波能量分配到不同的波导支路。

1) T形接头

T形接头是由两段垂直连接的波导构成的,有E形和H形之分。

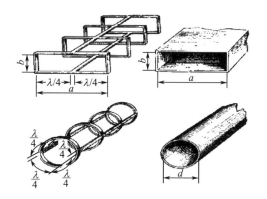

图 6-1 矩形波导与圆形波导的形成图

如果在矩形波导的宽壁上接一段尺寸相同的波导,就成为 T 形的 E 形接头,简称 E-T,如图 6-2(a)所示。

如果在矩形波导的窄壁上接一段尺寸相同的波导,则成为 H 形的 T 形接头,简称 H-T,如图 6-2(b)所示。

在 T 形接头宽壁上的波导称为 E 臂,窄壁上的波导称为 H 臂,在 E 臂或 H 臂两侧的波导称为旁臂。

T 形接头一个重要的特性是,当其两旁臂都接以匹配负载时,从 E 臂或 H 臂输入的高频能量就平均分配到两旁臂中。

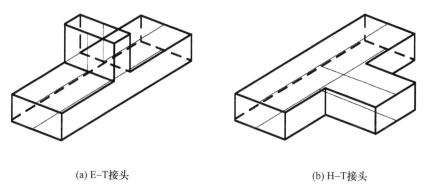

(a) E-T接头　　　　　　　　　　　　(b) H-T接头

图 6-2　E-T 形接头和 H-T 形接头

2) 双 T 接头

在矩形波导的宽壁和窄壁分别接上 E 臂和 H 臂,就成为双 T 接头,如图 6-3 所示。

双 T 接头相当于由 E-T 接头和 H-T 接头组合而成,它的特性是:从任一臂输入的微波能量,在其他各臂都是匹配的条件下,只能平均地耦合到相邻的两

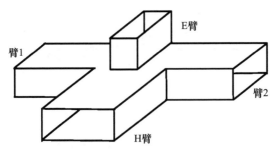

图 6-3 双 T 接头

臂中,而不能耦合到相对的臂中;从相对的两个臂中同时输入微波能量,其余两臂中输出的场强,一为两输入臂场强之和,一为两输入臂场强之差。

3. 磁控管振荡器

磁控管是正交场微波管中出现最早的一种微波器件,它的工作频率范围广,输出功率大,效率高,价格低,用途十分广泛。早期主要用作微波雷达发射机的大功率信号源,现在它的应用范围已从雷达、导航等军事领域逐渐扩展至工业加热、医疗、食品工业及家用微波炉灶等民用领域。磁控管是一种特殊的二极管,其工作频率范围为 $1\sim100\text{GHz}$,其外形如图 6-4 所示。工作时,它被置于恒定的磁场中,利用电场和磁场控制管内电子的运动产生射频振荡,其输出脉冲功率可达几千瓦到几兆瓦。它的主要缺点是发射频率稳定度低,故主要应用于对发射信号要求不高的雷达中,如气象雷达等。

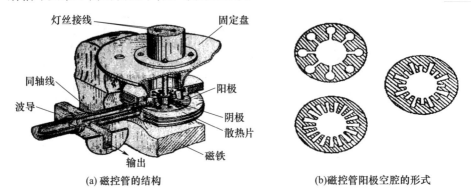

(a) 磁控管的结构　　　　　　　(b) 磁控管阳极空腔的形式

图 6-4 磁控管的结构

4. 行波管放大器

行波管放大器是一种应用很广泛的微波放大器,它利用电子渡越时间,使电子在渡越的过程中与信号行波电场同向行进,相互作用,电子不断地把从直流电源获得的能量交给信号行波场,使信号得到放大。因此,行波管放大器的工作频率范围很宽,可从 200MHz 直至 590GHz,同时还具有增益高和噪声系数低等优点。既可用于发射机的功率输出级,也可用于接收机的高放级。其基本结构如图 6-5 所示。

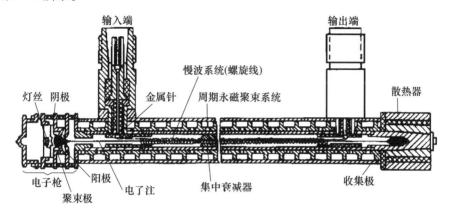

图 6-5　行波管放大器基本结构示意图

6.2　雷达基础

6.2.1　雷达方程

雷达最基本的任务是探测目标并测量其坐标,因此,作用距离是雷达的重要性能指标之一,它决定了雷达能在多大的距离上发现目标。作用距离的大小取决于雷达本身的性能,其中有发射机、接收机、天线等分机的参数,同时又和目标的性质及环境因素有关。研究雷达方程可以用它来估算雷达的作用距离,同时可以深入理解雷达工作时各分机参数的影响,对于雷达系统设计中正确地选择分机参数有重要的指导作用。

1. 雷达方程的推导

雷达辐射的电磁波照射到目标引起反射回波被雷达天线接收的示意图如图 6-6 所示。

设天线发射的峰值功率为 P_τ(注意,峰值功率就是在一个脉冲期间的平均功率,即通常所说的脉冲功率),若天线不是定向天线,则此功率在自由空间以球面波向四处传播,在离天线 R 处的功率密度(即单位面积上的功率)为

$$S = \frac{P_\tau}{4\pi R^2} \tag{6-1}$$

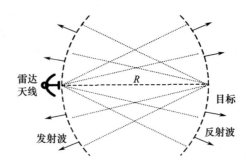

图 6-6 雷达波的发射和反射

实际上,雷达天线都是定向的,它的天线增益为 G。本来不定向天线的功率是向四周均匀发射的,现在被集中到天线的前方,因此,沿天线最大辐射方向相距 R 处的功率密度应为

$$S = \frac{P_\tau G}{4\pi R^2}$$

如果此处有一目标(图 6-6),它的有效反射面积为 σ,则此目标截获的功率为

$$\sigma \cdot S = \frac{P_\tau G \sigma}{4\pi R^2} \tag{6-2}$$

目标把截获的功率全部反射到空间,由于目标反射是没有方向性的,故反射的功率是以球面波向四周传播。它反射到雷达天线处的功率密度应是式(6-2)除以半径为 R 的球面,即

$$S' = \frac{\sigma \cdot S}{4\pi R^2} = \frac{P_\tau G \sigma}{(4\pi R^2)^2}$$

若雷达天线的有效面积是 A,则天线接收到的目标反射回来的功率为

$$A \cdot S' = \frac{P_\tau G A \sigma}{(4\pi R^2)^2}$$

天线接收到的目标反射功率 $A \cdot S'$ 的大小若刚好等于接收机最小可接收的信号功率 S_{imin},那么这时目标距离 R 应为雷达的最大探测距离 R_{max}。于是有

$$S_{imin} = \frac{P_\tau G A \sigma}{(4\pi)^2 R_{max}^4} \tag{6-3}$$

$$R_{max} = \left[\frac{P_\tau G A \sigma}{(4\pi)^2 S_{imin}} \right]^{\frac{1}{4}} \tag{6-4}$$

式中　P_τ——发射脉冲功率;

　　　G——天线增益;

　　　A——天线有效面积;

　　　σ——目标有效反射面积;

　　　S_{imin}——接收机最小可接收的信号功率。

式(6-4)即为雷达方程的基本形式,它表示雷达的最大探测距离由哪些因素决定。

但是此雷达方程的基本形式还不便于讨论,因此还需要作一些变换。接收机最小可接收的信号功率S_{imin},也即为接收机的灵敏度,可表示为

$$S_{\text{imin}} = kT_0 B_n F \left(\frac{S_0}{N_0}\right)_{\min} \qquad (6-5)$$

式中　F——接收机噪声系数;

　　　k——玻尔兹曼常数,为1.38×10^{-23}J/K;

　　　T_0——天线等效温度,K;

　　　B_n——接收机带宽,Hz;

　　　$\left(\dfrac{S_0}{N_0}\right)_{\min}$——识别系数,即接收机中放输出的最小可检测的信噪比。

将式(6-5)代入雷达方程式(6-4)中,雷达方程变为

$$R_{\max}^4 = \frac{P_\tau GA\sigma}{(4\pi)^2 kT_0 B_n F \left(\dfrac{S_0}{N_0}\right)_{\min}} \qquad (6-6)$$

对于发射脉冲具有矩形包络的情况,最佳接收机能够输出最大的信号噪声比,此时接收机的带宽约等于信号脉冲宽度的倒数,即$B_n \approx \dfrac{1}{\tau}$;把它代入式(6-6),便得雷达方程的另一种形式,即

$$R_{\max}^4 = \frac{P_\tau \cdot \tau \cdot GA\sigma}{(4\pi)^2 kT_0 F \left(\dfrac{S_0}{N_0}\right)_{\min}} \qquad (6-7)$$

2. 方程中的参数对雷达性能的影响

1)发射功率

从雷达方程可知,雷达最大探测距离与发射机的脉冲功率的4次方根成正比。如要用增大发射脉冲功率的办法来增大雷达作用距离,那么P_τ增加到16倍,作用距离才增加到2倍。P_τ增大到2倍时,雷达的最大探测距离仅增加19%。因此,依靠增大发射脉冲功率来增大雷达作用距离不是一个好办法,因为

增大 P_T 受到发射机技术条件的限制,受到射频传输系统击穿电压的限制,而得益又不多。

2）天线增益、天线有效面积

从雷达方程可知,雷达最大探测距离与天线增益 G 及天线有效面积 A 的 4 次方根成正比。天线的增益与天线有效面积成正比关系,因此增大天线有效面积 A 对增大雷达作用距离是有利的。但是,增大天线有效面积就需要增大天线的几何尺寸,使天线结构变得庞大笨重。

3）目标有效反射面积

雷达的最大探测距离是对特定的目标来说的。雷达实际探测的目标,如飞机、舰船等都是一些形状复杂的物体,所谓目标有效反射面积,就是把上述目标等效成一块垂直于电波方向的金属平面,这块平面所反射的电波能量应等于目标反射的能量,这块平面的面积就是目标的有效反射面积 σ。由雷达方程可知 R_{max} 与 σ 的 4 次方根成正比,因此有效反射面积大的目标,雷达能够发现它的距离便远;反之则近。由试验可知,目标有效反射面积 σ 不是一个确定的量值,而是一个随机的量。

4）接收机的噪声系数与识别系数

接收机噪声系数 F 直接决定接收机的灵敏度,对雷达最大探测距离至关重要。接收机的噪声系数主要取决于接收机的高放级（若没有高放级,则混频级最为重要）。

识别系数 $(S_0/N_0)_{min}$ 指雷达接收机线性部分（通常指中放）输出的信号噪声功率比为多大时恰好能够在显示器屏幕上（或其他终端设备）从噪声中探测出信号。

以上对雷达方程进行了讨论,研究了影响雷达最大探测距离的各个因素,这是有其实际意义的。能否根据雷达方程计算出雷达在自由空间的最大探测距离呢？单从雷达方程式计算还不行,实际的最大探测距离同计算结果不相符合,往往是小于理论计算结果。其原因有二：一是雷达方程只是一种理想情况,还没有考虑雷达实际工作中存在的各种损耗（有雷达本身的损耗,还有电波传播过程中的损耗）；二是雷达方程中某些参数的统计性质,或者说,它们没有确定的数值。目标反射面积 σ 和最小可检测信噪比 $(S_0/N_0)_{min}$ 便具有统计性质,它们理应用统计术语来表述。电波传播的大气损耗也具有统计性质。这样,就不能要求只用一个数值来表示雷达对某种目标的发现距离,而是只能这样来表述：在自由空间雷达对某种特定目标,在特定的距离上,发现的概率是多少。

6.2.2 目标距离、角度、速度的测量

1. 目标距离的测量
1) 基本原理

雷达测量目标距离的方法有很多种,常用的有脉冲法、频率法和相位法,机载火控雷达中常用的测距方法是脉冲法。

目标回波迟后发射脉冲的时间 t_r 通常是很短促的,将光速 $c = 3 \times 10^5 \text{km/s}$ 的值代入式 $R = t_r \cdot c/2$ 的表达式后得到距离 R 与延迟时间 t_r 之间的关系为:$R = 0.15 t_r$。

其中 t_r 的单位为 μs,测得的距离 R 的单位为 km,即测距的计时单位是 μs。测量这样数量级的时间需要采用快速计时的方法。早期雷达均用显示器作为终端,在显示器画面上根据距离扫描量程和回波位置直接测读延迟时间,也即测读出目标的距离数据。

机载火控雷达常常是对一个目标的距离进行连续、精确地测定(距离自动跟踪),并将目标距离数据以电信号的形式表示出来,并输出给火力控制系统使用。这种测距系统测量目标回波迟后发射脉冲时间的方法,是利用发射脉冲控制产生测量时间的距离标尺,然后用此距离标尺去量度目标回波的迟后时间,并将测得的数据以电压的形式输出(距离电压)。

对先进的采用计算机控制的数字处理的现代火控雷达来说,是采用距离门的方法来测定目标回波的迟后时间的。距离门是指将雷达的一个发射周期等分为 N 个小单位时间,每个小单位时间(通常等于最小发射脉冲宽度)就称为距离单元,或称为距离门,如图 6 – 7 所示。只要测知哪个距离门内有目标回波脉冲,则目标回波的迟后时间(距离)就可由该距离门的距离单元序号与单位时间相乘得到。采用数字信号处理时,在信号处理计算机的控制下,对每个发射周期接收机输出的视频回波信号,按照距离单元的先后顺序逐个采样,进行 A/D 变换。即将每个距离单元(距离门)的回波信号幅度变换为二进制数字量,然后存入距离矩阵存储器中。对距离矩阵存储器中按距离单元顺序存储的许多个发射周期内的回波信号数据($M \times N$),雷达信号处理机对其进行信号检测处理,以滤除噪声、将信号检测出来。

信号检测出来时,其对应的距离单元顺序即代表了目标的距离位置,同时该目标对应的空间角度,也可由该距离单元所在的发射周期对应的天线角度数据得到。

经过信号检测处理得到了目标的距离位置数据,此数据一般称为目标视在(观测)距离数据,即在一个发射周期的视在时间窗口(信号检测的时间窗口 T_r)

里的位置数据。此位置数据并不一定是目标的真实距离,需要经过数据处理(解模糊)得到目标的真实距离。

对测出的目标距离数据,可送到目标显示系统以在显示器相应位置显示该目标,或者输出加到火力控制系统。

信号处理计算机对接收机输出的视频回波信号进行采样的间隔通常是一个距离门宽度,这样对每一个目标回波信号就可以在一个或两个距离单元中被采样到(距离门宽度等于发射脉冲宽度时)。

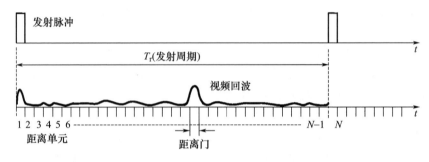

图6-7 距离门与距离单元

2) 测距模糊

目标距离模糊是指检测出来的目标距离数据不一定是目标的真实距离数据,对此以图6-8来说明距离数据模糊。假设雷达发射脉冲重复周期T_r对应50km,而目标回波来自60km处的一个目标。由于回波信号的传播时间比重复周期T大$0.2T_r$,因此第一个发射脉冲的回波要等到第二个发射脉冲发射出去$0.2T_r$之后才能收到,其余类推。

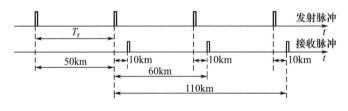

图6-8 距离模糊

对采用延时法测距的雷达来说,在信号检测的时间窗口T_r里,显然此目标的距离只有10km,但是此目标的距离究竟是10km,还是60km、110km,不能够直接说明。因此这个目标对雷达来说,其距离是模糊的;或者说在信号检测时间窗口测出的目标视在(观测)距离数据,并不一定是目标的真实距离数据。单一目标回波距离模糊的程度一般用往返传播时间所跨越的脉冲周期数来衡量。对于

某一给定的脉冲重复频率(PRF),能够收到的单次反射回波的最大距离称为不模糊距离。用公式表示为

$$R_\mathrm{u} = \frac{c}{2}T_\mathrm{r} \quad 或 \quad R_\mathrm{u} = 150(\mathrm{km})/\mathrm{PRF}(\mathrm{kHz})$$

可以看出,PRF 越高,雷达不模糊距离越近,则雷达接收的目标回波的距离模糊程度越重;PRF 越低,则不模糊距离越远,目标回波发生距离模糊的程度越轻。

当存在距离模糊时,目标的真实距离可表示为 $R = \frac{c}{2}(mT_\mathrm{r} + t_\mathrm{r})$,式中 m 为正整数,称为距离模糊值,表示距离模糊的程度。

因此在检测出目标的视在距离数据后,还需要进一步进行数据处理,才能得到目标的真实距离数据,这种处理称为解模糊处理。

3) 距离跟踪的概念

雷达对目标的距离进行连续、精确的测量过程称为距离跟踪。当这种跟踪过程由电子系统控制自动进行时,则称为自动距离跟踪或自动测距,进行自动测距的电子系统就称为测距系统。

脉冲雷达测距系统根据电路实现技术的不同,可分为模拟式测距系统、数字式测距系统及计算机数据处理控制的测距系统。虽然电路实现技术不同,但它们对雷达目标回波脉冲进行距离测量的原理与过程是相同的。

雷达依据目标回波脉冲实现自动测距一般应包括 3 个过程,即对目标回波脉冲时间位置的搜索、截获(捕获)和自动跟踪,这 3 个过程是紧密联系的。

距离搜索是指使距离脉冲迟后触发脉冲的时间在最大测定距离所对应的延迟时间的范围内来回变化,以搜索目标回波脉冲的距离位置。当距离脉冲搜索到目标回波脉冲的距离位置时,即距离脉冲迟后触发脉冲的时间与目标回波脉冲迟后发射脉冲的时间相等时,称为截获(捕获)。

在距离搜索状态,距离脉冲产生器输出迟后时间在最大测定距离所对应的延迟时间的范围内来回变化的距离脉冲,加到截获器。截获是一种控制转换状态,以使自动测距系统在搜索和跟踪状态之间转换。在测距系统电路中,目标回波脉冲和距离脉冲都加到截获器,距离搜索状态下,距离脉冲迟后触发脉冲的时间在一定范围内来回变化,以搜索目标回波脉冲迟后发射脉冲的时间位置。当距离脉冲与目标回波脉冲在时间上重合时,即为距离脉冲捕获到目标回波脉冲,截获器电路工作,控制测距系统进入对目标回波脉冲进行连续距离测定状态,即距离自动跟踪状态。

测距系统转入距离自动跟踪状态后,由控制器输出的控制电压控制距离脉

冲跟踪目标回波脉冲。在距离自动跟踪状态下，测距系统输出表示目标距离的距离电压，加到火力控制系统。图 6-9 所示为一种常见的模拟式自动测距系统的组成框图。

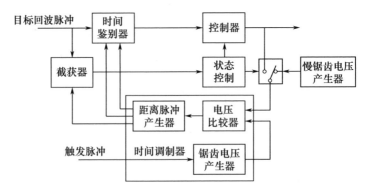

图 6-9　模拟式自动测距系统的基本组成及相互关系

2. 目标角度的测量

为了确定目标的空间位置，雷达在大多数应用情况下，不仅要测定目标的距离，还要测定目标的方向，即确定目标的方位角和高低角（俯仰角）。机载火控雷达中常用的是振幅法测角，即利用天线接收的回波信号幅度值来进行角度测量。

雷达天线接收的回波信号幅度值的变化规律取决于天线方向图以及天线扫描方式。振幅法测角可分为最大信号法和等信号法两大类。

1）最大信号法

当天线波束作圆周扫描或在一定扇形范围内作匀角速度扫描时，对收、发共用天线的脉冲雷达而言，接收机输出的脉冲串幅度值被天线双程方向图函数所调制。找出脉冲串的最大值（中心值），确定该时刻波束轴线的指向，即为目标所在方向，如图 6-10 所示。

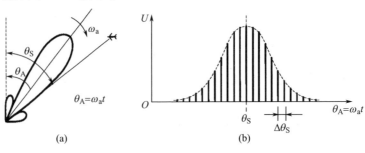

图 6-10　最大信号法测角

最大信号法测角的优点:一是简单;二是用天线方向图的最大值方向测角,此时回波最强,故信噪比最大,对检测发现目标是有利的。其主要缺点是直接测量时测量精度不很高,因为方向图最大值附近特性比较平坦,最强点不易判别。

2)等信号法

等信号法测角采用两个相同且彼此部分重叠的波束,利用它们的回波信号幅度值来进行角度测量。其原理如图6-11所示。

可以看出,如果目标处在两波束的交叠轴 OA 方向,则由两波束收到的信号强度相等,如图6-11(b)所示,否则两个波束收到的信号强度不相等,故常常称 OA 为等信号轴。当两个波束收到的回波信号相等时,等信号轴所指方向即为目标方向。等信号法测角的主要优点:一是测角精度比最大信号法高,因为等信号轴附近方向图斜率较大,目标略微偏离等信号轴时,两信号强度变化较显著,如图6-11(c)所示;二是能够判别目标偏离等信号轴的方向,便于实现角度跟踪(连续自动测角),图6-11(d)表示两波束相加时的情况。等信号法的主要缺点是测角系统较复杂。

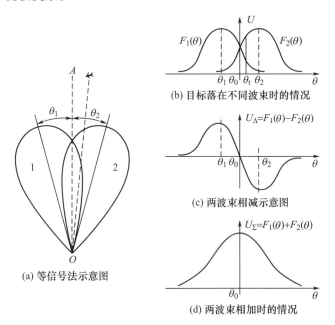

图6-11 等信号法测角

3. 目标速度的测量

测定目标运动的相对速度可以从测量确定时间间隔的距离变化量 ΔR 而定,即 $v = \Delta R/\Delta t$。这种办法测速需要较长的时间,且不能测定其瞬时速度。一般来说,测量的准确度也差,其数据只能作为粗测用。

已经知道,目标回波的多普勒频移是和其径向速度 V_r 成正比的,因此只要准确地测出其多普勒频移的数值和正、负,就可以确定目标运动的径向速度和方向。

对雷达而言,当雷达与目标之间存在相对运动时,多普勒效应体现在回波信号的频率与发射信号的频率不相等。雷达发射的电磁波信号遇到一个朝着雷达运动的目标时,由于多普勒效应,从这个目标反射回来的电磁波信号的频率将高于雷达的发射频率。同样,此反射信号被雷达接收时,由于多普勒效应频率也相应增高。

目标回波的多普勒频率为 $f_d = \dfrac{2V_r}{\lambda} = \dfrac{2V_r}{C} \cdot f_c$。由于距离变化率 $V_r = \dfrac{dR}{dt}$ 有正负之分,当距离变化率为负时,表示目标接近雷达,距离变化率为正时,表示目标远离雷达。

对机载雷达来说,目标相对雷达的径向速度 V_r 的大小由雷达载机速度 V_R 与目标速度 V_T 在雷达对目标视线上的投影量之和确定,如图 6-12 所示。

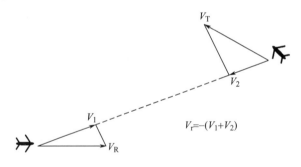

图 6-12 雷达与目标之间的径向速度

当目标速度投影矢量方向朝向雷达时,则 V_r 是两个速度投影量的数字之和;当目标速度投影矢量方向不朝向雷达时,距离变化率 V_r 是两个速度投影量之差,假如雷达速度投影量大于目标速度投影量,则距离变化率将是负的(距离不断减小),假如雷达速度投影量低于目标速度投影量,距离变化将是正的(距离不断增加);假如两速度投影量相等,则 $V_r = 0$。

显然,当雷达载机速度方向及目标速度方向与雷达对目标视线方向一致时(这种情况称为迎头或尾追),距离变化率的数值最大,也即目标的多普勒频移最大。目标的多普勒频移能在多大范围内变化,完全取决于雷达载机与目标之间的位置情况。迎头接近时,它总是高的,尾追时总是低的。介于两者之间时,其值由视角和目标飞行方向而定。

6.2.3 PD雷达原理

PD雷达是一种利用多普勒效应检测目标信息的脉冲雷达。目前,PD雷达已经广泛应用在机载预警雷达、机载和地面火力控制雷达、超视距雷达和气象雷达之中。

由于PD雷达是利用目标回波的多普勒频率来区分目标和杂波的,因此对目标回波信号的检测是在频域中进行的。为了说明在频域检测信号的原理和方法,首先应明确机载PD雷达回波信号的特点。

1. PD雷达回波信号的特点

图6-13示出的是一种典型飞行情况下的雷达回波信号。可以看出,在低空飞行情况下,雷达波束不仅照射到目标,而且还照射到地面。其中目标A、B处在雷达天线的主波束中,雷达载机对目标A具有低的接近速度,对目标B具有高的接近速度。

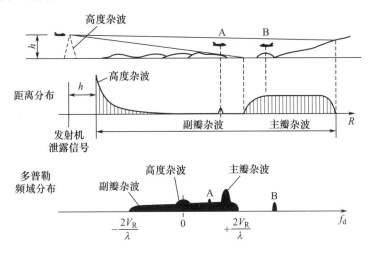

图6-13 机载脉冲雷达典型飞行情况下的回波特点

从目标相对雷达的实际距离分布图中可以看出,除了目标A、B引起的回波外,主波束照射的地面也引起反射回波,且其强度较高,此回波称为主瓣杂波。除主瓣杂波外,还有由于雷达天线副瓣引起的副瓣杂波。副瓣杂波从等于飞机高度的距离上向外延伸,并随距离的增加幅度迅速下降。

从距离分布图可以看出,来自目标A的回波突出于副瓣杂波之上,但来自目标B的回波却被强得多的主瓣杂波所掩盖。显然,目标B是无法从时域中检测出来的。因此,对非相参体制的普通脉冲雷达来说,在中、低空使用情况下,其作用距离和功能大大降低,甚至完全失去功能。目标B的回波虽然在时域中无法从主瓣杂波中分离出来,但在频域中利用多普勒频率的差异,可以将它们分离开来。从目标和杂波的多普勒频域分布图中可以看出,由于目标B相对雷达具有较高的接近速度,因此回波信号的多普勒频移较高;而主瓣杂波的多普勒频移小于目标B的多普勒频移。这样在频域中,二者就分离开来,因而从频域中就可以将目标B有效地检测出来。当然,目标A在频域中其强度大于副瓣杂波强度,因此也能从频域中检测出来。

可以看出,利用运动目标与地物杂波在相对速度上的差别,可以从频域中将运动目标与地物杂波区分开,使得机载雷达具有下视和检测快速移动目标的能力。

而PD雷达为了能从强杂波背景中发现目标,必须从频域中检测目标,即在频域中依据多普勒频率的不同来区分杂波和目标,将有用的目标信号检测出来。

2. 频域检测信号的基本方法

在频域中检测目标的基本方法是利用窄带多普勒滤波器组对回波信号的多普勒频率进行检测,如图6-14所示。滤波器组中的滤波器从低端到高端,依次为1、2、…、$n-2$、$n-1$、n,每个滤波器的调谐频率逐渐升高。滤波器组中滤波器个数决定于要覆盖的多普勒频率范围及单个滤波器的带宽。这样,当回波信号的多普勒频率落入滤波器组的带宽之内时,滤波器组中某一、二个滤波器就能产生一定的输出,依据滤波器的输出,即可知道目标回波的多普勒频率,这样就将目标检测出来。当然,如果要按距离及多普勒频率的不同来检测目标,则需对每个距离增量(单元)都必须提供各自的窄带多普勒滤波器组,这样当目标从滤波器检测出来时,即可知道目标的多普勒频率和距离。与时域中检测目标信号的原理相似,在频域中检测信号也必须首先对无用的杂波进行抑制,以尽量降低杂波对信号检测性能的影响。对PD雷达来说,需要在频域中对主瓣杂波、高度杂波和副瓣杂波加以抑制。其中,主瓣杂波由于强度大,且其中心多普勒频率和带宽随天线扫描转动而变化,因此对检测性能影响最大。所以,PD雷达在进行信

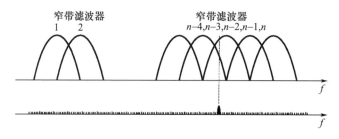

图6-14 窄带多普勒滤波器组

号处理时,首先需对主瓣杂波进行抑制。高度杂波的中心频率固定且带宽较窄,因此可以较容易地抑制。而副瓣杂波的带宽较宽,不易在信号处理过程中抑制,因此只能在天线上采取措施,即尽量降低天线的副瓣电平。

3. 机载 PD 雷达的基本组成

现代机载多功能 PD 雷达的基本组成框图如图 6 - 15 所示。

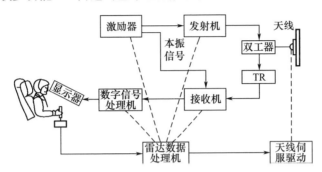

图 6 - 15 机载多功能 PD 雷达的基本组成框图

1)激励器

用来产生一个连续、具有高频率稳定度的低功率微波信号送往发射机。同时,激励器还提供一个低功率微波信号,它偏离发射频率的值为预定的中频,此信号送往接收机作为本振信号,从而保证接收机不会丢失回波信号的多普勒信息。

2)发射机

发射机通常由栅控行波管构成微波功率放大器,用来将激励器输来的低功率微波信号进行功率放大,并通过对行波管栅极的控制,形成具有任意宽度和重复频率的射频脉冲。由于射频脉冲基本上是由连续波切出来的,因此满足相参信号的要求。

3)天线

天线用来向空间辐射微波信号和接收目标反射信号。PD 雷达天线通常采用平板阵列天线(又称平面缝阵天线)。

4)接收机

通常包括低噪声前置放大,并可以进行不止一次的中频变换(以避免镜像频率干扰)。为了满足对回波信号进行数字滤波运算的要求,视频检波器采用同步检波器,它提供正、交两路输出(I 信号和 Q 信号)。对 I、Q 进行采样的时间间隔与发射脉冲宽度具有相同数量级,并由模数变换器变换为二进制数码,送到信号处理机。

5）数字信号处理机

这是一种非常专门的数字计算机，可很容易地把用于不同工作方式的程序输进去（因此，它称为可编程信号处理机 PSP）。根据各种操作方式的要求，处理机把从 A/D 变换器输入的数据按距离分档，然后先滤除不需要的地面杂波，进一步降低噪声和杂波背景，使目标回波更加突出。再接着对各距离单元的数据进行多普勒频谱分析，即利用傅里叶变换构成窄带滤波器组，对各距离单元的回波信号的多普勒频率进行检测。上述数字化处理过程的流程框图如图 6-16 所示。处理机通过考察窄带滤波器组所有滤波器的输出来确定背景噪声和剩余杂波的电平，并以此作为信号检测的门限，根据窄带滤波器的输出信号振幅超出门限电平的情况，自动检测目标回波，然后确定目标的距离和多普勒频率。检测出来的目标距离及多普勒频率数据，送到扫描变换存储器中，并与目标的其他位置数据（如方位角、俯仰角等）综合后送到显示器显示。为改善检测性能，将多个回波脉冲相加，叫做积累。积累不是依靠一个回波脉冲，而是依靠多个回波脉冲的积累来发现目标。

信号在积累时要求信号间有严格的相位关系，即信号是相参的，所以又称为相参积累。将 M 个等幅相参中频脉冲信号进行相参积累，可以使信噪比（S/N）提高为原来的 M 倍（M 为积累脉冲数）。这是因为相邻周期的中频回波信号按严格的相位关系同相相加，因此积累相加的结果是信号电压可提高为原来的 M 倍，相应的功率提高为原来的 M^2 倍，而噪声是随机的，积累的效果是平均功率相加而使总噪声功率提高为原来的 M 倍，这就是说，相参积累的结果可以使输出信噪比（功率）改善达 M 倍。

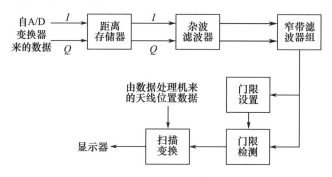

图 6-16 数字信号处理机的信号处理过程框图

6）雷达数据处理机

雷达数据处理机（RDP）的主要功能是控制雷达工作方式、天线扫描图形、PRF 的选择和杂波频率的预测；对距离数据进行解模糊计算，跟踪状态下的数据相关和滤波,对雷达罩和天线角度误差修正;进行雷达性能监测和机内自检(BIT)以及和其他系统接口控制。

雷达数据处理机对雷达各分机进行工作控制,并完成各种常规运算。数据处理机,一方面监视控制面板上选择开关的位置(以及从飞机航空指挥系统发来的控制指令);另一方面规划功能选择,并接收来自飞机惯性导航系统的信息。在雷达搜索期间,控制天线的搜索方式和图形,并对信号处理机检测到的信号数据进行解模糊处理,并控制目标截获。

在雷达自动跟踪时,数据处理机计算跟踪误差,用某种规则方法预测所有测量和预计的变量的影响。这些变量有雷达载机的速度和加速度、期望目标速度变化的范围等。这种处理方式,称为通过卡尔曼滤波的闭环跟踪,能形成非常平滑和精确的跟踪。

数据处理机不断地监视雷达的所有操作,包括它本身在内。当出现故障时,它会把发生的问题告知操作人员。此外,它还能进行测试和故障隔离,并能在飞行中迅速切换。

4. 距离模糊和多普勒模糊对地面杂波的影响

对机载脉冲雷达来说,地面杂波的存在直接影响着雷达对有用目标信号的检测。这种影响在雷达存在距离模糊和多普勒模糊时,将会更加严重。

1) 距离模糊对地面杂波的影响

为了说明距离模糊对地杂波的影响,先以一种典型的飞行情况为例来讨论,如图 6-17 所示。图中,雷达载机低空飞行,在其前方有目标 A、B 处在雷达天线的主瓣波束中。其中载机正从尾部追赶目标 A,所以对目标 A 具有低的接近速度;目标 B 正在迎头接近雷达载机,所以具有较高的接近速度。同时雷达还接收到大量的地面杂波,在主波束照射的地面上,有一辆卡车正朝向雷达载机行驶,因此其接近速度比地面略高。

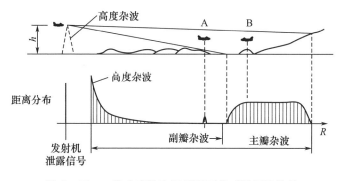

图 6-17 一种典型的飞行情况下的时域回波信号

若将雷达接收到的回波信号按幅度与距离之间的关系画出来,得到的距离分布图如图 6-17 所示。从真实的距离分布图上可以看出,来自目标 A 的回波清楚地突出于副瓣杂波之上,而目标 B 和卡车的回波却完全被强得多的主瓣杂波所掩盖。显然,对目标 B 和卡车,无法从时域中将其检测出来,而对目标 A,由于其幅度大于副瓣杂波的幅度,因而可以在时域中检测出来。但是目标 A 在时域中检测出来是有条件的,即距离不模糊。如果目标 A 的距离对雷达是模糊的,那么由于距离模糊,将造成目标 A 无法从时域中检测出来。

可以将典型飞行情况中的距离分布按雷达的最大不模糊距离 R_u 分割成 3 个区,并且按接收时间将雷达接收的信号波形画出来,如图 6-18 所示。

从波形图可以看出,从第 3 个发射周期开始,每个接收周期的回波信号是 3 个距离区的回波信号的叠加。此时,目标 A 显然无法从时域中检测出来。

随着脉冲重复频率的增高,即不模糊距离区的变窄,叠加在目标回波位置上的杂波数量将更多,雷达就越不能利用时域距离上的差别来区分目标回波和杂波,而只能去利用多普勒频率的差别来区分和检测。

从上述分析可以看出,距离模糊造成雷达接收的地杂波和回波信号在时间上重叠,使各个距离区中对应距离上的地杂波同时被雷达接收,从而更加造成时域中对信号进行检测的困难。

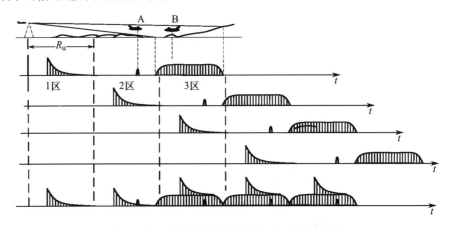

图 6-18 距离模糊对雷达接收地杂波的影响

2) 多普勒频率模糊对地面杂波的影响

典型飞行情况下的真实多普勒频谱如图 6-19 所示。

副瓣杂波从零多普勒频率沿正、负两个方向向外展宽到与雷达最大速度相对应的多普勒频率($f_d = \pm 2V_R/\lambda$),零频率处的尖峰脉冲是发射机的泄露信号,在其下方的宽峰是高度回波。在接近副瓣杂波最大正频率处较窄的那个峰是主瓣杂波。

目标 A 正处于被追赶的状态,所以它的多普勒频率低于主瓣杂波频率,落入副瓣杂波覆盖的频带中。因为这类杂波主要来自比目标近的距离上,所以目标回波不容易突出在杂波之上。如果目标较小或处于较远的距离上,那么它的回波甚至不能被辨别出来。

由于目标 B 和卡车正在迎头接近雷达,所以它们就具有比任何杂波更高的多普勒频率。

假设雷达脉冲重复频率 f_r 的大小为真实多普勒频谱宽度的 1/2,在这种情况下,相邻边带的真实多普勒频率分量将发生重叠,如图 6-19 所示。这种重叠,即使目标和杂波二者的真实多普勒频率相差很远,都可能通过相同的多普勒滤波器,图中的目标 B 和卡车是这一情况的实例。尽管这两个目标的真实多普勒频率实际上高于任何杂波的频率,但在合成分布图上,两个目标几乎都被副瓣杂波所遮挡。

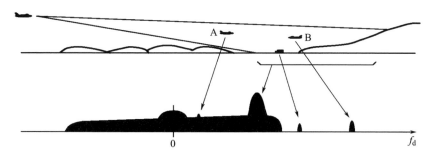

图 6-19 典型飞行情况下的真实多普勒频谱

随着脉冲重复频率的降低。真实多普勒分布图的复现谱重叠加剧。从抑制杂波的观点来看,降低脉冲重复频率会产生两个主要影响。第一在相邻的主瓣杂波谱线之间,有越来越多的副瓣杂波被叠加在一起;第二是各主瓣杂波谱线靠得更近了,如图 6-20 所示。由于这些谱线的宽度不随脉冲重复频率而变化,因而降低脉冲重复频率便使得主瓣杂波在接收机通带中所占据的百分比变大,并引起更多的高度回波和近处别的副瓣杂波叠加在主瓣杂波间隔间。随着主瓣杂波频谱在通带中所占比例的增大,要想基于主瓣杂波与目标在多普勒频率上的差别,来抑制主瓣杂波而不同时抑制目标回波,将是十分困难的。显然,脉冲重复频率越低、多普勒模糊对地杂波频谱的影响越严重。从前面的分析可知,距离模糊使得地杂波信号在时域中发生重叠,造成信号在时域中检测的困难;多普勒模糊使得地杂波信号的多普勒频谱在频域中发生重叠,造成信号在频域中检测的困难,模糊的程度越重,分离目标和杂波的困难越大。

雷达发射脉冲重复频率的高低直接影响着距离和多普勒模糊的程度,距离模糊和多普勒模糊与重复频率的关系正好相反,重复频率越低,距离模糊越轻,但多普勒模糊严重;反之重复频率越高,多普勒模糊越轻,但距离模糊严重。因此,对 PD 雷达来说,PRF(脉冲重复频率)的选择具有非常重要的意义。

机载雷达所用的脉冲重复频率范围从几百赫兹到几百千赫兹。对于这么宽的频率范围,在一定条件下,雷达在什么频率上工作性能最佳,取决于许多因素,其中最重要的因素就是距离模糊和多普勒模糊。根据雷达功能的需要,PD 雷达一般将 PRF 分为 3 种,即高、中、低 3 种类型。它们不是根据 PRF 本身的数值大小定义的,而是根据该 PRF 是否使观测距离和(或)观测多普勒频率模糊而定义的。虽然严格的定义并不完全相同,但它们都是相似的。

低 PRF——雷达的最大设计作用距离在一次距离区内时的 PRF。超过这个区不存在回波,距离是不模糊的。

高 PRF——所有重要目标的观测多普勒频率均不模糊时的 PRF。

中 PRF——上述两个条件均不满足时的 PRF,即距离和多普勒频率都是模糊的。

对于大多数战斗机的机载雷达来讲,一般采用了两种以上的 PRF,多种 PRF 相互补充,以提升雷达性能。

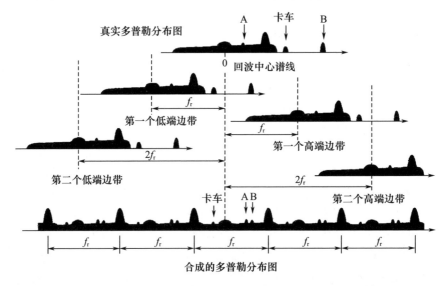

图 6-20　雷达脉冲重复频率小于真实多普勒频带宽度时的频谱重叠

6.2.4 相控阵雷达

所谓"相控阵",即"相位控制阵列"的简称。顾名思义,相控阵雷达的天线是由许多辐射单元排列而成,而各个单元的馈电相位是由计算机灵活控制的阵列。通常,这种雷达天线的辐射单元少的有几百,多的可达几千甚至上万,每个单元都有一个可控移相器,通过控制这些移相器的相移量,来改变各单元间的相对馈电相位,从而改变天线阵面上电磁波的场分布,使雷达天线波束在空间按一定规律扫描,因此把这种体制的雷达称为相控阵雷达。

1. 相位控制的基本概念

阵列天线有两种基本的形式:一种叫做线阵列,所有单元都排列在一条直线上;另一种叫做面阵列,辐射单元排列在一个面上,通常是一个平面。为了说明相位扫描原理,讨论图 6-21 所示 N 个带有移相器的相同单元的线性阵列的扫描情况,相邻单元间隔为 d。与直线阵相垂直的方向为天线阵的法线方向,或称为"基本轴"。为便于分析,设各单元移相器输入端均为等幅同相馈电,且馈电相位为零。各个移相器能够对馈入信号产生 $0 \sim 2\pi$ 的相移量,按单元序号的增加其相移量依次为 ϕ_1、ϕ_2、ϕ_3、$\cdots$、ϕ_{N-1}、ϕ_N。

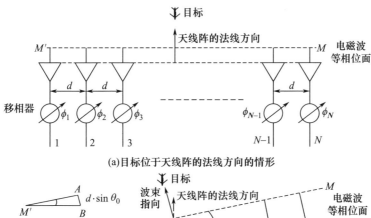

(a) 目标位于天线阵的法线方向的情形

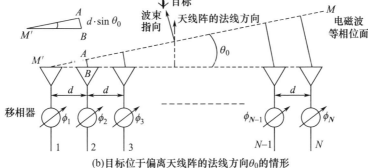

(b) 目标位于偏离天线阵的法线方向 θ_0 的情形

图 6-21 相位扫描的基本原理框图

当目标处于天线阵法线方向时,要求天线波束指向目标,即波束峰值对准目标。由阵列天线的原理可知,只要各单元辐射同相位的电磁波,则波束指向天线阵的法线方向。根据阵列天线这一结论,若对相控阵天线中各个移相器输入端同相馈电,那么,各个移相器必须对馈入射频信号相移相同数值(或均不移相),才能保证各单元同相辐射电磁波,从而使天线波束指向天线阵的法线方向。换句话说,各个移相器的相移量,应当使相邻单元间的相位差均为零,天线波束峰值才能对准天线阵的法线方向,如图 6-21(a)所示。

在目标位于偏离法线方向一个角度 θ_0 时,若仍要求天线波束指向目标,则波束扫描角(波束指向与法线方向间的夹角)也应为 θ_0。倘若波束指向与电磁波等相位面垂直,即波束扫描一个 θ_0 角度,则电磁波等相位面也将随之倾斜,见图 6-21 中 $M'M$ 方向,它与线阵的夹角也为 θ_0。这时,各单元就不应该是同相辐射电磁波,而需要通过各自的移相器,对馈入射频信号的相位进行必要的调整,如图 6-21(b)所示。

首先讨论单元 1 与单元 2 的移相器对馈入射频信号的相移情况。假设单元 1 与单元 2 的移相器分别对馈入的射频信号相移了 ϕ_1 和 ϕ_2,那么单元 1 辐射的电磁波到达等相位 M' 点的相位为 ϕ_1,而单元 2 辐射的电磁波由于在空间多传输一段距离 AB,故到达等相位面时的相位为

$$\phi_2 - \frac{2\pi}{\lambda} \cdot d \cdot \sin\theta_0$$

根据等相位条件,在等相位面上则有

$$\phi_1 = \phi_2 - \frac{2\pi}{\lambda} \cdot d \cdot \sin\theta_0$$

设两单元的相位差为 ϕ,上式可写成

$$\phi = \phi_2 - \phi_1 = \frac{2\pi}{\lambda} \cdot d \cdot \sin\theta_0$$

即两单元的相位差 ϕ,补偿了两单元波程差引起的相位差,使得两单元辐射的电磁波在 θ_0 方向能够同相相加,得到最大值,即波束指向了 θ_0 方向。

同样的分析可以得出,单元 2 与单元 3 之间的相位差也为 ϕ,即

$$\phi = \phi_3 - \phi_2 = \frac{2\pi}{\lambda} \cdot d \cdot \sin\theta_0$$

依此类推,任意两单元的相位差都相同。也就是说,通过移相器的调整,使得各单元辐射电磁波的相位按其序号依次导前一个 ϕ,分别为 ϕ_1、$\phi_2 = \phi_1 + \phi$、

$\phi_3=\phi_1+2\phi$、…、$\phi_N=\phi_1+(N-1)\phi$,使电磁波的等相位面向左倾斜,波束方向偏离天线阵法线方向向左一个 θ_0 角度。此时,人为地规定波束扫描角 θ_0 为负,如波束指向偏离左方 $-30°$。

同理,通过移相器的调整,若各单元辐射电磁波的相位按其序号的增加依次滞后一个 ϕ,分别为 ϕ_1、$\phi_2=\phi_1-\phi$、$\phi_3=\phi_1-2\phi$、…、$\phi_N=\phi_1-(N-1)\phi$,则电磁波的等相位面向右倾斜,波束指向偏离天线阵的法线方向向右一个 θ_0 角。此时,人为的规定波束扫描角 θ_0 为正,比如波束指向右偏离法线方向 $30°$ 时,则记为 $+30°$。

由前面的公式可得出 θ_0 与 ϕ 的定量关系为

$$\theta_0 = \arcsin\frac{\lambda\phi}{2\pi d}$$

此式表明,在雷达工作波长与单元之间的间距 d 一定的情况下,波束指向角 θ_0 随 ϕ 而变化。只要控制移相器使各单元间产生相同的相移增量,并且其大小和正负又是可变的,则波束就可以在范围内扫描。简单来说,控制移相器对馈入射频信号产生的相移,即可改变电磁波等相位面的位置,从而改变天线波束的指向,达到扫描的目的。这就是相控阵天线实现电扫描的基本原理。

相控阵雷达离不开电子计算机,控制相控阵雷达工作的计算机称为控制计算机。控制计算机担负雷达搜索、跟踪、波束管理、功率管理、性能检测、故障定位、数据处理的运算和控制等繁重的任务,它通常由一部或几部通用计算机构成。波束指向控制计算机和信号处理机,通常设计成专用计算机,这主要是为了减轻控制计算机的负担。波束指向控制计算机和信号处理机作为雷达硬件的组成部分,受控制计算机的统一控制和管理,故控制计算机又称为中心计算机。

2. 相控阵雷达的组成和特点

1) 相控阵雷达的组成

相控阵雷达的组成方案很多,图 6-22 给出了一种典型的组成原理框图。

(1) 波束指向控制器。用来控制天线阵中各个移相器产生所需要的相移量,使天线波束按指定空域搜索和跟踪目标。波束指向控制器内设有一台配相计算机,专门用于相移量的计算。

(2) 发射和接收多波束形成网络。用于在空间形成所要求的多个波束。

(3) 发射机和接收机。它代表有许多部发射机和接收机,甚至与天线单元的数目相同。为了使各个发射源在相位上一致,或具有一定的相位关系,采用主振放大式发射机,即振荡激励源只有一个,每个辐射单元输入端接有发射功率放大器。

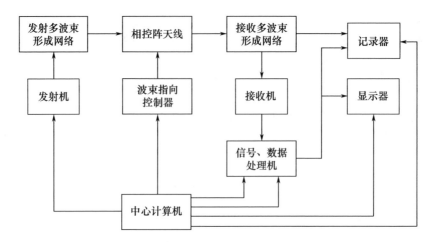

图 6-22 一种典型的相控阵雷达组成原理框图

(4) 信号、数据处理机。用于对信息的提取和加工。

(5) 中心计算机。是整个雷达的中枢部分,它对整个雷达系统进行控制。比如,决定发射频率及波形、波束的形状/数目/搜索方式、接收终端的工作方式等;它还要协调全机工作、自动诊断雷达各部件的故障和指示发生故障的位置等。

中心计算机根据程序输入指示信号,计算出波束当前应采取的扫描方式和指向的数据送至波束指向控制器和发射系统;由此而控制相控阵天线中各单元的相位和波束的数目。目标回波信号经接收机输出模拟视频信号,再经模数转换后由数据处理系统再送至中心计算机;中心计算机对目标回波数据(坐标、速度和航向等)进行平滑滤波处理,从而得出目标位置和速度的外推数据。根据外推数据,中心计算机再进一步判断目标的轨迹和威胁程度,然后再确定对重要目标的搜索或跟踪。

相控阵雷达的组成方案很多,目前典型的相控阵雷达用移相器控制波束的发射和接收,共有两种组成形式,一种称为无源相控阵列,它共用一个或几个发射机和接收机。另一种称为有源相控阵列,每个天线阵元用一个接收机低噪声放大器和发射功率放大器。

两种相控阵雷达的主要差别是,"无源"是指在天线阵中只包含控制波束扫描的移相器,"有源"是指天线阵中包含 T/R 组件,不仅有控制波束扫描的移相器,而且还有发射时对信号进行功率放大的功率放大器,以及接收时对微弱信号进行放大的低噪声放大器。

和无源相控阵火控雷达系统相比,有源相控阵火控雷达系统以有源天线阵代替无源天线阵,即每个天线单元下所连接的不仅仅是移相器,而是 T/R 组件。在 T/R 组件中,除移相器外,还有对射频信号进行放大的放大器。

2) 相控阵雷达的特点

相控阵雷达有许多常规雷达难以比拟的优点,因此在许多场合下希望采用相控阵技术。但是,也存在有缺点,这些缺点有时又限制相控阵雷达的广泛运用。归纳起来,相控阵雷达有下列几个突出的特点。

(1) 无惯性快速波束扫描和控制。相控阵雷达波束扫描或使波束从一个方向转换到另一个方向,在时间上只受移相器转换速度的限制。典型的情况,一次转换只需几微秒,经过精心设计,转换时间还可以更短。数字波束更能反映这个特点,缩短了系统反应时间。

(2) 多个独立的波束。用一个天线孔径可以同时产生多个独立的波束,即将一部分面阵对应产生一个波束,另一部分面阵对应产生另一个波束,各个波束又可以具有不同的辐射功率、波束宽度、目标驻留时间、重复频率和重复照射次数等。并且,这些波束可以分别控制和统一控制。这样其中有些波束可用作一般搜索,有的重点搜索,有些波束可用来跟踪目标等。

(3) 天线孔径极大。由于相控阵雷达可以用与天线辐射单元一样多的辐射源,因此总发射功率可以大大提高。通常情况下,成千上万个发射源合成的总功率可达十几兆瓦(地面雷达),加之大尺寸的天线,使得相控阵雷达能够比较方便地把探测核弹头的作用距离提高到几千千米以上。

(4) 自适应能力强。电子计算机已成为相控阵雷达的"大脑"和"心脏",它能够根据变化多端的空情,实时确定雷达的最佳工作方案,以满足各种复杂的要求。

(5) 可靠性高。由于天线阵列中的辐射单元、并联工作的发射源和电路很多,即使其中的部分元件损坏,对雷达性能的影响也不大。例如,当在工作中有 10% 的阵列元件损坏时,天线增益只不过降低 1dB,相当于天线阵面上有一块阴影,它的影响就和抛物面天线中辐射器产生的口径遮挡一样,对天线方向图和方向系数的影响都不大。

(6) 抗干扰性能好。由于波束的形状和控制方式可以改变,雷达脉冲重复频率和宽度也可以改变,而且在一定范围内,工作频率和调制方式也可以改变。显然,这种方便的信号加工和灵活的控制,便于综合运用抗干扰技术。

(7) 扫描范围有限。目前,二维平面阵天线产生的波束通常在 $90° \times 120°$ 立体角(仰角 $\pm 45°$ 和方位角 $\pm 60°$)范围内扫描。为了在半球空域内监视目标,往往需要采用 3 个或 4 个平面阵。

相控阵雷达具有波束捷变(包括波束空间位置捷变及波束方向图形捷变)

能力等独特的优点,因而可以满足对高性能雷达系统日益增长的需要,如多目标跟踪、远作用距离、高数据率、自适应抗干扰、快速识别目标、高可靠性以及同时完成目标搜索、识别、捕获和跟踪等多种功能。本节重点论述相控阵的基本原理和相控阵雷达各组成部分的功能。相控阵雷达是采用多种高技术的产物,目前仍然处于迅速发展和激烈变化的时期。

小　　结

机载雷达是作战飞机探测目标参数的重要传感器,电磁波是雷达探测的载体。微波频率范围通常为 $3 \times 10^8 \sim 3 \times 10^{12}$ Hz,对应的波长范围为 1m~0.1mm。

常用的微波器件包括波导、双T接头、收发开关、磁控管振荡器和行波管放大器。

雷达方程是衡量雷达性能的重要工具,通过模拟雷达探测目标的过程可以推导出雷达方程。其对于雷达系统设计中正确地选择分机参数有重要的指导作用。

通过测量回波脉冲相对于发射脉冲的延迟时间可以确定目标的距离。由于脉冲重复频率是有限的,故在测距过程中有可能产生测距模糊的现象,这就需要解模糊。目标速度的测量有两种方法:一种是利用微分的方法进行测量,另一种是多普勒频率测速。PD体制的火控雷达相对于早期的单脉冲体制雷达使得战斗机具备了下视下射的能力。PD雷达在组成上包括激励器、发射机、天线、接收机、数字信号处理机和数据处理机等部分,其在进行检测时有可能会出现距离模糊和多普勒模糊。

相控阵雷达具有波束捷变(包括波束空间位置捷变及波束方向图形捷变)能力等独特的优点,因而可以满足对高性能雷达系统日益增长的需要,诸如多目标跟踪、远作用距离、高数据率、自适应抗干扰、快速识别目标、高可靠性以及同时完成目标搜索、识别、捕获和跟踪等多种功能。

复习思考题

1. 什么是微波?什么是射频?微波波段是怎样划分的?
2. 波导T形接头和双T接头主要的用途是什么?
3. 雷达方程式是如何推导的?
4. 雷达方程中的各个因素是如何影响雷达的探测性能的?
5. 目标的距离如何测量?为什么脉冲法测距时会有测距模糊的现象?

6. 目标速度的测量有哪些方法？
7. 在频域中如何检测目标的多普勒频移？其原理如何？
8. 多普勒频移测速的方法有什么优点？
9. 一般 PD 雷达由哪些部分组成？各部分的功用是什么？
10. 相控阵雷达与机械扫描雷达有何不同？具有哪些优点？有源相控阵雷达与无源相控阵雷达的区别是什么？
11. 相控阵天线实现电扫描的基本原理是什么？

第7章 电子对抗技术基础

电子对抗是指使用电磁能、定向能和声能等技术手段,控制电磁频谱,削弱、破坏敌方电子信息设备、系统、网络及相关武器系统或人员的作战效能,同时保护己方电子信息设备、系统、网络及相关武器系统或人员作战效能正常发挥的作战行动。电子对抗是我军的标准术语,北约国家军队的标准术语是"电子战",2020年6月,美军将"电子战"正式更名为"电磁频谱战",而俄罗斯使用的标准术语是"无线电战斗",其含义相近,但略有差别。电子对抗作为信息作战的主要手段,是未来作战的重要组成部分,是战时夺取战场制电磁权的关键力量。近年来的历次局部战争表明,电子对抗贯穿于现代战争的始末,对战争的进程和结局起着决定性的作用。电子对抗按作战对象或技术领域可分为通信对抗、雷达对抗、光电对抗等。本章重点介绍通信对抗技术和雷达对抗技术基础知识。

7.1 通信对抗技术

通信对抗是为削弱、破坏敌方通信设备的使用效能,保护己方通信设备正常发挥效能而进行的电子对抗。通信对抗包括通信对抗侦察、通信干扰和通信电子防御等内容。通信对抗是电子对抗的重要分支,其实质是敌对双方在无线电通信领域内,为争夺无线电频谱控制权而展开的电波斗争。

通信对抗技术是为削弱和破坏敌方通信系统的使用效能,保护己方通信系统正常发挥效能所采用的技术。它包括通信对抗侦察技术、通信测向技术、通信干扰技术和通信电子防护技术等。以下主要从通信对抗侦察、通信干扰和通信防护3个方面阐述通信对抗技术。

7.1.1 通信对抗侦察

通信对抗侦察是实施通信对抗的前提和基础。利用通信对抗侦察可以获取大量的通信对抗情报,甚至于重要的军事情报。它不仅能够为干扰压制敌方通信设施或系统提供所需要的参数,而且可以为我方制定通信对抗战术,研制和发展通信对抗装备提供重要依据。所以,通信对抗侦察在通信对抗中占有着极其重要的地位。

1. 基本概念

通信对抗侦察是为获取通信对抗所需情报而进行的电子对抗侦察。它主要通过搜索、截获、分析和识别敌方无线电信号,查明其无线电通信设备的频率、频谱结构、调制方式、功率电平、工作体制、配置位置及通信规律、通信网络的性质和组成等。

通信对抗侦察技术是指在通信对抗侦察过程中所采用的方法或技术手段。通信对抗侦察依据任务和设备的不同所采用的技术也是不同的。

2. 基本过程

通信对抗侦察的内容和过程是随着侦察设备技术水平的不断提高而变化的。早期的通信对抗侦察是以耳听侦察通联特征为主。通联特征是指通信联络中所反映出来的一些特点,如信号频率、呼号、勤务通信用语、联络时间、电报信号的报头、人工手键报的音响特点等。随着科学技术的迅速发展,现代战争中的军事通信大量采用快速通信、加密、反侦察抗干扰等各种先进技术,现代的通信对抗侦察已转变为以侦察通信信号的技术特征为主。技术特征是指信号的波形特点、频谱结构、技术参数以及电台的位置参数等。

1) 对通信信号的截获与侦收

由于敌方的通信信号是未知的,或者通过事先侦察已知敌方某些信号频率而不知其通信联络的时间,因此需要通过搜索寻找,以发现敌台信号是否存在以及是否有新出现的通信信号。对信号的截获侦收是通信对抗侦察的首要任务。

2) 测量通信信号的技术参数

通信信号有许多技术参数,包括共有参数和特有参数两大类型。各种通信信号共有的技术参数主要有以下几个。

① 信号载频,或者信号的中心频率。

② 信号电平,通常用相对电平表示。

③ 信号的频带宽度,可根据信号的频谱结构测量信号的频带宽度。

④ 信号的调制方式,根据信号的波形和频谱结构,一般情况下可分析得到信号的调制方式。

⑤ 电波极化方式(必要时测量)。

不同的通信信号一般具有自身特有的技术参数,如调幅信号的调幅度、调频信号的调制指数、数字信号的码元速率或码元宽度、移频键控信号的频移间隔及跳频信号的跳频速率等。

以上技术参数的测量对于通信信号的识别分类是十分重要的。除了测量技术参数外,记录信号的出现时间、频繁程度以及通信时间的长度等,也是很有意义的情报资料。

对通信信号技术参数做到实时测量是十分需要的,这对于通信对抗支援侦察尤为重要。当不能实时测量时,可进行记录,利用音频录音、视频录像、射频信号存储等手段,详细记录或存储截获的通信信号,以便事后作进一步分析和处理。

3) 对信号特征进行分析、识别

信号特征包括通联特征和技术特征。分析信号特征可以识别信号的调制方式,判断敌方的通信体制和通信装备的性能,判断敌方通信网的数量、地理分布以及各通信网的组成、属性及其应用性质等。

4) 测向与定位

利用无线电测向设备测定信号来波的方位,并确定目标电台的地理位置。测向定位可以为判定电台属性、通信网组成、引导干扰和特定条件下实施火力摧毁提供重要依据。

5) 控守监视

对已截获的敌台信号进行严密监视,及时掌握其变化及活动规律。在实施支援侦察时,控守监视尤为重要,必要时可以及时转入引导干扰。

6) 引导干扰

实施支援侦察时,依据确定的干扰时机,正确选择干扰样式,引导干扰机对预定目标电台实施干扰压制,并在干扰过程中观察信号变化情况。也可以对需要干扰的多部敌方通信电台,按威胁等级排序进行搜索监视,一旦发现目标信号出现,即时引导干扰机进行干扰。

在通信对抗侦察中,对获取的情报资料建立通信对抗情报数据库,并根据情报资料的变化及时更新数据库的内容。

3. 基本原理

通信对抗侦察包括对通信信号的侦收和测向两个部分。

1) 通信信号的侦收

通信信号的侦收是由通信对抗侦察接收设备完成的,可分为全景显示搜索侦收和检测侦听分析侦收,分别由全景显示搜索接收设备和检测侦听分析接收设备实现。全景显示搜索侦收包含两个方面:一是在预定频段内自动进行频率搜索截获,并实时测量被截获信号的频率和相对电平;二是将截获信号在频率轴上的分布、频率和相对电平参数同时显示在显示器上。检测侦听分析侦收是指对目标信号信息的监听,信号参数的测量、记录与存储,信号特征分析与信号识别。以下重点介绍全景显示搜索侦收的基本原理。

全景显示搜索侦收功能是由侦察接收天线、接收通道、微控制器、信号处理及显示电路等完成,如图 7-1 所示。

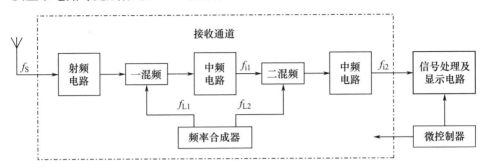

图 7-1 全景显示搜索侦收原理框图

信号的截获与侦收功能主要由侦察接收天线和接收通道来完成。接收通道采用超外差体制,由射频电路、混频器、中频电路、频率合成器等组成。信号处理及显示电路用于信号的处理、测量及显示。微控制器用于控制整机的协调工作,其核心是微机(或微处理机),一般还包括接口及附属电路与设备等。

2) 通信信号的测向

通信测向,从广义上讲应该是属于通信侦察的范畴。它与常规意义上的通信侦察所不同的是在测向时我们感兴趣的只是信号的来波方向,通过方向的探测进一步确定目标信号发射机的位置。对通信辐射源测向方法的分类有很多,按原理可分为振幅法测向、相位法测向和时差法测向,相位法测向和时差法测向统称为干涉仪测向,其中应用最多的是振幅法测向。

振幅法测向是指从接收同一辐射源信号的不同空间位置的天线上,测量或计算信号到达的感应电压的幅度来确定其方向。测向天线是具有一定方向性的,即辐射源发射的电磁场在测向天线上感应的电压幅度与空间方向具有确定关系。这就是说,当测向天线旋转时,其输出电压幅度按天线的极坐标方向图变化,换个角度也可以说,当测向天线输出电压幅度一定时,可以表明天线与到达电波的相对位置,因此振幅法测向又称为极坐标方向图测向。根据测向时利用天线输出电压幅度的原理,振幅法测向还可以进一步分为三类,即最大信号法测向、最小信号法测向和比幅法测向。

4. 主要特点

通信对抗侦察是获取敌方通信对抗情报的重要手段。它是依赖敌方辐射的无线电通信信号获取敌方情报资料的,而本身不需要辐射电磁信号。通信对抗侦察具有以下特点。

① 侦察距离远。侦察的距离与敌方电台的辐射功率、电波传播条件及我方侦察设备的灵敏度等因素有关。在短波、超短波战术通信采用地面波传播的条

件下,侦察距离一般在几千米到几十千米。在短波采用天波传播的条件下,侦察距离可达几百到几千千米。对卫星通信而言,侦察距离可达上万千米。在远距离侦察时,侦察设备可以配置在战区外,受战场态势变化的影响小。

② 隐蔽性好。由于侦察设备不辐射电磁波,不易被敌方利用无线电侦察设备所发现。

③ 侦察范围广。从地域、空域上都可以在十分广阔的范围内实施侦察。从频域上,凡是无线电通信工作的频段范围,也是通信对抗侦察的频段范围。由于侦察范围广,获取的情报资料量也大。

④ 实时性好。侦察设备可以长时间不间断地连续工作,只要敌方无线电发射机发射信号,并且在我方侦察设备的作用范围(包括地域、空域、频域)之内,就能及时地被侦察,所以这种侦察方式是实时的。另外,由于信号处理技术与计算机技术在侦察设备中的广泛应用,对信号分析处理的实时性大大提高。

5. 发展趋势

通信对抗侦察技术的发展趋势完全取决于通信技术的发展。为了反侦察/抗干扰的目的,新的通信体制和通信战略都向着高频段、宽频带、数字化、网络化的方向发展。因此,通信对抗侦察技术的发展趋势也应针对通信技术发展采取相应的对策。

① 高频段和宽频带。高频段和宽频带的第一种意义是频率范围的极端扩展。现在的通信已从长波扩展到可见光范围。第二种意义是采用的调频和直扩等扩展频谱通信技术也向高频段和宽频带发展,它们都是反侦察/抗干扰能力极强的新通信体制。毫无疑问,通信对抗侦察也必须向高频段和宽频带发展。

② 网络化侦察技术。军事通信网络化是现代通信基于战场电子信息网络体系(C^4ISR)的需要发展最快和最重要的技术,军事通信网络化水平的不断提高给通信对抗带来了重大挑战,如何侦察网络拓扑结构、识别网络关键节点、截获网络路由信息、分析网络协议等都是通信对抗侦察需要解决的关键问题。

③ 软件无线电侦察技术。在高科技的现代战争中,为了更好地适应多变的信号环境,通信对抗侦察必须充分利用计算机软件技术,特别是基于软件无线电理论发展软件无线电侦察技术。软件无线电技术在通信对抗侦察设备中的广泛应用,将使通信对抗侦察发生质的飞跃。

④ 综合一体化侦察技术。面对无线电通信的多体制、多频段工作,只靠单一的侦察手段已不能获取所需的全部信息。只有综合利用陆、海、空、天多种平台和多种手段的通信侦察,进行信息汇总和数据融合,才有可能获得全面、准确的情报信息。

7.1.2 通信干扰

自从无线电通信诞生以来,军事部门一直都依赖通信来实施对部队的指挥和控制,利用通信干扰设备在通信信道上向通信系统的接收方辐射其不需要的噪声或其他干扰信号,破坏其正常沟通,阻断其信息传递,最终使其作战指挥控制失灵。因此,通信干扰是作战行动的重要组成部分。

1. 基本概念

通信干扰是无线电通信干扰的简称,是削弱或破坏敌方无线电通信效能的电子干扰。它是用人为的辐射电磁能量的办法对敌方获取信息的行动进行的干扰和压制。通信干扰技术是通信对抗技术的一个方面,是通信对抗领域中最积极、最主动和最富有进攻性的一个方面。

2. 基本原理

通信干扰的基本方式可以分为瞄准式干扰和拦阻式干扰两大类。

1) 瞄准式干扰

瞄准式干扰是瞄准敌方通信系统、通信设备的通信信号频谱(或信道频率)施放的一种窄带通信干扰。

根据干扰瞄准信号程度的不同,瞄准式干扰可以分为准确瞄准式干扰和半瞄准式干扰。通常把干扰与目标信号频谱重合程度高于75%的干扰称为准确瞄准式干扰,也称为瞄准式干扰,如图7-2所示。

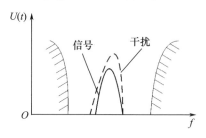

图 7-2 瞄准式干扰

干扰与目标信号频谱不完全重合,但75%以上的干扰能量能通过接收机选择电路的干扰称为半瞄准式干扰,如图7-3所示。

根据干扰频率的设置方式不同,瞄准式干扰可以分为点频式干扰、扫频搜索式干扰和跟踪瞄准式干扰等;从干扰频率的瞄准方式上可分为转发法、比较法和再生法;按被干扰的信道数目可分为单目标瞄准式干扰和多目标瞄准式干扰。

瞄准式干扰功能一般由引导接收机、频率重合器、干扰源、发射机、监视控制

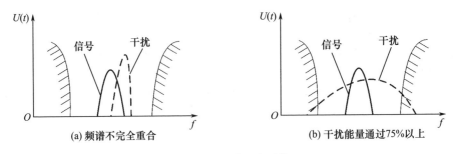

图 7-3 半瞄准式干扰

器及天线等协调工作来实现,如图 7-4 所示。

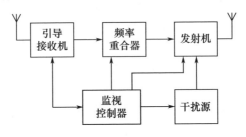

图 7-4 瞄准式干扰原理框图

由引导接收机获取被干扰信号的载频、调制方式、带宽、电平等参数;信号载频被送至频率重合器,使干扰载频与目标信号实现频率重合;根据目标信号的其他参数,从干扰源中选取最佳的基带干扰信号,送入发射机进行适当调制和放大;发射机按所需的功率放大干扰信号后,由干扰发射天线发射出去,对目标信号进行瞄准干扰。整个干扰机在监视控制器的协调下工作,干扰过程中实时监视目标信号的变化情况。

2) 拦阻式干扰

拦阻式干扰是能同时对工作在某个干扰频段内的多个通信信道实施的一种宽带干扰,该干扰频段称为拦阻带宽,也就是拦阻干扰信号的频谱宽度。通常,拦阻带宽远远大于单个信道的频谱宽度,拦阻干扰信号的功率扩展在被干扰拦阻带宽内所有可能的信道上,从而干扰拦阻带宽内所有同时工作的目标信号。拦阻式干扰不需要频率瞄准,是一种大功率、强有力的干扰技术。

根据干扰频谱的疏密程度不同,拦阻式干扰可以分为连续拦阻式干扰和梳状拦阻式干扰,如图 7-5 所示。图中实线为干扰频谱,虚线为信号频谱。

连续拦阻式干扰的频谱是连续谱,能对整个干扰频段内所有通信信号产生干扰作用,是典型的全频段阻塞干扰,被干扰的频段内没有通信的可能。由于功率分散在整个干扰频段上,要使频段内所有被干扰信道都得到有效的干扰功率,

第 7 章 电子对抗技术基础

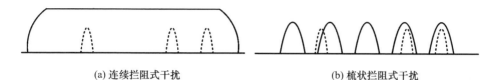

(a) 连续拦阻式干扰　　　　　(b) 梳状拦阻式干扰

图 7-5　拦阻式干扰频谱

干扰机需要具有非常大的功率,或者要求拦阻干扰的干扰带宽不是很大。

梳状拦阻式干扰的频谱属于"断续谱",相邻频谱之间有一定间隔,该间隔通常与被干扰目标信道间隔相匹配,是一种改进了的拦阻干扰。因此,梳状拦阻式干扰只在工作频率范围内的各特定信道中出现干扰,干扰功率在工作频率范围内以规定间隔、强度相等的方式集中在各个信道内。

按拦阻式干扰信号产生的方法划分,主要有火花拦阻式干扰、多干扰源线性叠加干扰及扫频拦阻式干扰等。

拦阻式干扰功能一般由干扰源、放大调制器、宽带功率放大器及发射天线等协调工作来实现,如图 7-6 所示。

干扰源产生干扰调制信号,经调制、放大得到所需要带宽和频率的宽带干扰信号,再经宽带功率放大器放大到所需的功率电平,通过天线发射出去。

图 7-6　拦阻式干扰原理框图

3) 通信干扰系统

通信干扰系统能够独立地对目标信号进行搜索、截获、分选、分析、识别和测量,并独立地完成干扰引导和实施通信干扰。通信干扰系统组成主要包括通信侦察搜索接收机、通信侦察监测接收机、通信干扰引导接收机、通信干扰信号产生器、功率合成放大器、收发天线、控制台以及其他辅助设备等,如图 7-7 所示。

3. 主要特点

① 对抗性。通信干扰是为了破坏或扰乱敌方的无线电通信。无线电通信干扰信号的发射,目的不在于传送某种信息,而在于用干扰信号中携带的干扰信息去压制和破坏敌方的通信。通信干扰是以敌方的通信系统为目标的。

② 先进性。通信干扰必须跟踪敌方通信技术的最新发展,并且要设法超过敌方,只有这样才能开发出克敌制胜的通信干扰设备。但是世界各国通信技术的发展,特别是抗干扰军事通信技术的发展都是在高度机密的情况下进行的,对

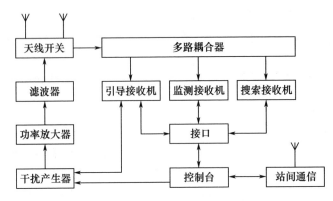

图 7-7 通信干扰系统组成框图

敌情的探知比较困难,所以无线电通信干扰是一项技术含量非常高、在无线电通信领域高技术顶峰上进行较量、十分艰巨而困难的工作。

③ 灵活性和预见性。作为对抗性武器,通信干扰系统必须具备敌变我变的能力。现代战场情况瞬息万变,为了长期立于不败之地,通信干扰系统的开发和研究必须注重功能的灵活性和发展的预见性。

④ 技战综合性。通信干扰系统同其他硬武器一样,其作用不仅仅取决于其技术性能的优良,在很大程度上还取决于其战术使用方法,如使用时机、使用程序以及在作战系统中与其他作战力量的协同等。

⑤ 系统性。无线电通信系统随着现代化战争的发展,已经从过去单独的、分散的、局部的发展成为联合的、一体的、全局的通信指挥系统。因此,通信对抗已经不能再是局部的、个别的、一时性的行动了,它既是合同作战的一员,也是综合电子战系统中不可缺少的组成部分。

⑥ 反应速度快。在跳频通信、猝发通信飞速发展的今天,目标信号在每一个频率点上的驻留时间已经非常短促。在这样短的时间里要在整个工作频率范围内完成对目标信号的搜索、截获、识别、分选、处理、干扰引导和干扰发射,可见通信干扰系统的反应速度必须十分迅速。

⑦ 干扰技术难。为达到有效干扰,通信干扰技术领域中需要解决的技术难题很多。例如,通信是以直接波方式工作的,信号较强,所以对通信信号的干扰和压制需要更强的功率;通信是窄带的,通信干扰所需频率瞄准精确度为几十赫兹到几百赫兹,即频率瞄准精确度要求更高;通信系统在多数情况下其终端判听者是智能的人,所以达到有效干扰更难。

4. 运用及发展趋势

通信干扰在作战中主要用于干扰压制敌指挥通信系统。综合运用空中、地面和海上的无线电通信干扰力量,干扰压制敌地空通信和预警指挥机的指挥通信系统,削弱和破坏其指挥控制能力。配置在敌机来袭方向前沿的地面干扰群以瞄准式干扰为主,升空干扰平台以宽带阻塞式干扰为主,重点压制敌作战飞机上的无线电通信接收系统,阻断敌机的指挥引导信息。目前,美军已将通信干扰相关技术成功运用于 EC-130 等电子战飞机中,执行通信压制任务。

综合国外通信与通信干扰技术的发展,可以预见到通信干扰技术发展的一般趋势如下。

① 综合化、一体化与网络化。为了提高快速反应能力和整体作战能力,把通信侦察、测向定位与干扰综合在一起,如美国的 CHEIF 通信电子战系统,可以有效地支援地、空一体化作战;将通信干扰系统和雷达干扰系统综合在一起,可以有效地构成机群突防作战的支援干扰掩护;将通信干扰系统与 C^4I 系统综合在一起,可以充分实现情报资源共享,提高通信干扰系统的快速反应能力和整体作战能力。

② 标准化、小型化与智能化。通用化水平的提高使通信干扰系统越来越不受运载平台的制约,而成为多用途的、易于与专家系统接口的干扰系统。

③ 升空干扰技术。升空平台通信干扰装备由于升空增益使其具有极其突出的优点,可轻而易举地进行远距离有效干扰。

④ 分布式通信干扰技术。一次性使用的无人值守的小型分布式通信干扰设备成本低,可投放到敌纵深内部,干扰效果好,综合效费比较高,特别是干扰跳频通信、扩频通信、多网台战术通信等都有良好的干扰效果,是一种应十分重视的干扰手段。

⑤ 扩展频段,增大功率。扩展频段以适应越来越多的作战目标,目前国外通信干扰系统覆盖的频率范围已经从 0.5~512MHz 扩展到 18GHz,并将覆盖更宽、更高频段。输出功率是干扰能力的保证之一,国外已达千瓦级至兆瓦级。

⑥ 提高通信干扰系统的生存能力。通信干扰系统,特别是地面通信干扰系统须在前沿配置,是敌方火力攻击的主要目标,因此抗毁能力是十分重要的。

7.1.3 通信防护

通信防护是为保护己方通信人员、设施或设备免受己方或敌方运用通信电子战的影响以致降低己方通信保障能力而采取的行动。仅对敌方的电子侦察和干扰而采取的行动通常称为通信电子防御。通信防护的具体内容有无线电通信反侦察、抗干扰、频谱管理与电磁兼容、信号保密等。以下重点介绍无线电通信的反侦察与抗干扰技术。

1. 无线电通信反侦察

1）基本概念

无线电通信反侦察是为防止己方通信信号被敌截获、侦察定位、获得有用参数而采取的安全防护措施及活动的统称。反侦察的目的是使敌方的侦察活动无法获得己方通信系统的技术参数和战术运用的情报,或者得到错误的信息。

面对敌方的通信侦察活动,作为军事通信的一方,当然不希望或不允许己方发送的无线电通信信号被侦察;否则就有通信情报泄密、被干扰甚至被摧毁的危险。但是由于己方发送的通信信号在开放的空间传播,无法直接阻止敌方的无线电通信侦察活动,所以就必须采取反侦察措施。

无线电通信反侦察是通信电子战的重要内容,在现代战争中,反电子侦察不仅是反电子干扰和反摧毁的重要环节,而且对于保障部队行动的保密性和突然性也是一个关键环节,即使在和平时期,反电子侦察对于保护国家机密、巩固国防也是极其重要的一项工作。

很多反侦察措施对抗干扰也是有利的。瞄准干扰的前提是对通信信号的侦察,包括对信号的截获、频率和方位等参数的测量、信号的种类与通信台网功能的分析与识别,如要利用反侦察技术使敌方截获不到己方的无线电信号,或虽能截获到己方的无线电信号,但无法确定信号的关键参数,从而使敌方难以实施有效干扰特别是最佳瞄准干扰。

2）基本原理

无线电通信反侦察主要要求发射信号具有低的截获概率和低的利用概率,从而使己方通信信号难以被敌方截获,即使信号被截获也难以提取特征参数和分析识别,难以从中获得任何情报。

信号被侦察的概率主要与信号形式、检测方法、信噪比和检测时间有关。在信号形式、检测时间一定的条件下降低侦察接收机输入信噪比,可以降低信号被侦察的概率。

侦察容限(M_1)定义为使信号不能被有效侦察所允许进入侦察接收机的最大输入信噪比。信号不能被有效侦察是指信号被侦察的概率小于某一最大值。信号的侦察容限反映该信号在侦察环境下对抗侦察的耐受能力,其值与信号的形式、侦察接收机的检测方法有关。

由侦察容限的定义可知,信号不被有效侦察的条件是

$$\frac{P_{si}}{P_{ni}} < M_1 \qquad (7-1)$$

式中,$\dfrac{P_{si}}{P_{ni}}$为侦察接收机输入信噪比。

当式(7-1)满足时,侦察系统不能对信号进行有效侦察,所以可以通过降低侦察接收机输入信噪比和提高信号的侦察容限两方面措施来提高通信系统的抗侦察能力。

2. 无线电通信抗干扰

1) 基本概念

无线电通信抗干扰是为保障通信顺畅,抑制、削弱或消除电磁干扰对通信影响而采取的措施及其行动的统称。

军事通信所面临的干扰除了各种自然干扰和无意的人为干扰以外,更主要的是有意人为压制干扰的威胁。军事通信抗干扰是对敌方的有意的无线电压制干扰活动所采取的反对抗措施,即采取措施削弱或消除敌方通信干扰对己方通信系统的有害影响,以保障在干扰环境下己方信息传输的有效性和可靠性,使己方通信设备发挥正常效能。

在现代战争中通信干扰和反干扰的斗争在激烈地进行,而对敌方施放的强烈通信干扰,通信系统如果没有很强的抗干扰能力,极易被压制,难以或无法进行有效和可靠的信息传输。为此,军事通信系统必须采取各种抗干扰措施。

2) 基本原理

干扰容限(M_j)定义为系统尚能工作时,接收机允许输入的最大扰信比。干扰容限反映系统在干扰环境中对干扰的耐受能力,其值与干扰方式和样式、信号形式和接收方法有关。

由干扰容限的定义可知,当干扰进入通信系统(接收机)后,不考虑门限效应,一个通信系统能正常工作的条件是

$$\frac{P_{ji}}{P_{si}} < M_j \tag{7-2}$$

式中 $\dfrac{P_{ji}}{P_{si}}$——接收机输入扰信比。

当式(7-2)不满足时,通信系统无法正常通信(指达不到预定的最低信噪比或最高误码率)。当式(7-2)满足时,通信质量好于最低要求,通信系统能抗住干扰进行正常通信,所以可以通过降低接收机输入扰信比和提高系统的干扰容限两方面措施来提高通信系统的抗干扰能力。

7.2 雷达对抗技术

雷达对抗是为削弱、破坏敌方雷达使用效能,保护己方雷达正常发挥效能而

进行的电子对抗。雷达对抗包括雷达对抗侦察、雷达干扰和反辐射摧毁、雷达防护等内容。雷达对抗的目的就是通过对敌方雷达的侦察、干扰和摧毁,获取敌方武器装备、兵力部署、作战指挥等方面的重要情报;在重要的战斗和战役进程中,使敌方的武器系统失效、指挥控制失灵、装备损失和人员伤亡,为消灭敌人、保存自己、取得战争胜利创造条件。

雷达对抗技术是为削弱和破坏敌方雷达的使用效能,保护己方雷达正常发挥效能所采用的技术。它包括雷达对抗侦察技术、雷达干扰技术、反辐射摧毁技术和雷达电子防护技术等。以下主要从雷达对抗侦察、雷达干扰和雷达防护3个方面阐述雷达对抗技术。

7.2.1 雷达对抗侦察

雷达对抗侦察是雷达对抗的基础和保障,其目的是全面、准确地掌握敌方雷达的技术参数和抗干扰能力,从而为雷达干扰和雷达防护提供情报支援。

1. 基本概念

雷达对抗侦察是为获取雷达对抗所需情报而进行的电子对抗侦察。它主要通过搜索、截获、分析和识别敌方雷达发射的信号,查明其雷达的工作频率、脉冲宽度、脉冲重复频率、天线方向图、天线扫描方式和扫描速率,以及雷达的位置、类型、工作体制、用途等。

雷达对抗侦察技术是指在雷达对抗侦察过程中所采用的方法或技术手段,主要包括方位测量技术、频率测量技术和信号处理技术等。

2. 基本原理

雷达对抗侦察各种任务的完成是通过雷达对抗侦察设备实现的。现代雷达对抗侦察设备主要由两个部分组成,即侦察机前端和终端。侦察机前端由天线和接收机两部分组成;终端则由信号处理机、显示、记录、控制器等输入输出设备组成。

雷达对抗侦察设备的基本任务是完成对截获雷达信号的方位测量、频率测量和信号的分析、识别等。其中,测向天线及接收机实现对截获雷达信号到达方位的测量;测频天线及接收机则完成对截获雷达信号载频的测量;而信号处理机则实现对截获雷达信号的分选、分析和识别等处理功能。

1) 方位测量

方位测量即通过雷达对抗侦察设备获取敌方雷达相对于侦察设备的方位角。通过方位测量可以获取敌方雷达在空间的布置情况,推测敌方的防御和空袭方向等重要战术情报。

方位测量方法很多,总体上可以分为两类,如图7-8所示。第一类即空域取样法,实质是由一个或多个窄波束天线工作于侦察空域,当雷达信号的入射方向正好位于某个天线的波束内,则与该天线相连的测向接收机将输出脉冲信号,若脉冲包络幅度大于检测门限,根据天线波束的指向和波束宽度就可知道信号入射方向的测量值和测向误差。第二类测向方法中的空域方位 – 幅度变换法测向的实质是,利用波束重叠的两天线测量同一脉冲信号的包络幅度之比来确定雷达的方位角;空域方位 – 相位变换法测向的实质是,利用相邻天线测量同一脉冲信号在天线之间的相位差来确定雷达的方位角。

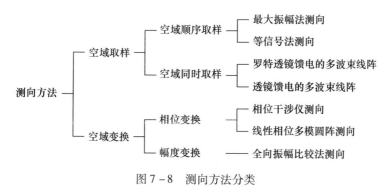

图 7 – 8　测向方法分类

（1）全向比幅测向。

全向比幅测向属于空域变换测向法中空域方位 – 幅度变换法测向。用多个独立毗邻天线波束,覆盖360°空域,通过比较相邻天线波束接收同一信号幅度来确定雷达的方位。这是一种瞬时测向技术,可以提取每一个脉冲的角度信息,故可称为全向比幅单脉冲测向技术。常见的全向比幅测向系统用四天线、六天线或八天线。无论天线多少,工作原理相似,现以四天线全向比幅测向系统为例,来说明这种测向系统的基本工作原理。

图 7 – 9 所示为四天线全向比幅测向系统的方位波束覆盖图。相邻天线轴线夹角称为倾斜角 θ_s,4 个天线这样配置:$G_1(\varphi)$的轴线方向与正北方向一致,其余的 $G_2(\varphi)$、$G_3(\varphi)$、$G_4(\varphi)$的轴线方向则分别与正东、正南、正西方向一致。两相邻天线波束交点与坐标原点的连线与 4 个天线波束轴线把 360°方位平面分成 8 个区域。

测向原理:通过比较 4 个天线波束接收到的同一雷达信号的大小,即可确定信号的方位角位于 8 个区域中某一个区域,从而粗略指示出雷达的方位。例如,在图 7 – 9 所示的情况下,通过比较各天线接收到的信号大小,可以得出 $G_1 > G_2$、$G_1 > G_3$、$G_1 > G_4$、$G_2 > G_4$,信号出现在第 I 区中,并可用 3 位粗方位码"000"来表示。粗方位区域判断准则可归纳如表 7 – 1 所列,不难采用具体的逻辑电路、编码电路加以实现。

表 7-1 到达方向的粗编码

粗方位区域	判断准则	粗方位码
Ⅰ	$G_1>G_2$、$G_1>G_3$、$G_1>G_4$、$G_2>G_4$	000
Ⅱ	$G_2>G_1$、$G_2>G_3$、$G_2>G_4$、$G_3<G_1$	001
Ⅲ	$G_2>G_1$、$G_2>G_3$、$G_2>G_4$、$G_3>G_1$	010
Ⅳ	$G_3>G_1$、$G_3>G_2$、$G_3>G_4$、$G_2>G_4$	011
Ⅴ	$G_3>G_1$、$G_3>G_2$、$G_3>G_4$、$G_2<G_4$	100
Ⅵ	$G_4>G_1$、$G_4>G_2$、$G_4>G_3$、$G_3>G_1$	101
Ⅶ	$G_4>G_1$、$G_4>G_2$、$G_4>G_3$、$G_3<G_1$	110
Ⅷ	$G_1>G_2$、$G_1>G_3$、$G_1>G_4$、$G_2<G_4$	111

当确定信号所在的区域以后,接着需进一步确定信号的精确位置。精确位置的确定是通过比较两相邻天线的输出来实现的。如图 7-9 所示的目标位置,当粗略测定位于第Ⅰ区以后,通过求取天线 1 和天线 2 的输出信号比,即可确定其精确的方位角 θ。因此,确定雷达的方位分为两步,第一步确定雷达信号出现在哪一区域中,第二步根据雷达信号出现的区域,选择相应的两个相邻天线的输出信号进行比较,求取精确的信号方位。

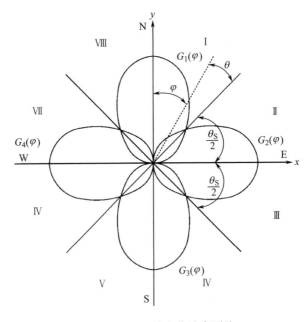

图 7-9 四天线方位波束覆盖

获得精确方位的原理框图如图7-10所示。4个天线后接四部完全相同的接收机,每一天线的输出信号,分别经接收机的相同通道进行限幅放大、频分、检波、对数放大,然后加到差分放大器上进行相减,即求功率比的对数。每一个通道的视频对数输出分别加到两个差分放大器上去,以完成该支路输出信号与左、右相邻两个支路输出的信号幅度比的运算。

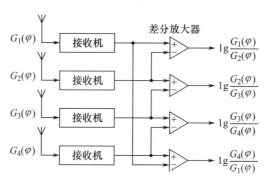

图7-10 相邻天线输出功率比的求取

设天线的方向图为高斯函数,即

$$G_P(\varphi) = \exp\left[-k\left(\frac{\varphi}{\theta_0}\right)^2\right] \quad (7-3)$$

式中 φ——信号到达方向与天线波束轴线的夹角;

θ_0——1/2天线波束宽度,即 $\theta_0 = \theta_{0.5}/2 = \theta_r/2$;

k——比例常数,$k = 0.693$。

试验证明,式(7-3)所描述的天线功率方向图对宽带螺旋天线具有良好近似。

设信号到达方向为 θ,如图7-9所示,则天线1输出的信号功率为

$$P_1 = \exp\left[-k\left(\frac{\frac{\theta_S}{2} - \theta}{\theta_0}\right)^2\right] \quad (7-4)$$

天线2输出的信号功率为

$$P_2 = \exp\left[-k\left(\frac{\frac{\theta_S}{2} + \theta}{\theta_0}\right)^2\right] \quad (7-5)$$

两天线输出信号功率比的对数为

$$R = 10\lg\frac{P_2}{P_1} = \frac{10k\lg e}{\theta_0^2}2\theta\theta_S \quad (7-6)$$

解得

$$\theta = \frac{\theta_0^2 R}{20k\theta_s \lg e} \qquad (7-7)$$

将 $k=0.693$ 代入式(7-7)得

$$\theta = \frac{\theta_0^2}{6\theta_s} R \qquad (7-8)$$

当 $\theta_s = \theta_r$ 时,将 $\theta_0 = \theta_{0.5}/2 = \theta_r/2$ 代入式(7-8),可进一步简化为

$$\theta = \frac{\theta_0}{12} R \qquad (7-9)$$

由式(7-9)可见,只要求出 R,就可以求出目标精确的到达角。

由差放输出的信号送往 A/D 变换电路、编码电路,得到目标方位角的精方位码。考虑到 θ 角的分辨力,应用 6 位二进制码。粗、精方位码可以不模糊地代表目标的方位角,利用 θ 角的 6 位码和 3 位区域码即可换成目标的相对方位码。

(2) 相位干涉仪测向。

相位干涉仪测向属于空域变换测向法中空域方位-相位变换法测向。

两个间隔为 d 的轴线方向一致的相同天线,在接收同一雷达辐射的电磁波时,若辐射源与侦察天线轴线的夹角为 θ,则电磁波到达两天线行程是不相同的。由图 7-11 可见,波的行程差为

$$\Delta R = d\sin\theta \qquad (7-10)$$

相应地,相位差为

$$\varphi = \frac{2\pi \Delta R}{\lambda} = \frac{2\pi d\sin\theta}{\lambda} \qquad (7-11)$$

从原理上讲,如果两天线后的接收信道完全一致,在事先测得雷达信号频率的情况下,利用鉴相器测出相位差 φ 后,即可确定雷达的方位角 θ,即 $\theta = \arcsin(\varphi\lambda/2\pi d)$。

这种基于比较两支路接收到同一信号的相位差确定雷达方位的测向系统,称为相位干涉仪。图 7-11 所示是一种单基线相位干涉仪测向,由于无法解决测角精度与视角范围之间的矛盾,因此一般采用多基线相位干涉仪测向。

2) 频率测量

频率测量是指通过雷达对抗侦察设备测量敌雷达信号的载波频率。现代测频方法很多,主要分类如图 7-12 所示。

测频方法分为两大类:一类从频域直接取样,包括顺序取样和同时取样;另

第 7 章　电子对抗技术基础

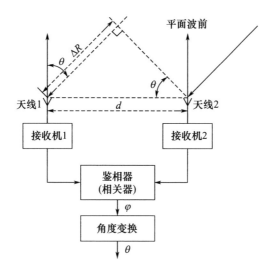

图 7-11　单基线相位干涉仪测向

一类是对频率进行变换,将频率变换成其他易于测量的量,然后进行测量。

频域取样法测频,即通过一个或多个窄带带通滤波器工作于侦察频段内,当信号的载频位于某个窄带带通滤波器的通频带内,则该窄带滤波器的输出可能超过检测门限,根据该滤波器的中心频率和带宽可知信号的载频测量值和测量误差。

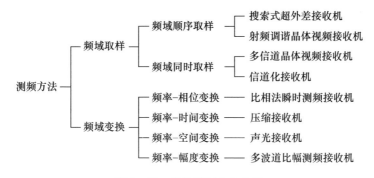

图 7-12　现代测频方法分类

频域变换法测频都是非搜索法测频,它们的共同优点是:既能获得很宽的瞬时测频范围,实现高截获概率,又能获得高频率分辨率,能较好地解决截获概率和频率分辨率之间的矛盾。这类测频方法均是在包络检波之前,对高频信号进行变换而完成测频,对接收机的器件和运算速度要求较高,目前应用较广泛的是比相法瞬时测频接收机。

3）信号处理

雷达对抗侦察信号处理主要包括雷达信号脉冲参数测量、信号分选和信号识别三部分。

(1) 脉冲参数测量。

脉冲参数测量主要指对雷达信号的时间参数和幅度参数进行测量。雷达信号脉冲参数主要包括脉冲到达时间(TOA)、脉冲宽度(PW)、脉冲重复周期(PRI)、脉冲幅度(PA)、脉间或脉内调制参数、脉冲群参数等,侦察过程中需要测量出以上全部或部分参数并据此完成雷达信号识别。对脉冲参数进行测量,其基本原理就是一种模数转换,本书不再赘述。

(2) 雷达信号分选。

雷达信号分选是指将各个雷达单独的脉冲序列从多个雷达信号随机交叠的脉冲流中分离出来。

原则上凡是表征雷达特性的所有参数都可以用作分选参数,但分选参数要根据既便于分选出雷达信号同时又便于测量的原则来选取。因为雷达的单个脉冲参数是最便于测量而且能反映不同信号特点的参数,因此用作信号分选的参数。其中,TOA 参数可以很方便地导出 PRI,而 PRI 又是雷达信号重要的参数,所以分选参数主要有 TOA、PW、PRI、脉冲载波频率(f)、脉冲到达方向(DOA)等。其余的参数通常在信号分选后,分离成单个雷达信号脉冲列进行分析才能提取出来,故不能作为分选参数。

① PRI(或 PRF)单参数分选。利用雷达脉冲周期重复的特点,可以比较容易地从交叠信号流中分离出各个雷达的脉冲列,重频分选既可以用逻辑电路来实现(硬件分选),也可以用微处理机、计算机来实现(软件分选)。硬件分选具有实时性强、线路简单等优点,但只能对常规雷达信号进行分选而且信号密度不能太高;软件分选则可以适用于重频变化和信号密度较高的情况。

② PRI、PW 两个参数分选。PW 不能像 PRI 那样作为单独的一个参数用来分选信号,这是因为雷达的脉冲宽度测量值随着幅度变化而变化,也会由于多路径效应而使得脉冲宽度的测量值发生变化。但是如果脉冲宽度与重复频率联合使用可以大大缩短分选时间,而具有利于对宽脉冲、窄脉冲等特殊信号分选,并能对重复周期变化的信号进行分选。

③ PRI、PW、f 多参数分选。为了对捷变频和频率分集雷达信号进行分选,必须对 PRI、PW、f 这 3 个参数进行相关处理,以完成分选信号的任务。

④ PRI、PW、f、DOA 多参数分选。当密集的信号流中包括多个载波频率变化、重频变化的脉冲列时,为了完成分选任务需要加进 DOA 这一参数,形成 PRI、PW、f、DOA 多参数综合分选。准确的脉冲到达方向是最有力的分选参数,

因为目标的空间位置是不会突变的,故脉冲到达方向也是不会突变的。用脉冲到达方向作为密集、复杂信号流的预分选,是对频率捷变、重频捷变、参差等复杂信号进行分选的可靠途径。

以上所讨论的信号分选都只利用雷达脉冲列 PRI 这一参数固定不变的特点,来实现对重频固定的雷达信号进行分选。当输入雷达脉冲列重频跳变时,这种分选方法就显得无能为力了。要实现对重频跳变信号进行分选,必须利用信号的其他参数。因而在各种复杂的条件下要完成信号分选任务,必须采用多参数信号分选的方法。

(3) 雷达信号识别。

雷达信号识别是雷达对抗侦察系统信号处理的目的,是整个雷达对抗信号处理中关键性的一个环节。在获得单个雷达辐射源信号参数后,才能进行信号识别。

① 定义。雷达信号识别是指将被测雷达辐射源信号参数与预先积累的辐射源参数进行比较以确认该雷达辐射源本身属性的过程。识别常包含若干个参数鉴别过程,当信号的一个或多个参数被鉴别以后,该信号即被识别。

② 内容。雷达信号识别内容通常包括辐射源识别、辐射源载体(目标)的识别、威胁等级的确定以及识别可信度的估计。其中,辐射源识别是基础,根据辐射源的性能,再将该辐射源和其他有关辐射源联系起来,并结合辐射源的空间位置情况,便可进行目标识别,从而判定目标是飞机、导弹还是军舰以及是何种型号等。根据辐射源特性、它所服务的武器系统、当前的工作状态以及距离的远近来确定威胁等级。

③ 方法。雷达信号识别既可以采用硬件来实现,也可以通过计算机软件来实现。硬件实现的识别装置功能有限,常用作特定信号(威胁)的识别。用计算机通过软件进行信号识别具有很强的识别功能,不仅可同时识别很多信号,而且具有很大灵活性,可以根据信号环境变化自适应地调整识别结果。

辐射源的计算机识别过程是计算机通过程序将测得的辐射源参数和数据库的一系列辐射源参数文件连续比较的过程,以识别出最可能产生被测信号的辐射源,从而识别目标性质及威胁程度。辐射源的计算机识别过程及数据流程如图 7-13 所示。

自雷达对抗侦察设备前端来的信号由预处理机自动地测定其参数。当各辐射源的信号全部分析完毕时,这些辐射源参数就被送到预处理机中的已知辐射源文件,以便对这些信号跟踪,同时送到主处理机进行信号识别。

从预处理机来的辐射源参数,周期性地被送往主处理机的辐射源参数缓冲器,并形成一定格式的参数文件。辐射源参数在缓冲器参数文件中一直存放着,

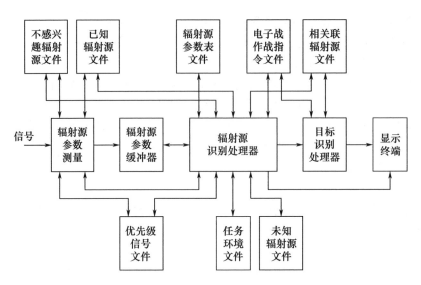

图 7-13 辐射源计算机识别过程及数据流程

直到被辐射源识别处理器识别完后,该辐射源参数便从缓冲器参数文件中删去,同时送往任务环境文件。任务环境文件用来存放在执行任务中所有被截获并识别了的辐射源参数。

输入缓冲器中的新辐射源参数首先和任务环境文件中的已有条目进行比较,以确定该信号是否已被识别过。如果比较的结果相符合,任务环境文件就按新的数据进行修改,并从缓冲器参数文件中将该信号参数删去。如果比较的结果不相符,再将它和未知辐射源文件进行同样的比较,以便判明该辐射源在此之前是否被处理过。确是未处理过的信号,就将参数写入未知辐射源文件以更新文件内容,同时对此更新的信息进行处理。截获的信号如果与哪个文件都不相符,便认为是新信号,进而和辐射源参数表文件及电子战作战指令文件的预先数据库进行比较。

电子战作战指令文件包含当前已知的辐射源及战区中将会出现的辐射源全部可用的数据,包括辐射源参数的准确值和特殊辐射源参数的容差。这些数据的大部分是在情报收集过程中取自于任务环境文件。辐射源参数和电子战作战指令文件比较的结果如果相符合,这个辐射源便被识别了。

如果用电子战作战指令文件不能对辐射源识别,便需用辐射源参数表文件来识别它。辐射源参数表文件包含在作战环境中可能出现的所有已知辐射源的一般参数数据表。文件中参数容差通常取得足够宽,以致对输入缓冲器中的一个辐射源的参数,文件中便可能有几个辐射源的参数与它相符合。因此,在和辐射源参数表文件相比较时,通常会出现多个相符的情况。

成功识别了的辐射源参数都被存到任务环境文件中,使得任务环境文件包含在执行任务中截获和识别过的辐射源所有的适当数据,并且也被存到已知辐射源文件中,以保证对所有当前已知辐射源的跟踪。

在辐射源被成功识别之后,就需要对目标(载体)识别和对辐射源组合的识别。这一识别过程是通过和相关联辐射源文件相比较来完成的。相关联辐射源文件中包含一个表明目标和辐射源配置情况的模型表。只要将几个配在一起的辐射源和相关联辐射源文件相比较就可以识别目标的属性。一旦目标被识别,装在该目标上的其他辐射源便被识别了。对于在和辐射源参数表文件比较中出现多个相符的情况,这个过程对辐射源的识别特别有用。在相关联辐射源文件中还包含一个辐射源和它在不同模式工作时所产生的辐射之间的模型。因此,利用相关联辐射源文件就可能预测将会出现的信号,因而使系统响应速度显著提高。

不感兴趣辐射源文件包含我方雷达和部分威胁等级比较低的已经识别的雷达辐射源参数,当辐射源中含有不感兴趣的信号时,扣除这些信号,以便稀释脉冲流,便于主处理机进行处理。

优先级信号文件包含执行任务中部分威胁等级比较高的已经识别的雷达辐射源参数,当辐射源中含有这些信号时,优先送到主处理机进行处理。

从系统要求的观点来看,辐射源识别处理系统的主要问题首先是数据库的合理结构和必需的容量;其次是识别过程中进行各种比较所需花费的时间,即识别速度问题;第三是合理而实用的识别程序的研究。

3. 主要特点

雷达对抗侦察不受昼夜和天气的限制,侦察设备具有全天候侦察的能力。此外,还具有其他特点。

① 侦察作用距离远。雷达对抗侦察设备接收的信号是雷达发射的直射波,用高灵敏度接收机可实现超远程侦察。

② 获取目标的信息多而准。雷达对抗侦察可以测量雷达的很多参数,并根据这些参数准确判定目标的性能和用途,甚至利用雷达参数的微小区别,能区分、识别不同目标的相同型号雷达,甚至指出平台的名称。

③ 预警时间长。一是比雷达探测发现目标早,可在雷达发现目标之前做好战斗准备;二是可依据敌方雷达的异常情况,提前判断敌方行动。

④ 隐蔽性好。雷达对抗侦察设备只接收雷达信号,不发射电磁波,因而具有高度的隐蔽性。

4. 运用及发展趋势

1) 运用

雷达对抗侦察大致可以分为四类,即电子情报侦察、电子对抗支援侦察、雷达寻的和告警、引导电子干扰或杀伤武器。

电子情报侦察是平时的预先侦察,侦察时间充裕;而电子对抗支援侦察的行动比较迫切,且时间有限;雷达寻的和告警则是在作战中实时给出威胁辐射源的情况。因此,在平时利用电子情报侦察全面、准确的获取敌方雷达的情报信息,为战时的电子对抗支援侦察等提供保障;在战时则通过电子对抗支援侦察再次获取最新的和最确切的雷达参数信息,实施对抗作战。可以说,电子情报侦察是电子对抗支援侦察、雷达寻的和告警的基础和先导,而电子对抗支援侦察、雷达寻的和告警则是电子情报侦察的继续和发展。

目前,美军已将以上电子对抗侦察技术综合运用于 RC-135、EP-3 等电子对抗作战飞机中,执行电子情报侦察、电子对抗支援侦察等任务。

2）发展趋势

① 侦察频段不断拓展。雷达设备的使用频段正在不断拓展,这要求雷达对抗侦察的频率范围能够覆盖雷达的使用频率范围。目前,电子对抗支援侦察的频段为 0.5~18GHz,重点在 8~18GHz,电子情报侦察的频段为 0.3~40GHz,在未来发展中频率上限可能达到 140GHz。

② 高测频精度和高测向精度。测频精度和测向精度是衡量雷达对抗侦察设备的两项重要性能指标。较高的测频和测向精度能够为雷达侦察信号分析、识别处理提供良好的信息,并且也可为干扰引导或反辐射攻击提供准确的频率和方位参数。因此,在雷达对抗侦察设备的设计和研制中,高测频精度和高测向精度是其不断追求的目标。

③ 数字化侦察接收设备。随着模数变换器的发展和数字信号处理器速度的提高,当前数字化的雷达对抗侦察设备成为研究的重点。数字化侦察接收设备噪声较小,能够产生所期望的雷达信号参数特征。若采用高分辨率频谱估计技术,可具有非常高的频率分辨率。随着模数变换器的飞速进展,数字化的雷达对抗侦察设备将会得到广泛应用。

④ 综合一体化侦察技术。在现代作战中,单独依靠某一种侦察手段来获取可靠的情报信息明显是不现实的。雷达对抗侦察技术自身有着不可克服的缺陷,如敌方实施电磁静默,雷达自适应功率和模式控制等均能够影响雷达对抗侦察设备的效能发挥。因此,发展中的雷达对抗侦察技术必须与雷达探测、通信信号侦察、红外侦察、可视化侦察等多种侦察技术结合起来,形成综合一体化的侦察系统,才能保证在未来战争中信息获取的主动性和可靠性。

7.2.2 雷达干扰

雷达干扰通常称为电子软杀伤,通过有源或无源手段,对敌方各种军用雷达实施有效的压制或欺骗干扰,以降低或削弱敌方雷达的作战效能,达到保护己方兵力、兵器,完成进攻或防御作战任务的目的。

1. 基本概念

雷达干扰是削弱或破坏敌方雷达探测和跟踪目标能力的电子干扰。有源干扰是通过发射或转发电磁信号对敌方电子设备进行压制或欺骗的电子干扰。无源干扰是使用本身不发射电磁波的器材反射或吸收敌方发射的电磁波而形成的电子干扰。压制性干扰是使敌方电子设备接收到的有用信号模糊不清或完全被遮盖的电子干扰。欺骗性干扰是使敌方电子设备接收虚假信息,以致敌方产生错误判断和采取错误行动的电子干扰。

雷达干扰可以分为有意干扰、无意干扰、有源干扰、无源干扰等几大类,各种分类之间存在一定的组合,使得雷达干扰分为许多类别。另外,还可按照战术使用方式分类,雷达干扰分为远距离支援干扰、随队干扰、自卫式干扰和近距离干扰 4 种。以下重点介绍对雷达的有源干扰和无源干扰技术。

2. 有源干扰

对雷达实施有效的干扰必须满足以下 4 个条件:一是干扰机发射的干扰信号的频率必须对准雷达的工作频率,使干扰功率能进入雷达接收机;二是干扰天线主波束要对准雷达且干扰信号功率必须足够大,使得经过雷达处理后的干扰信号强度不小于雷达目标回波信号强度;三是干扰信号发射的时间要合适并且足够长,干扰信号要在雷达目标回波回到雷达之前开始干扰并持续到目标回波到达雷达之后一段时间;四是干扰信号要有合适的干扰样式。

1) 有源压制性干扰

有源压制性干扰是用噪声或噪声样的干扰信号遮盖或淹没有用信号,阻止敌方利用电磁波获取目标信息。

有源压制性干扰的主要干扰信号是噪声,它通常是用低频噪声对微波信号进行调制,放大后发射出去对雷达进行干扰。噪声干扰信号进入到雷达接收机内,与热噪声类似,雷达接收机无法消除它。这种干扰对多种雷达的各种工作状态均能起有效的压制干扰作用。

按照干扰频谱宽度相对于被干扰接收机带宽的比值关系,有源压制性干扰可以分为阻塞式、瞄准式和扫频式干扰 3 种主要形式。

(1) 阻塞式干扰。

阻塞式干扰是干扰信号频谱远大于信号频谱宽度,能同时对工作在干扰频谱内的多个电子设备实施干扰的一种宽带干扰技术。由于阻塞式干扰信号的频带宽度远大于被干扰电子设备的工作带宽,所以可以完全覆盖被干扰电子设备的有效工作带宽,实现压制性阻塞干扰,还能同时干扰工作在阻塞干扰频谱宽度内其他频率上的所有电子设备,也能干扰频率分集和频率捷变雷达。

阻塞式干扰的优点是实现干扰快、可同时干扰的威胁源多、引导设备简单等;缺点是干扰功率谱密度低,所需干扰功率大。

(2) 瞄准式干扰。

瞄准式干扰是瞄准敌方电子设备的信号频谱(或载频)施放的一种窄带干扰。其干扰带宽通常大于雷达接收机带宽,但和接收机带宽同一数量级。要实现频率上的瞄准干扰,需要频率引导控制设备将干扰发射机的频率对准敌方电子设备的频率。

由于瞄准式干扰能把干扰能量集中在被干扰接收机通带的窄频带内,因而能在干扰接收系统的带宽内形成很高的干扰功率谱密度,干扰压制效果好,干扰功率利用率高。其缺点在于每一时刻只能干扰雷达的某一频点,并且由于频率引导产生的时间延迟,它不能干扰频率捷变雷达和频率分集雷达。即使对频率规律捷变的雷达进行瞄准式干扰,也需要有不同复杂程度的频率预测装置。

(3) 扫频式干扰。

扫频式干扰是干扰机的干扰频率(频带)能以一定的速度在某一频率范围内周期扫描,以便对该频率范围内所有相关的电子设备实施干扰的一种干扰技术。扫频式干扰具有窄的瞬时干扰带宽,但其干扰频带能在宽的范围内快速而连续地调谐。

扫频式干扰具有阻塞式干扰和瞄准式干扰的优点,功率集中,能在宽带内干扰几部不同的雷达,适合于对雷达网的干扰。为了有效干扰,干扰频带扫过雷达接收机的时间不得小于雷达接收机的响应时间(约等于接收机带宽的倒数),而相邻两次扫过接收机通带的时间间隔又应适当地小,即扫频的频率需大于雷达的脉冲重复频率。由于上述原因,扫频式干扰机要比其他干扰机复杂。

实际干扰机可以根据具体雷达的载频调制特点,对上述基本干扰形式进行组合,如多频率点瞄准式干扰、分段阻塞式干扰、扫频锁定式干扰等。

2) 有源欺骗性干扰

有源欺骗性干扰是将与真实信号相似的假目标或假信息发射或转发出去,作用于雷达的目标检测和跟踪系统,使雷达不能正确检测真目标或不能正确测量真目标的参数信息,从而达到迷惑和扰乱雷达对真目标检测和跟踪的目的。它既可以对抗搜索雷达,也可以干扰跟踪雷达。

有源欺骗性干扰信号起作用的关键条件首先是其各项参数应满足雷达的检测范围,其次是干扰信号的假参数应处于雷达检测不可分辨单元内,使雷达分辨不出真假信号,从而达到以假作真或以假乱真的目的。

由于雷达对目标的距离、角度和速度等信息的获取,是依靠回波信号与发射信号在振幅、频率和相位调制等方面存在相关性,而不同雷达的工作原理不同,其获取目标的距离、角度和速度等信息的原理也不尽相同,但其发射信号的调制样式又与它对目标信息的检测原理密切相关。因此,实现欺骗性干扰必须准确地掌握雷达获取目标的距离、角度和速度等信息的原理和雷达发射信号调制中的一些关键参数,有针对性地、合理地设计干扰的调制方式和调制参数,才能达到预期的干扰效果。

根据对雷达的干扰作用,有源欺骗性干扰主要有距离欺骗干扰、角度欺骗干扰和速度欺骗干扰。这 3 类干扰的实施过程中,都含有对自动增益控制系统的干扰,也都可以实现假目标干扰。

(1)假目标干扰。

假目标干扰是由假目标产生器接收雷达脉冲信号或雷达天线旁瓣信号再发射假目标回波信号,在距离、角度、速度方面产生假的效果,使雷达真假难辨。

(2)距离欺骗干扰。

对跟踪雷达的距离欺骗干扰也称距离拖引干扰,通常是将敌方雷达的信号加以放大并调制后再转发出去,由于干扰信号强于目标回波信号,诱使雷达的距离跟踪波门去跟踪虚假的"目标",将干扰信号进行延时,使其逐渐后移,就会将距离波门拖引离开真实的目标,从而达到欺骗的目的。

(3)角度欺骗干扰。

角度欺骗干扰就是发射与目标回波角度信息不一致的干扰信号,使跟踪雷达的角度自动跟踪系统工作不稳、跟踪误差增大、错误跟踪甚至跟踪中断。雷达的角度跟踪体制不同,所采用的角度欺骗技术也不同。如对单脉冲跟踪雷达的角度欺骗技术主要有相干干扰、闪烁干扰和交叉极化干扰;对圆锥扫描雷达主要有倒相干扰;对隐蔽圆锥扫描雷达有音频扫掠干扰、扫频锁定式干扰;对边扫描边跟踪雷达有角度波门拖引干扰和同步挖孔式干扰等。

(4)速度欺骗干扰。

速度欺骗干扰主要用于干扰测量目标速度和进行速度自动跟踪的连续波雷达和脉冲多普勒雷达,主要方法有速度波门拖引和假多普勒频率干扰。速度波门拖引干扰和距离波门拖引干扰原理相似,所产生的干扰信号强于目标回波信号,当雷达的速度跟踪波门跟踪干扰信号时,改变干扰信号的多普勒频率,使速度波门随着干扰信号假多普勒频率的移动而移动,从而被拖引离开真实目标,以达到欺骗的目的。

3. 无源干扰

无源干扰能够破坏或妨碍雷达获得目标回波,具有许多有源干扰难以具备的优点,主要如下。

① 能干扰各种体制的雷达,如频率捷变、频率分集、单脉冲跟踪雷达等。
② 能同时干扰不同方向、不同频段的多部雷达。
③ 制造简单、使用方便、干扰可靠、研制周期短。

因此,无源干扰技术在现代雷达对抗中居于极其重要的地位,发展十分迅速,新的无源干扰技术不断涌现,主要包括以下内容。

① 箔条(干扰丝/带)。产生干扰回波以遮盖目标回波或破坏雷达对目标的跟踪。

② 反射器。以强的回波形成假目标或改变地形的雷达图像进行反雷达伪装。

③ 气悬体。主要由等离子体形成反射或吸收雷达电波的空域,以掩护目标。

④ 假目标、雷达诱饵。假目标主要对付警戒雷达,大量假目标甚至使目标分配系统饱和;雷达诱饵则主要是针对跟踪雷达,利用雷达诱饵使雷达不能跟踪真目标。

⑤ 反雷达涂层。可起吸收作用,用以减弱目标反射,隐蔽真实目标。

⑥ 隐身技术。综合采用多种技术尽量减小目标的二次辐射,使雷达难以发现自己。

4. 主要特点

① 工作频带宽。典型的雷达干扰机的工作频带为 1~2GHz、2~4GHz、4~8GHz、8~18GHz。

② 反应速度快。雷达干扰系统能快速发现雷达工作参数、状态的变化情况和新出现的雷达信号,及时调整干扰策略,从发现威胁信号到形成干扰的时间为 1~2s,而一旦开始对雷达进行干扰,干扰系统的延迟时间只有 $1\mu s$ 或 $0.1\mu s$。

③ 电磁环境监视能力强。雷达干扰系统具有很强的信号侦收能力和信号处理能力。侦察距离一般为雷达最大作用距离的 1.2~2 倍,能够在很短的时间内将几十万个脉冲参数测量出来,并对雷达信号进行分选、识别和威胁判断。

④ 自适应干扰能力强。雷达干扰机有很强的软件可编程能力和干扰控制管理能力,仅改变干扰机的软件就可以产生新的干扰样式和新的干扰方法,使干扰机能够对付新的雷达;能够对干扰资源进行自动管理,以准确的频率、准确的方向、恰当的干扰时间和最佳的干扰样式,同时对敌方多部雷达实施有效干扰。

5. 运用及发展趋势

空军作战中,在突防编队进入敌方预警机雷达探测线之前,使用预警机干扰系统对敌方预警机的机载雷达和通信系统实施压制性和欺骗性的综合干扰;在突防编队进入敌方地面雷达网探测线之前,同时使用无源干扰飞机在敌方地面雷达探测边界附近敷设无源干扰走廊,使用远距离支援干扰飞机对突防当面的敌方地面雷达实施干扰压制;将随队干扰飞机编入突防编队,在突防编队超出远距离支援干扰飞机的掩护范围时,使用随队干扰飞机实施随队干扰掩护;用多架无人驾驶飞机携带有源干扰设备,在敌方防空火力阵地附近盘旋飞行,对防空武器控制雷达实施近距离干扰掩护。另外,可使用无源干扰飞机和分布式无人干扰机,制造异常空情,或是利用地对空雷达和通信干扰系统在非主攻方向进行电子干扰佯动,形成干扰压制区,制造掩护航空兵突防的假象。目前,美军已将雷达干扰相关技术成功运用于 EA-6B、EA-18G 等电子战飞机中,执行电子压制任务。

为了对抗当前的雷达威胁,雷达干扰呈现综合化、分布化、灵巧化的发展趋势。

① 综合对抗。综合雷达对抗是为了降低或削弱敌方雷达设备或系统的工作效能,综合利用相互兼容的多种干扰手段,对敌方雷达设备或系统实施干扰或压制。

压制性干扰与欺骗性干扰综合运用,以便在噪声背景中出现转发干扰或电子假目标干扰,噪声干扰改变,扰乱了真目标回波信息,使雷达难分真假,提高了假目标干扰的效果。

有源干扰与无源干扰综合运用,使对无源干扰非常有效的对抗措施(动目标指示、动目标检测或多普勒频率选择等)遭受有源干扰(噪声干扰、电子假目标干扰等)的损害,或对有源干扰非常有效的对抗措施(脉冲限幅取前沿抗拖距电路、单脉冲角跟踪、跟踪噪声源等)却对无源干扰(箔条干扰、诱饵干扰等)无能为力。

雷达干扰与其他干扰的综合运用,如指令干扰与雷达干扰相结合,综合对抗导弹的中段和末段制导系统。

② 分布式干扰。分布式干扰是为掩护特定区域内的目标或在某一区域内制造假的进攻态势,由按一定规律布放的干扰机施放的噪声干扰或电子假目标干扰信号。

③ 灵巧干扰。灵巧干扰是指干扰信号的样式(结构和参数)可以根据干扰对象和干扰环境灵活地变化,或指干扰信号的特征与目标回波信号非常相似的干扰。通常前者称为自适应干扰,后者称为高逼真欺骗性干扰。

7.2.3 雷达防护

1. 基本概念

雷达防护是一切保证雷达系统不受到物理破坏、战技性能可正常发挥所采取的措施和作战行动的总称。这里主要讨论地面军用雷达防护问题。雷达由于其战略地位的重要性及雷达部署地域的特殊性,面临复杂的战场环境和严峻的自然环境。因此,不但要防敌有意攻击,也要防自然因素对雷达的无意毁伤。

按照对雷达威胁的人为因素分,雷达受到的威胁可分为有意威胁和无意威胁,如图7-14所示。

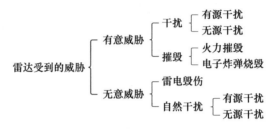

图7-14 雷达受到的威胁分类

从雷达受到的威胁分类上看,面临的最大威胁是有意威胁。下面主要讨论雷达针对有意威胁的抗干扰和抗摧毁技术。

2. 雷达抗干扰措施

雷达抗干扰的作用在于避开干扰频率,减少到达雷达接收机的干扰信号,防止接收机饱和,减少在噪声环境中的干扰/信号比,鉴别真假目标和提供恒虚警率接收。综合分析各种雷达抗干扰方法,按雷达分系统的不同可分为天线抗干扰、发射机抗干扰、接收机抗干扰和信号处理抗干扰等;按滤波方式的不同,可分为频域、时域、时频域、空域和极化域等领域的滤波。这两种分类方法相互交叉,在雷达抗干扰技术分类表中(表7-2)对它们进行了归纳分析。

表7-2 雷达抗干扰技术分类表

分类	抗干扰措施	针对的干扰方式
功率对抗	脉冲压缩技术(线性/非线性调频、相位编码)	压制性(噪声)干扰
频域对抗	跳频、频率分集、频率捷变和自适应频率捷变技术	有源压制性干扰(瞄准式干扰、各种噪声调制干扰)
空域对抗	自适应波束形成、零点技术以及副瓣对消/匿隐技术	压制性干扰、部分欺骗性干扰
极化域滤波	极化分集、极化捷变和自适应极化捷变技术	各种干扰(理论上)
信号处理抗干扰	动目标显示和动目标检测技术、恒虚警处理	无源杂波干扰
综合对抗	多种抗干扰技术相结合、多制式雷达组网、灵活的战术动作	各种干扰

除技术抗干扰外,战术抗干扰也是雷达抗干扰的重要组成部分。战术抗干扰的实施,一靠指挥员指挥得当,二靠操纵员灵活精细操作。因此,平时应拟制出各种抗干扰预案,经常组织抗干扰的协同训练,以最大限度地发挥雷达的抗干扰性能。战术抗干扰主要措施是正确部署雷达网、正确使用雷达、电子干扰条件下的精细操作及协同工作。

3. 雷达抗摧毁措施

实施精确打击的首要条件是准确无误地获取信息。因此,可通过阻碍敌方获取攻击信息而实现抗精确打击。

① 联合早期预警。联合组网,早期预警,是降低敌精确打击效果的有效手段,是夺取防护主动权的重要环节。采取多手段、多样式,实现军种间的联合预警,组成联合预警信息网络,实施信息融合,提高联合预警、探测、指示目标的能力,准确预报敌空袭的手段、方向、武器等空袭参数,形成早期预警能力,以便在战区范围内,建立防敌打击的缓冲区域。其次,组建近距离辅助防空预警网,以光学侦察、电子侦察方式进行侦察,通过信息网络及时预报敌空袭信息,准确获取敌空袭征候,为防护作战创造条件。

② 反电子侦察。反电子侦察主要措施是提高雷达的电磁隐蔽性,其实质是提高雷达信号波形的隐蔽性,这可以通过复杂的信号波形库的建立和运用,结合大压缩比技术,减小雷达辐射峰值功率,降低发射信号截获概率,尽可能减小雷达的电磁被探测性。

③ 反光学侦察。反光学侦察的有效措施是涂覆迷彩、设置伪装防护网。迷彩主要用于反光学侦察及对抗光学制导精确武器打击。其原理是分割目标光学辐射外形,消除目标边界轮廓特征,实现与背景光学特征融合,达到隐身目的,使光学侦察设备无法检测到欲攻击的目标。

④ 布置假目标提高雷达抗精确打击能力。光电假目标就是利用各种器材或材料仿制成在光电探测、跟踪、导引的电磁波段中与真目标具有相同特征的各种假设施、假兵器、假诱饵等,通过采取一系列以"假"为主的对抗措施,广泛地利用退役雷达、模拟器材、仿真模型等,设置雷达阵地或假阵地,并不断变换位置和数量,以欺骗敌方,诱使敌方把大量的弹药投射到造价便宜的假目标上,有效地保护自己的军事装备。

⑤ 烟幕遮障。可见光侦察是利用目标和背景反射可见光的差别来发现识别目标的,而烟幕则可以通过散射、吸收等方式衰减可见光的光波能量,使可见光侦察器材接收不到目标与背景的反射光波,从而给敌方观察、瞄准、射击和组织指挥造成极大的困难。浓厚的烟幕也可衰减红外在大气中的传输能力,降低目标与背景之间的热对比度,从而使主动式侦察与探测器材的作用距离缩短,效果降低。

4. 发展趋势

未来战争,不论是国家与国家之间、国家集团与国家集团之间的全面战争,还是国家或国内集团之间使用部分武装力量,在一定区域内进行的局部战争,或者敌对双方的部分武装力量在狭小区域内发生的武装冲突,都会在一定程度上体现出体系与体系的对抗。为此,应开展以雷达为核心的综合信息感知系统技术研究,提高武器平台的信息获取和利用能力,使雷达探测由独立、单一作战单元,通过信息技术、数字技术,将海、陆、空、天多传感器综合配置,通过网络化设施,实现探测、跟踪、识别、指示、打击、评估、再打击等功能系统集成,增强预警探测网的生存和再生能力,提高整体稳定性。积极发展新的探测手段,如无源探测、光/红外探测等侦察定位技术,综合利用这些探测手段及雷达获得的信息,形成具有较好抗干扰、抗摧毁能力的探测系统。

小 结

本章在介绍电子对抗基本概念的基础上,着重介绍了通信对抗技术和雷达对抗技术的基本概念、基本原理和发展趋势。雷达对抗和通信对抗是电子对抗的两大重要组成部分,也是现代战争的两种重要形式。侦察、干扰和防御是雷达对抗和通信对抗的3个主要内容,其中侦察是前提和基础,通过侦察可以获知敌方雷达和通信系统的战术技术情报、实时工作状态;干扰是进攻的手段,通过干扰可以削弱、破坏敌方雷达和通信系统的作战使用效能;防御包括反侦察、抗干扰,是保障己方雷达和通信系统正常工作的重要手段。

复习思考题

1. 什么是电子对抗?常见的分类方法包括哪些内容?
2. 什么是通信对抗?它包括哪些内容?
3. 什么是通信对抗侦察?简述通信对抗侦察的基本过程。
4. 什么是通信干扰?简述通信干扰的基本方式。
5. 什么是雷达对抗?它包括哪些内容?
6. 什么是雷达对抗侦察?简述雷达对抗侦察的基本原理。
7. 什么是雷达干扰?简述雷达干扰的基本方式。

第8章 航空火力控制技术基础

对作战飞机来说,攻击手段的强弱、作战能力的高低,一是靠武器弹药,二是靠火控系统。火控系统的性能直接决定了武器弹药投弹投射的命中精度,直接决定了飞机作战效能的高低,影响到飞机的出勤率和载机自身的生存率。火力控制原理随着飞机、武器的战术技术性能的提高和新攻击方式方法的涌现而不断发展。本章主要介绍航空火力控制原理中的一些基本概念和非控武器及制导武器的基本瞄准原理。

8.1 航空火力控制研究的问题

概括地说,航空火力控制研究的内容就是要确定整个攻击过程中载机、武器弹药、目标的相对位置和运动关系,以使武器弹药能命中目标。要描述载机、武器弹药、目标的相互位置和运动学、动力学特性,建立数学模型,就必然要选取适当的坐标系。同一火控问题,选取不同的坐标系来描述,其位置坐标和运动方程形式是不同的,但是对于某一确定的火控问题而言,绝不会因为所选取的坐标系不同而得到不同的结果,因此,坐标系的选取可以是任意的。当然选取不同的坐标系,所得到的载机、目标、武器弹药的位置坐标和运动学、动力学方程的形式不同,数学模型不同,求解的方法和难易程度也不同,甚至还会影响到系统的结构、机构变化,因此应根据具体的引导、火控、制导问题,仔细选取恰当的坐标系。火控原理涉及的坐标系有直角坐标系和球面坐标系。描述和解算不同问题,所选择的坐标系也不同。例如:研究载机向目标空域引导、非控武器射击火力控制、轰炸火力控制、精确制导武器火力控制等所涉及的主要坐标系的定义、作用及转换原理和方法,都各不相同,这里不做详细讲解。

8.2 火力控制问题的基本解法

通常解算航空火力控制问题的基本方法有3种,即几何法、矢量方程法和计算机模拟法。

1. 几何法

画出描述攻击过程的几何图形,用几何学的方法来分析、研究载机、目标、武器弹药三者之间正确的位置关系和运动关系,从而导出火力控制解的一种简单方法。

2. 矢量方程法

在用矢量描述攻击过程中载机、目标、武器弹药三者之间相互位置关系和运动,画出矢量图的基础上,列写出矢量方程,将它在选定的坐标系中投影得到 3 个代数方程并联立求解,从而导出火力控制解的一种数学方法。

3. 计算机模拟法

计算机模拟法就是先列写出攻击过程中载机、目标、武器弹药运动学、动力学方程,以及三者之间的相互关系,选定攻击条件,代入具体数值,在地面计算机上对攻击全过程进行模拟仿真研究,再对模拟仿真的结果实施数学处理,得到简化的机载计算机实际采用的火控工作方式的一种研究方法。

几何法、矢量方程法和计算机模拟法的优、缺点比较如表 8 - 1 所列。

表 8 - 1　几何法、矢量方程法和计算机模拟法的优、缺点比较

项目	优点	缺点
几何法	物理概念清楚,适用于简单的火力控制问题求解,浅显易懂	推导不很严密,存在比较明显的简化误差
矢量方程法	推导严密,适用于任意复杂的火力控制问题求解	比较抽象,物理概念不易直接引出
计算机模拟法	适于求解有微分方程的精确制导武器(空空导弹、空地导弹、制导炸弹)任意复杂的火力控制问题	对火控计算机的计算速度和存储容量要求很高

鉴于载机向目标空域引导,控制武器弹丸投射方向、时机、密度和持续时间,可控武器制导的整个过程中,载机、目标、武器弹丸三者之间的相互位置和运动关系非常复杂,采用几何法需要多次投影分解、综合换算,解算过程十分繁琐,而且解算误差较大,因此除了在光学瞄准具的机载火力控制系统中应用外,大都已摒弃了几何法而采用矢量方程法。和几何法相比,矢量方程法推导严密,简明扼要,适用于解算复杂的火力控制问题。不过,目前精确制导武器(空空导弹、空地导弹、制导炸弹等)已经成为主战武器,航空综合火力控制系统、综合航空电子系统,已具有全天候、全方位作战能力,实现综合化、数字化、自动化与智能化,适用武器种类多达 30 余种,攻击方式 10 余种以上,系统精度和可靠性、维修性都大大提高,从载机上投射精确制导武器攻击目标的火力控制问题十分复杂,涉及常系数、变系数、线性、非线性微分方程求解,已无法再采用几何法、矢量方程

法来获得满意的解算结果,因此目前解算火力控制问题,多采用计算机模拟法。

随着电子计算机的飞速发展,其计算速度和存储容量大幅度提升,一种应用机载火控计算机实时进行快速模拟解算,称为快速模拟法的火力控制解算方法逐渐得到应用。

8.3 非控武器对空攻击火力控制原理

非控武器对空攻击是指从载机上用航炮、航空火箭对空中目标进行射击。航空火力控制的核心是求解武器发射的位置,使发射的武器能击中目标。因此,引导武器到其发射的位置(包含方位与距离值),就成为研究火力控制的重要问题之一。各种武器有它自身特定的攻击目标和导引规律,它决定了武器的运动特性。现有武器分为制导与非制导两类,也就是制导武器和非控武器。

本节将讲述在航空综合火力控制系统中,用非控武器对空中目标射击时,常采用的前置跟踪瞄准原理和连续计算命中线瞄准原理。

8.3.1 前置跟踪瞄准原理

1. 基本原理

前置跟踪射击是指飞行员操纵飞机沿攻击曲线飞行,跟踪瞄准运动目标,将武器轴线置于目标运动前方,使弹丸在前置点上命中目标的一种射击方式。

前置跟踪射击的主要特点是飞机沿攻击曲线飞行,边跟踪、边瞄准、边射击。

从载机上对空中目标进行射击的最主要技术特征在于从运动着的载机上射击运动着的目标。由于要修正目标在弹丸飞行时间内的相对运动,必须用瞄准具或火力控制系统对目标进行跟踪瞄准,以测量目标运动参数;必须将武器轴线前置于目标,向目标运动前方射击。基于"跟踪瞄准"和"前置于目标"这两个必需,故而称之为前置跟踪射击和前置跟踪瞄准。

自从有了空对空射击就有了前置跟踪射击,这是一种经典的射击方式。它有两种基本的应用情况:另一种是从歼击机、强击机上用固定航炮、航空火箭射击空中目标;另一种是从轰炸机、武装直升机上用活动炮塔、炮架射击空中目标。就从歼击机、强击机上用固定航炮、火箭射击空中目标而言,对目标进行跟踪瞄准,将武器轴线前置于目标进行准确射击,飞行员就得操纵载机沿着确定的轨迹飞行,其轨迹称为前置跟踪攻击曲线。通常所说的前置跟踪射击,大部分是指歼击机、强击机沿前置跟踪攻击曲线飞行,用固定航炮、火箭射击空中目标。而对于从轰炸机、武装直升机上用活动炮塔、炮架射击空中目标而言,由于武器轴线可以灵活转动,载机的运动就不必严格限制,因此并不存在沿攻击曲线飞行的问题。

前置跟踪射击过程中,载机空速矢量前置于目标线,指向目标飞行运动前方。但如果载机空速矢量就指向目标,朝着目标现实位置飞行,则称为纯跟踪,即所谓"狗追兔子"式的跟踪,载机飞行的轨迹就是纯跟踪攻击曲线。在第一代作战飞机上用纯追踪导弹攻击目标就是这种攻击方式。

对目标实施前置跟踪射击时,载机必须沿攻击曲线飞行,飞行员操纵飞机并用跟踪线跟踪瞄准目标,利用参数测量装置测量目标线角速度、载机角速度以及目标距离、飞行高度等参数,由火力控制系统构成总修正角,将武器线操纵控制到正确的方向和位置上,使之处于瞄准状态,完成前置跟踪瞄准。前置跟踪射击具有边跟踪、边瞄准、边射击的特点,载机可以在攻击曲线上的一个较长区间内处于瞄准状态,因此一旦实现了前置跟踪瞄准,其可射击时间是较长的,也可以获得较好的射击效果。

2. 攻击曲线

前置跟踪射击时,载机的飞行轨迹称为前置跟踪攻击曲线。

1) 简化假设

在实际空战中,前置跟踪射击的具体情况非常复杂,因此攻击曲线是一条很复杂的空间曲线,这就给进行攻击运动分析带来困难,为了研究方便,需要作出一定的简化假设,然后建立攻击曲线方程,进行攻击运动分析。简化假设如下。

① 假设目标做等速直线运动,即 V_{mjd} 为常矢量,对于轰炸机、巡航导弹、无人机等一类目标,这种假设基本符合实际;对于歼击机一类目标,由于非控武器射程较近,弹丸飞行时间较短,这种假设也具有一定的合理性。

② 假设载机速度数值不变,仅有方向变化,即 $\dfrac{dV_1}{dt}=0$,$\dfrac{dV_1^0}{dt}\ne 0$。

③ 不考虑载机和目标的飞行动力学问题,将它们都看作质点,用质点运动学来研究,因此略去了载机的俯仰、倾斜等运动。

④ 不考虑弹丸弹道降落量以及载机俯仰、侧滑角对瞄准射击的影响。火力控制系统所计算和构成的总修正角,只是修正目标运动对瞄准射击产生较大影响的提前角。

⑤ 假设弹丸平均速度不随射程变化,在全弹道上是一常数,即 V_{PJ}^* 为常数。

经过上述简化假设后,前置跟踪攻击运动就变得简单多了,攻击曲线变成一条处于目标速度 V_{mjd} 和载机速度 V_1 所构成平面内的平面曲线,简化为研究两个质点的运动,完全可以用质点运动学进行研究。

通常所说的攻击曲线并不是绝对攻击曲线,而是在目标相对坐标系中得到的相对攻击曲线。目标相对坐标系($OXYZ$)$_m$,坐标原点取在目标质心上,是与目标相固连,以 V_{mjd} 等速直线平移的惯性坐标系,X_m 轴取在 V_{mjd} 方向上。显然,只要将绝对攻击曲线上所有的速度均减去 V_{mjd},所有运动距离上均减去 $V_{mjd}T_y$,即可得到目标相对坐标系中的攻击曲线,如图 8-1 所示。

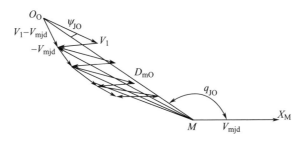

图 8-1 目标相对坐标系中的攻击曲线

2)攻击曲线方程

$\dfrac{dD_m}{dq_J} = -\dfrac{K + \cos q_J}{a \sin q_J} D_m$ 即是相对攻击曲线的运动微分方程式,简称攻击曲线方程,也是分析攻击运动的基础。用计算机求解攻击曲线的运动微分方程式,则可直接得到攻击曲线的数值表达式。

3. 可攻击区

载机用非控武器对空中目标实施前置跟踪射击时,目标周围载机能顺利进行前置跟踪射击的空间集合,称为可能攻击范围或可攻击区。可攻击区是由载机的最大允许过载、火力控制系统性能、最小退出距离等诸多因素所决定的。

空间的可攻击区,是由水平面、垂直面和所有倾斜面的可能攻击范围综合而成的空间区域。图 8-2 所示为水平面、垂直面内的可攻击区的典型形状。

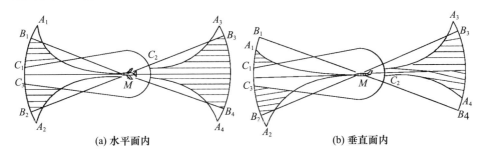

(a) 水平面内   (b) 垂直面内

图 8-2 水平面、垂直面内的可攻击区

在图 8-2 中,MA_1 和 MA_2、MA_3 和 MA_4 之间的范围是最大允许过载决定的可能攻击范围;$B_1MB_2B_1$ 和 $B_3MB_4B_3$ 之间的范围是火力控制系统性能(最大目标距离和最大总修正角度)所确定的可能攻击范围;C_1、C_2、C_3 以外的范围是由

最小退出距离所决定的可能攻击范围。这3个范围的重叠部分就是目标的可攻击区。

随着第二代、第三代超音速作战飞机飞行速度和机动能力的大幅提高,在现代空战中,载机沿攻击曲线飞行,对目标实施前置跟踪射击的可能性已急剧减小;再加之非控武器的射程太近,杀伤威力小,因此近距格斗导弹和中、远程拦射导弹已成为空战的主战武器。目前适用于近距离非控武器空对空射击的前置跟踪射击,其地位和作用已明显降低,逐渐成为平视显示/武器瞄准系统、航空综合火力控制系统的辅助功能状态。

8.3.2 连续计算命中线瞄准原理

1. 基本原理

① 连续计算命中线(Continuously Computed Impact Line,CCIL)是由火控计算机根据载机的运动规律、参数及武器性能,不间断地、实时地计算出以前不同时刻连续"射击"出去的弹丸在观察瞬间的现实位置(命中点),连接成一条线在显示器上显示出来,以前是指观察瞬间以前的一段时间,实际上在这段时间内并没有射击。飞行员在火控系统平视显示器上所看到的是由一发一发弹丸在观察瞬间现实位置(命中点)组成的连线,而并非某一发弹丸或某几发弹丸的运动"轨迹"。连续计算命中线上不同点的位置,代表了观察瞬间以前不同时刻所"发射"弹丸的命中点位置,有着不同的时间深度(发射时间有早有晚)和距离深度(离开载机的距离有远有近)。连续计算命中线的形状与位置,只取决于载机的运动规律、参数及武器性能,与目标运动规律、参数无关,甚至和有没有目标都无关,如图8-3所示。

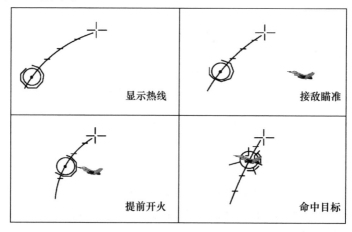

图8-3 连续计算命中线CCIL瞄准攻击过程

② 射击瞄准时,只需要测出目标距离 D_m,由计算机按照一定的比例标注在连续计算命中线上,线上距离等于目标距离 D_m 的那一点,称为特征点。只有特征点所代表的那一发"弹丸"才可能命中目标,其他任何一点要么尚未飞抵目标处,要么已飞过目标。显然,随着目标距离改变,特征点是沿着连续计算命中线移动的。

③ 飞行员操纵载机机动飞行,选择有利攻击条件,充分发挥主观能动性,努力用特征点去瞄准目标。对瞄准的方式、方法不作任何限制,完全由飞行员自行判断目标位置、运动趋势和特征点位置、运动趋势,当他预计有把握即将瞄准目标时,即应提前开火射击,使连续计算命中线上"布满真实弹丸",这时显示的连续计算命中线上各点代表了各发真实弹丸的命中点位置,特征点代表了距离等于目标距离的那一发真实弹丸的命中点位置。从理论上讲,提前开火射击时间应恰好等于真实弹丸飞行时间,但是要确定并掌握正确的提前开火时间是困难的,只能予以估计确定。

④ 开火射击后,当特征点与目标重合时,目标便被击中。

2. 特点

① 排除了对目标运动规律的任何假设,而代之以飞行员对目标位置和运动趋势的目视判断,有利于充分发挥人的主观能动性,实现了以机动对机动、以变化对变化的战术思想和策略。

② 在目标运动规律和参数测量,操纵载机机动飞行,计算并构成修正角度等完成火力控制任务中,人和机载火力控制系统作了恰当的分工:这种分工的概念是全新的,既不是一切依靠机载火力控制系统而将人排除在外的所谓全自动化火力控制系统,也不是一切依靠人的估计或以一种假定固定模式应付实际变化的旧式机械瞄准具。在 CCIL 瞄准原理中,目标距离 D_m 测量,载机运动参数和姿态测量,弹道计算,修正角度的计算和构成、显示等,均由机载火力控制系统完成,而目标运动规律的判断,载机机动飞行的决策和操纵,开火时机的确定等,均由人来完成。这种人机界面的合理划分,充分体现了人在攻击机动目标、进行近距格斗中的主导作用。

③ 除了测量目标距离外,不再需要测量目标线角速度和其他参数,因此载机不必按攻击曲线飞行,不必对目标实施跟踪瞄准,也就不需要稳环时间,从而实现了"瞄上就开火"的快速射击。对目标的攻击不再受可攻击区的限制,因而可攻击机会增多。

总地来看,CCIL 瞄准原理的精度还不够高,还存在着原理误差。原理误差,一是来自于为保证计算的实时性,必须对攻击条件和计算原理公式作适当、合理的简化;二是来自于飞行员对目标、特征点位置和运动趋势的判断,尤其是对提前开火时机的掌握,很难做到准确。尽管如此,由于可以用来对机动目标实施快速射击,虽然单独地看某一次攻击精度及命中概率不高,但是随着可攻击机会增多,多次攻击就会获得较好的攻击效果,这也正是 CCIL 瞄准原理得以广泛应用的根本理由。

上面所说的示迹线是由以前弹丸的命中点组成的,称之为真实示迹线。在 CCIL 瞄准原理发展过程中,还提出过另一种示迹线:它计算的是假设在观察瞬间"发射"一发弹丸,在假定载机做等速圆周运动的情况下,经过不同时间 t 后所观察到的该发弹丸的位置连成的线,称之为预测示迹线。这两种示迹线在时间概念上有本质的区别,弹丸数目不同,而且形状和位置也均不相同。预测示迹线瞄准原理在此不予研究讨论。

8.4 非控武器对地攻击火力控制原理

非控武器空对地攻击是指从载机上投掷炸弹攻击地(水)面目标的轰炸,或用航炮、航空火箭对地(水)面目标的射击。因此,非控武器对地攻击火力控制原理一般包括轰炸瞄准原理、连续计算命中点瞄准原理、连续计算投放点原理和延迟计算命中原理等。

8.4.1 轰炸瞄准原理

按照轰炸时载机运动规律的不同,轰炸方式分为水平轰炸和非水平轰炸两大类。水平轰炸是指载机在水平面内飞行中实施的轰炸:载机在水平面上机动飞行的是水平面机动轰炸;做等速直线飞行的是水平轰炸。非水平轰炸又称垂直面机动轰炸,再详细又可区分为俯冲轰炸、退出俯冲轰炸和上仰轰炸等。轰炸方式很多,研究轰炸火力控制问题时通常以水平轰炸和俯冲轰炸为典型轰炸方式,重点加以研究分析。

风的影响与空对空射击火力控制问题相比较,轰炸和空对地射击有很多特点,其中最明显的就是风速、风向的影响不同。空对空射击中,载机、目标、武器弹丸都是相对于和空气固连、随风而动的绝对坐标系 $(OXYZ)_{jd}$ 运动。在不大的射程范围内,可以认为是处在相同的风的环境中,风速、风向对载机、目标、武器弹丸的影响是相同的,因而在绝对坐标系 $(OXYZ)_{jd}$、相对坐标系 $(OXYZ)_{xd}$ 中所列出的运动方程式中,将风的影响如同地球转动的影响一样排除,方程式中不出现风速矢量。

但是在轰炸和空对地射击中,载机和武器弹药相对于绝对坐标系 $(OXYZ)_{jd}$ 运动,而目标相对于地理坐标系 $(OXYZ)_e$ 运动,因此必须考虑绝对坐标系 $(OXYZ)_{jd}$ 相对于地理坐标系 $(OXYZ)_e$ 的运动。通俗地说,风只作用于载机和武器弹丸,而通常的风是吹不动地面固定目标的,即使是对地面上的活动目标,风的影响也微乎其微。总之,在轰炸瞄准中,在确定目标相对于载机的运动速度时,就必须考虑载机相对于空气的速度、空气相对于地面的速度(风速、风向)和目标相对于地面的速度。

风的变化是很复杂的,风速、风向会随时间、地域、高度而改变,尤其是在低高度上,风速、风向受地形、地貌的影响就更加复杂,因此在轰炸和空对地射击火力控制问题中,往往对风的处理作出以下简化假设。

① 不考虑垂直风的影响,即认为风速向量始终在水平面内,垂直面内无风。
② 不考虑风速、风向随飞行高度的变化,即不计中间风的影响。
③ 在武器攻击射程范围内,风速、风向不变化,风速矢量 U = const。

8.4.2　连续计算命中点瞄准原理

1. 基本原理

连续计算命中点(Continuously Computed Impact Point,CCIP)瞄准原理,是平视显示/武器瞄准系统、综合火力控制系统实施轰炸和空对地射击时,普遍采用的一种瞄准原理。

CCIP 瞄准基本原理:火控计算机根据载机飞行高度 H、空速 V_1、俯冲角 λ、俯仰角 θ、武器弹药的性能参数和风速 U、风向角 ε 等攻击条件,连续计算出如果当前投弹,该炸弹在地面上的命中点的位置,以命中点符号标志在平视显示器上显示出来,飞行员观察、比较显示器显示的命中点标志符号与实际目标(或目标标志符号)的位置,操纵飞机使二者重合,重合时人工发出投射信息,将武器弹丸投射出去。

2. 特点

① 计算并显示命中点的位置,只取决于载机飞行高度 H、空速 V_1、俯冲角 λ、俯仰角 θ、武器弹药的性能(炸弹标准落下时间 Θ、航炮炮弹和火箭弹的初速 V_0、弹道系数 C 等)和风速 U、风向角 ε 等攻击条件,而和目标距离、运动参数等无关,因此 CCIP 瞄准原理并不需要测量目标距离和运动参数,这就为简化火力控制系统的结构提供了理论依据。

② 目标必须目视可见,或用雷达、光学雷达、红外激光装置等进行跟踪,在平视显示器上用符号标志显示目标位置,总之目标必须是"可见"的。

③ 武器弹丸的投放信息是由飞行员人工发出的。

8.4.3　连续计算投放点瞄准原理

1. 基本原理

连续计算投放点(Continuously Computed Release Point,CCRP)瞄准原

理,是平视显示/武器瞄准系统、综合火力控制系统实施轰炸的另一种瞄准原理。

CCRP 瞄准基本原理:在载机接近目标的过程中,由机载火力控制系统不间断地、实时地计算出载机正确投弹点位置,并与载机现实位置进行比较,从而求出将载机操纵到正确投弹点位置的机动飞行信息,由飞行员操纵或由飞行控制系统操纵载机机动飞行,当载机机动飞行到和正确投弹点位置一致时,系统自动发出投放信息将炸弹投下。

CCIP 原理和 CCRP 原理的比较如表 8-2 所列。

表 8-2 CCIP 原理和 CCRP 原理的比较

项目	CCIP 原理	CCRP 原理
目标	目标目视可见	目标相对载机的位置和运动参数,标定在火控计算机中,目标可以是目视不可见的
计算机计算	根据载机现实攻击条件,实时计算出当前投弹,炸弹命中点的位置	根据载机现实攻击条件,实时计算当前投弹点的位置;将命中点位置和标定目标位置相比较,得到命中点位置误差;根据命中点位置误差,计算并输出载机机动飞行信息
显示	炸弹命中点和目标	方位操纵线和定距瞄准符号
飞机操纵	飞行员操纵飞机机动飞行	飞行员操纵飞机机动飞行,或监控飞行控制系统操纵飞机机动飞行
投弹条件	飞行员判断命中点和目标重合	计算机判断载机现实位置和状态,与正确投弹点的相一致
投弹信号	飞行员扣动投弹扳机	火控计算机发出投弹信号

2. 特点

① 由于不间断地、实时地计算出的正确投弹点位置,都是针对某一具体目标,因此要求每时每刻都确知该目标相对载机的位置和运动参数,这就要求机载火力控制系统配备有精确的目标位置和运动参数测量设备。

② 载机现实位置与正确投弹点位置的比较和当二者一致时发出炸弹投放信息,都是由火力控制计算机完成的。

③ 正因为载机现实位置与正确投弹点位置的比较和当二者一致时炸弹投放信号发出,都是由火力控制计算机完成的,因此飞行员没有必要观察目标,即目标可以是目视不可见的。

④ 飞行员的作用在于根据火力控制系统所提供的机动飞行信息,操纵飞机机动飞行,或监控飞行控制系统操纵飞机机动飞行。

8.4.4 延迟连续计算命中点瞄准原理

延迟连续计算命中点(Delay Continuously Computed Impact Point, DCCIP)瞄准原理,是CCIP瞄准原理的改进和扩充。通常并不认为DCCIP是独立的一种瞄准原理,而仅是CCIP瞄准原理在特殊条件下的一种处理方法。

1. 基本原理

采用CCIP瞄准原理进行轰炸时,飞行员必须在平视显示器上同时看到命中点(或命中点符号)和目标(或目标符号),操纵载机机动飞行,用命中点符号去压目标,压住后即可人工发出炸弹投放信号。有的情况下,如载机飞行高度较高、飞行速度较小、俯冲角较小时,命中点相对载机的飞机坐标系$(OXYZ)_f$、平显坐标系$(OXYZ)_{HUD}$下偏角度过大,以致超出平视显示器的下视场甚至被机头遮挡,飞行员将看不到命中点而无法实施CCIP瞄准。出现这种情况时,飞行员一般采用增大飞行速度、增大俯冲角、降低飞行高度的办法,以使命中点上移而进入平视显示器视场。为了提示飞行员如果保持当前飞行状态继续等速直线飞行,经过t_d时间后,命中点能否在平视显示器上出现,以及将在何处出现,可以在平视显示器上显示一个"虚假命中点",虚假命中点符号与命中点符号有着明显的区别。命中点符号为一带中心点的圆,虚假命中点为一带十字叉号的圆。这样当虚假命中点出现后,飞行员便知道经过t_d时间后,命中点将会在该处出现。t_d称为延迟时间或延迟时间因子。通过这样处理来解决看不到命中点位置的问题,从而使CCIP瞄准原理得以继续实现。这种特殊情况的处理方法,称为DCCIP瞄准原理。

2. 特点

① 按照当前飞行状态保持等速直线飞行,火控计算机或任务计算机不间断地计算如果从当前时刻起,延迟t_d时间之后投弹,炸弹在地面上命中点的位置。

② 系统设置恰当的延迟时间t_d,使命中点相对于平显坐标系下偏角度不超过平显下视场,在平显上显示虚假命中点,提示飞行员从当前时刻起,延迟t_d时间后,真实的命中点便将在该处出现。

③ 虚假命中点的位置,除与当前飞行条件、炸弹性能有关外,还与设置的延迟时间t_d的大小有关。延迟时间t_d可以是事先确定不变的,也可以是人工装定的。虚假命中点的位置还会随着载机飞行参数的改变而改变。真实命中点一出现,虚假命中点便立刻消失,实际上是虚假命中点符号变为真实命中点符号。

8.5 空空导弹火力控制原理

空空导弹火力控制原理是指控制空空导弹完成目标搜索、识别、跟踪、瞄准,并完成发射等相关过程的原理。其中空空导弹是指从载机上发射的攻击空中目标的导弹;导弹是指依靠自身动力装置推进,由制导系统引导、控制飞向目标的武器。对于空空导弹来讲,主要包括空空近距导弹和空空中距导弹。

8.5.1 空空近距导弹的火力控制

1. 空空近距导弹定轴发射火力控制

早期的空空红外被动寻的导弹导引头位标器轴被锁定、或离轴角很小,所以在攻击过程中飞行员要不断操纵飞机使载机轴线、导弹轴线始终对准目标直到导引头截获目标,待载机进入导弹攻击区,满足发射条件后发射导弹。发射后,位标器解锁,导弹导引头接收目标的红外辐射,制导系统控制导弹飞向目标,载机即可脱离。这种发射方式称为定轴发射。

实施空空近距导弹火力控制,飞行员要根据导弹使用要求,操纵飞机沿着预期的飞行轨迹进入导弹攻击区,待满足发射条件后发射导弹。具体地说,空空近距导弹火力控制的任务有三:一是引导飞机按照一定的轨迹飞行;二是在飞行过程中判断飞机是否进入导弹攻击区内;三是不断地判断发射条件是否满足要求,满足要求时即可发射导弹。

2. 空空红外被动寻的格斗导弹离轴发射火力控制

20世纪70年代开始,第二代军用作战飞机在提高速度、飞行高度的同时,机动性也明显提高,尤其是80年代以来的第三代军用作战飞机,进一步放宽静稳定余度,机动性、机敏性大大提高,能完成多种超常规机动飞行,因而采用全天候、全向攻击,具有高机动能力和大离轴角发射能力的近距格斗导弹进行视距内格斗,实现先敌发射,成为现代空战的重要形式之一。

一批格斗导弹,如美响尾蛇 AIM – 9L、英德的先进近距空对空导弹 (Advanced Short Range Air – to – Air Missile,ASRAAM)、以色列的怪蛇(Python)3等,它们的主要特点是导弹具有离轴发射(off – boresight launch)的能力。离轴发射是指导弹在发射前可以使导引头位标器偏离导弹轴线一个比较大的离轴角以对准目标,随着目标和攻击机之间的相对位置变化,离轴角随之而变化,直到满足发射条件将导弹发射出去。

8.5.2 中距雷达制导导弹的火力控制

导弹制导主要目标就是使导弹和攻击目标碰撞,攻击运动中的纯碰撞路线 (Pure Collision Course)和前置碰撞路线(Lead Collision course)两种情况。攻击机或武器弹药以不变的速度飞行,按平行接近法攻击做等速直线运动的目标,所飞过的直线轨迹,就是纯碰撞路线。纯碰撞路线和纯追踪路线、追踪路线相比较,其最大的特点、也是最大的优点,就在于攻击机或武器弹药做等速直线运动,这样,飞行过载最小,而且实现全向攻击。

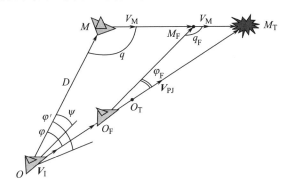

图 8-4 前置碰撞路线

如图 8-4 所示,既然在提前角 ψ 下,武器弹药以平均速度 V_{PJ} 沿纯碰撞路线,经过一定的飞行时间后命中目标,点 O 是攻击机最早的武器弹药的发射点。而在相对航向角 φ' 下,攻击机以空速矢量 V_1 沿纯碰撞路线等速直线飞行,经过一定的飞行时间后,以平行接近法和目标相碰撞,碰撞点是攻击机最晚的武器弹药发射点。那么在提前角(武器弹药纯碰撞路线)和相对航向角 φ'(攻击机纯碰撞路线)之间 $\psi \leqslant \varphi \leqslant \varphi'$,必然存在着另外多条相对航向角 φ 不同的飞行路线,沿着这些路线,攻击机先以空速矢量 V_1 等速直线飞行,其航路上一定存在着不同时刻的发射瞬间点 O_F,在此瞬间发射武器弹药,武器弹药以平均速度 V_{PJ} 沿纯碰撞路线,再飞行 T_f 后,在点 M_T 命中目标,只是它们的 T_f 数值不同。

相对航向角 φ 满足 $\psi \leqslant \varphi \leqslant \varphi'$ 条件下,载机等速沿直线飞行到某一点上,发射武器弹药,武器弹药沿纯碰撞路线飞行命中目标的飞行路线称为前置碰撞路线。

实现前置碰撞路线发射,火力控制的首要任务是根据敌我双方态势,选取相对航向角 φ,满足 $\psi \leqslant \varphi \leqslant \varphi'$ 条件。攻击机以空速矢量 V_1 等速直线飞行一段,待到达发射点时发射导弹,导弹以平均速度 V_{PJ} 沿纯碰撞路线再飞行先前预定的飞行时间 T_f 后,在 M_T 点命中目标。这种火力控制的特点如下。

① 载机相对航向角 φ 满足 $\psi \leqslant \varphi \leqslant \varphi'$ 条件,载机等速直线飞行进入攻击航路。

② 导弹以平均速度 V_{PJ} 沿纯碰撞路线飞行。

③ 导弹飞行时间 T_f 是事先预定的。

④ 发射导弹后,机载雷达仍然需要跟踪目标,直到导弹命中目标。

8.5.3 多目标攻击火力控制

多目标攻击(Multi-Target Attack)是指一架飞机同时攻击多个空中目标,或两架、三架以上多架飞机协同,同时攻击多个空中目标。

具体地讲,多目标攻击是指一架作战飞机携带多枚空空导弹,在超视距空战中,一次进入瞄准过程,就可以同时跟踪空域中多个分散目标,接连发射并同时制导多枚导弹攻击多个目标。或者两架、三架以上作战飞机,通过数据链相互交换战术信息,分工合作,协同跟踪和攻击空中多个目标。前者称为"单机多目标攻击",如图8-5所示(图中 O_1、O_2、O_3 和 O_4 分别代表飞机所在不同位置),后者称为"多机协同多目标攻击",如图8-6所示(图8-6中 O_1、O_2、O_3 和 O_4 分别代表不同飞机)。

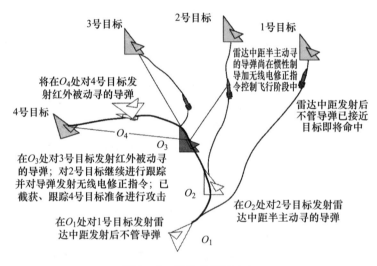

图8-5 单机多目标攻击

多目标攻击的特点之一是对多个目标攻击的"同时性"。"同时"是指在一次不间断的攻击过程中,飞行员对目标群中选定的最优先目标进行攻击,并继续对将要进行攻击的目标进行跟踪;或者对先前发射的导弹保持指令传输控制;或者跟踪已对其发射了导弹但仍需指令修正的目标。单机多目标攻击时,需要对多个目标同时进行跟踪、识别、攻击排序、火力控制计算和导弹制导;在多机协同多目标攻击时,需要进行攻击机对目标的分配,分配结果既可产生大的杀伤概率,又可避免或减少重复攻击。这里应该特别指出,"同时"并非在同一时刻发射多枚导弹,也不是在同一时刻击毁多个目标,而是指在同一时间段内,发射并制导多枚导弹攻击多个目标。

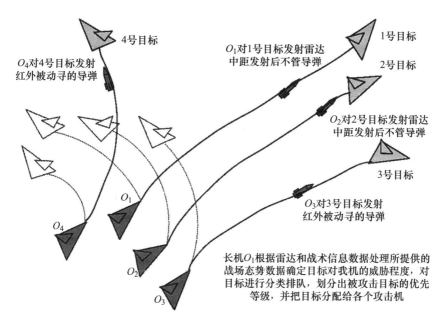

图 8-6 多机协同多目标攻击

8.6 空面精确制导武器火力控制原理

空面精确制导武器是指从载机上投射的攻击地(水)面目标的空地导弹和精确制导弹药。

空面精确制导武器种类繁多,不同类型的武器,火力控制原理各不相同,目前,航空制导主要涉及激光制导炸弹的投放控制。

8.6.1 空面制导武器及制导特点

空面精确制导武器包括空地导弹、巡航导弹、空舰导弹和没有动力装置的精确制导弹药。精确制导弹药又分为末制导弹药和末敏弹药两类,前者主要是制导炸弹、制导炮弹、制导地雷等,后者主要是机载布撒器、反装甲子弹。

由飞机运载、从飞机上投射的空面精确制导武器,有的还需要在其前面再冠以"空射"或"航空"二字。当前应用较多的主要是空地导弹、空射巡航导弹、空舰导弹和航空制导炸弹。

空面精确制导武器根据载机和所针对的目标不同,划分成很多类型,有用于战略性目的的压制敌方远程和近距重要目标,提高轰炸机突防能力的空地导弹;

有用于加强轰炸机进攻能力、空中发射以打击敌纵深目标的空射巡航导弹;有用于攻击铁路枢纽、桥梁和水面舰船等战略目标的防区内外发射的战术空地导弹;有用于对地(水)面点状目标实施精确打击的电视制导炸弹和激光制导炸弹;有专门攻击坦克、装甲车辆和防御工事的空地反坦克导弹;有用于攻击地面雷达设施的雷达反辐射导弹;有用于专门攻击水面舰艇的空舰导弹;以及用假目标诱惑敌方的诱饵导弹等。

不同的空对面精确制导武器,其制导装置、制导原理不同。通常空地导弹就有采用惯性制导、半主动激光制导、无线电指令制导、电视图像制导和红外热成像制导等多种;巡航导弹多采用惯性制导或不加电视图像相关跟踪的地形匹配制导;反坦克导弹则有光学瞄准有线指令制导、激光制导、红外成像制导和发射后不管的毫米波主动雷达制导;反辐射导弹均采用被动雷达制导;诱饵导弹多采用程序控制;空舰导弹基本采用中制导段的惯导制导或自动驾驶仪制导和末制导段的主动雷达制导。

末制导弹药的制导炸弹目前使用的有电视图像制导、红外成像制导和半主动激光寻的制导等多种。

末敏弹药的机载布撒器多采用惯性制导加地形匹配修正系统;具有末制导能力的反装甲子弹,主要采用红外制导及毫米波雷达制导。

8.6.2 激光制导炸弹的投放控制

制导炸弹和空地导弹不同的是,制导炸弹没有动力装置,因此制导炸弹在制导过程中不可能产生大过载机动,而仅是通过制导对弹道进行修正,使偏离预定弹道的误差减至最小。

激光制导炸弹大都采用激光半主动寻的制导。在作战时需要本机、他机或地面的激光照射器或激光目标指示器照射目标,直到炸弹命中目标。飞机投放激光制导炸弹的方式与投放常规炸弹相同,可以平飞投弹、俯冲投弹和上仰投弹。

从飞机上投放激光制导炸弹,火控系统有两种结构方式,即他机(或地面)照射本机投放和本机照射本机投放。过程示意图如图8-7和图8-8所示。

他机(或地面)照射本机投放,激光制导炸弹投弹后,投弹飞机即可脱离,而照射飞机或地面设备要一直用激光目标指示器的激光束照射目标,直到命中为止。本机照射本机投放,激光制导炸弹投弹后,投弹飞机要一直用激光照射器或激光目标指示器的激光束照射目标,直到命中为止。

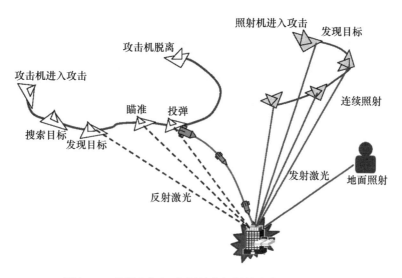

图 8-7　他机(或地面)照射本机投放攻击过程示意图

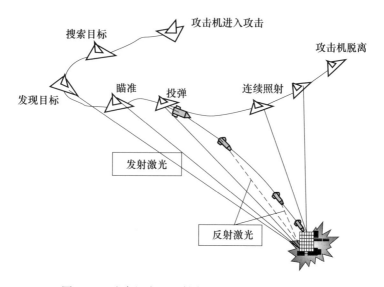

图 8-8　攻击机本机照射本机投放攻击过程示意图

小　　结

本章介绍了航空火力控制原理中的一些基本原理,包括火力控制问题涉及的坐标系及其基本解法,非控武器攻击火力控制问题和精确制导武器火力控制问题。几种具体的瞄准原理是本章的重点。其中非控武器对空攻击火力控制原理主要介绍了前置跟踪瞄准原理和连续计算命中线瞄准原理;非控武器对地攻击火力控制问题主要包括连续计算命中点瞄准原理、连续计算投放点瞄准原理和延迟连续计算命中点瞄准原理;空空导弹火力控制原理主要介绍了空空近距导弹和中距雷达制导导弹的火力控制,并简单介绍了发展中的多目标攻击火力控制;空面精确制导武器火力控制原理只简单介绍了激光制导炸弹的投放控制。

复习思考题

1. 航空综合火力控制原理主要研究哪些内容?
2. 火力控制问题的基本解法有哪些?
3. 什么是前置跟踪射击?前置跟踪射击的主要特点是什么?
4. 什么是前置跟踪射击可攻击区?影响可攻击区形状和大小的主要因素是什么?
5. 什么是连续计算命中线瞄准原理?有哪些特点?
6. 什么是连续计算命中点 CCIP 轰炸瞄准原理?有什么特点?
7. 什么是连续计算投放点 CCRP 轰炸瞄准原理?有什么特点?
8. 什么是延迟连续计算命中点 DCCIP 轰炸瞄准原理?有什么特点?
9. 什么是定轴发射和离轴发射?
10. 空空中距拦射导弹的前置碰撞路线发射有何特点?
11. 什么是多目标攻击?如何理解多目标攻击的"同时性"?
12. 从飞机上投放激光制导炸弹时,火控系统有哪两种结构方式?各有什么特点?

第 9 章 机载计算机与数据总线技术基础

21 世纪对战斗机的航空电子系统提出了很高的要求,在作战能力方面,飞机在保护自身不受敌方攻击的同时,要具有随时、随地通过动态组网的高速无线网络获得所需信息和智能化处理信息的能力;在综合保障能力上,它要具有高可靠性、自修复能力和免维修能力;在目标攻击时,具有提供超视距多目标攻击和对地/面精确打击的能力。机载计算机和数据总线技术作为满足上述要求的关键技术之一,已成为航空电子和航空武器装备发展的重点和关键。本章将对机载计算机和机载数据总线的相关知识进行介绍。

9.1 机载计算机概述

机载计算机是安装在飞机上的通信、导航、雷达、火力控制、大气数据处理、自动飞行控制、飞行管理、任务分配与管理、显示控制、非航电监控处理、通用综合处理等计算机的统称。它能自动、快速地输入和存储数据,进行实时计算、处理和控制,并输出结果信息。它要求结构模块化和标准化,并力求插件级的互换性,以方便维护、维修和降低成本。机载计算机大多使用嵌入式计算机,通常由工业部门设计生产。

9.1.1 主要任务

机载计算机主要完成飞行、作战的数据采集、信息处理和指挥控制等任务。根据飞机各子系统的应用分工,具体执行以下任务。

1. 数据处理

计算机接收基本参数传感器传送的数据,经过运算和处理形成一系列信号输出,供其他系统使用。在飞机上装配的惯性基准系统和大气数据计算机就是数据处理的典型实例。

2. 实时控制

利用计算机作为自动控制系统中的一个信息处理环节,通过对预定的数学模型的计算,实现对系统的控制,使操作过程自动化。例如,自动飞行控制系统

(AFCS),可根据其他系统所提供的数据进行综合运算,产生飞机爬升、下降、倾斜、转弯等操纵指令,输送到自动驾驶仪的各舵机,自动驾驶飞机按要求的航向和高度飞行。

3. 信息显示

电子飞行仪表系统(EFIS)是飞行信息显示的典型代表。它通过数据传输总线接收惯性基准系统、大气数据计算机、飞行控制计算机、推力管理计算机、飞行增稳计算机、全向信标、仪表着陆系统、低高度无线电高度表、自动定向仪、飞行告警计算机、飞行管理计算机、测距机、气象雷达的数据及离散输入信号,由计算机对这些信号进行处理以产生所需要的图形符号,并把这些数字式符号换成模拟式视频信号,再输送到主飞行显示器(PFD)和导航显示器(ND)进行显示。

4. 信息存储与监视

信息存储计算机可存储飞行系统的信息,包括与其相连的监控组件的信息,存储的信息可以显示出来或供地面人员使用查阅。发动机指示和机组告警系统、电子中央监控系统就是其典型代表。

5. 人机交互

它能实现飞行员和飞行器之间相互联系与"对话"。飞行员可以操纵座舱内各种开关和按钮与计算机通信,计算机将按照飞行员的意图自动工作,可将处理的数据在显示器上显示,也可将数据输出给其他系统实施管理控制。

9.1.2 分类

现代先进军用飞机的机载计算机可分为两类:一类是面向飞行任务的中心计算机,称为主子系统;另一类是大量嵌入到系统各个传感器和显示设备中的处理器,称为子系统处理器。这两类计算机通过互联的多路通信网络,构成物理上资源分布的机载处理系统。

中心计算机担负着面向任务处理和总线控制的任务。目前,在西方现役军用飞机上使用的中心计算机有3种,即 AN/AYK-14、SKC-3121 和 1750A 机载计算机,其中以 1750A 应用最为广泛。

子系统处理器则要负责面向传感器的任务处理。面向传感器任务的处理器,其任务是要使诸如大气压力、高度、空速、马赫数等大量的信息转变成为对飞行员有用的信息,一旦完成信息的计算,就通过数据总线将这些有用信息送到任务计算机,任务计算机再根据这些信息完成面向任务的计算后对飞行员进行显示。

9.1.3 特点

1. 环境适应性强

机载计算机安装在飞机上,往往要面对高温、低温、振动、撞击、湿度、电磁、腐蚀性气体和辐射干扰等各种恶劣环境条件,如能在 $-60 \sim +60$℃的温度变化范围、$40g$ 的冲击过载等极端条件下正常工作,为此要采用经过严格筛选的元器件。

2. 可靠性高、可维修性好、性能稳定

现代飞机价格昂贵,在飞行中无法维修,计算机一旦失效,后果严重。为保证其工作可靠,除选用高可靠性器件外,还须采用余度技术、自检测和监控技术,用多台微机构成容忍出错的计算机系统,且能自动检测、诊断故障,重组计算机结构,保持系统总体能正常工作。

3. 实时性强

飞机速度快,飞行环境、飞机姿态、战场态势瞬息多变,因此飞机上的计算机应当能够实时地采集数据进行运算,实施控制。它的数据采样间隔时间一般为几毫秒至几十毫秒。随着飞行器性能的提高,需要运算和处理的数据信息不断增多,也要求计算机有更高的运算处理速度。

4. 体积小、重量轻、功耗低

现代飞机所用计算机多以大规模或超大规模集成芯片的 CPU 为核心,采用单片微机和二次集成微机。CMOS 集成芯片功耗低、可靠性高,是现代机载计算机较理想的元器件。

9.1.4 发展历程

目前,各国空军普遍都已认识到机载计算机的重要性:没有先进的机载计算机,就没有先进的航空电子综合系统,也就没有先进的作战飞机。机载计算机的发展与航空电子系统的发展紧密相关,它的发展经历了以下几个阶段。

1. 模拟式机载计算机

20 世纪 60 年代,航空电子系统由一些分散、功能单一的系统组成,使用的机载计算机大多是模拟式计算机,其代表性的飞机有 F-100、F-4。随着数字技术的迅速发展,数字计算机开始用于机载导航和火控计算。

2. 数字式机载计算机

到了 20 世纪 70 年代,美国空军发起了数字式航空电子设备信息系统(DAIS)计划,提出了从系统工程的观点来统筹设计航空电子系统,同时用多路传输总线将机上的各个计算机联成分布的网络,实现了座舱的综合显示和控制。计算机采用标准化、模块化设计,通过总线实现信息共享,使系统有重构容错能力,数字式计算机开始应用于航空领域。

3. 分布式机载计算机

20世纪80年代,美国空军莱特实验室提出了"宝石柱(PAVE PILLAR)"计划。它利用了当时发展起来的分布式综合航空电子系统,突破原有的子系统概念,整个结构按功能分为3个资源共享的功能管理区,即任务管理区、传感器管理区和飞机管理区。各个功能区之间通过高速多路传输总线互连。这种结构以高速集成电路(VHSIC)和通用模块为基础,实现了航空电子系统的高度综合。它不仅提高了故障检测和隔离能力,还简化了维护工作,减少了全寿命的维护费用。这个计划现已用于F-22飞机和RAH-66直升机上。

4. 高度综合化机载计算机

到了20世纪90年代,美国空军莱特实验室又提出了"宝石台(PAVE PACE)"计划。"宝石台"计划的出现使人们看到了21世纪先进作战飞机的雏型。它是在"宝石柱"计划的基础上,进一步扩大了任务功能的范围,提高了系统处理能力,采用人工智能算法和神经网络等新技术,实现了模块化、综合化、通用化和智能化高度综合的航空电子系统。它的结构主要由综合射频部分(IRF)和综合核心处理机(ICP)组成。ICP是此结构的主要部件之一,它是一个模块化的处理机。信号处理硬件采用综合的多功能芯片,如32/64位RISC CPU芯片,每片的处理能力可达150百万条指令/s。因此,机载计算机已成为新一代航空电子综合系统的核心。航空电子系统综合化程度越高,对机载计算机的要求也就越高。

目前,国内外的先进作战飞机已广泛应用了机载计算机,有的飞机装备的机载计算机达到上百台,如美国B-2轰炸机装备了200多台机载计算机。F-22先进战斗机的核心处理机为I80960,模块之间用并行接口(PI)总线和测试维护(TM)总线互连。它不仅能完成数据处理功能,还能满足1553B数据总线、TM总线以及HSDB总线接口的需要。F-35飞机使用了结构更为先进的PowerPC系列计算机。

9.2 机载计算机系统

9.2.1 硬件结构

机载计算机的硬件包括CPU、存储器、接口等。其特性与通用计算机类似,但在结构特点上具有小型、灵活和稳定的特点。以AN/AYK-14为例,它是一个高速的通用并行数字计算机,其 CPU 是由 4 个 AMD 2901 四位大规模集成芯片构成的 16 位处理器。该计算机包含 10 块插入模块和一块单独插入的电源供电模块,内存容量为 128kb,指令的执行速度 450kb/s,其串行输入输出有 3 个独立的双余度 1553B 多路通道,具有 8 个外部中断、22 个内部中断和两个可编程时钟。

机载计算机通过对传感器和其他各种测量部件送来的数据信号进行加工处理,把处理结果转变成控制信号送到执行机构,从而使控制终端快速、稳健地完成指定的任务。常见的机载计算机控制终端有平视显示器、飞机进气道调节锥、放气门、油门锁、通风系统、机动襟翼电液伺服系统等。根据不同终端的任务分配,由不同的软件执行相应功能。每一台计算机仅执行有针对性的任务,如对某些物理量的测量数据进行转换和处理。在总线控制器的控制驱动下,各子系统的数据通过机载数据总线实现共享,主计算机获取相关信息,完成面向飞行作战任务的计算与处理,并向飞行员提供关键信息的显示。

9.2.2 机载计算机软件

随着飞机功能、性能要求的不断提高,机载计算机软件在航空装备中的地位也越来越重要。以美国为例,第二代战斗机 F-111 的航电系统 20% 的功能是通过软件实现的;第三代战斗机 F-16 这个比例达到了 40%;到最先进的第四代战斗机 F-22,其机载软件的的规模达到 170 多万条语句,80% 的航电系统功能由软件来实现。

1. 功能

机载计算机软件是指用于机载系统或设备的计算机软件。机载软件主要分为两类,即系统软件(也称软件平台)和应用软件。系统软件管理机载计算机本身及应用程序,应用软件最终控制各机载设备实现各种功能。其完成的功能主要表现在以下几个方面。

1)飞行控制

飞行控制系统的计算机软件要根据飞行员的操作,以及惯导系统、大气数据机输出的信息,完成姿态变化矩阵计算、导航姿态计算、飞行控制指令计算,形成舵偏控制信号送至舵系统,实现对飞机的飞行控制。在这一过程中,飞行控制软件完成数据处理、指令计算、信息传输等多项功能。

2)座舱显示控制

座舱显示控制系统软件根据本机导航飞行情况和目标威胁情况等,通过座舱的平显及各种多功能显示器,及时向飞行员提供直接的、可视的关键飞行信息,如姿态、空速、高度、航向、燃油等;战场态势信息,如空中目标航迹、地面威胁阵地、本机传感器搜索范围等；攻击信息，如射击清单、导弹发射包线、武器控制提示符等。

3）火控解算

火控系统软件根据机载雷达等传感器提供的目标信息，计算武器的攻击区及武器投放的适当时机，并为武器装订目标参数，最终控制武器的投放。可以毫不夸张地说，现代飞机每一个动作的完成都离不开机载软件的支持，飞行员的每一个作战意图也必须依靠机载软件才能实现。

2. 特点

机载计算机软件种类繁多，功能重要程度也不一样。归纳起来，主要具有以下特点。

1）实时性

实时性是指系统对外界激励的响应必须满足时间约束的特性。大部分机载软件对实时性都有较高要求。对于实时软件，其正确性不仅由系统的功能和行为特性决定，还依赖于系统的时间特性，即还必须及时和准时。实时系统可分为硬实时系统和软实时系统。硬实时系统中处理请求的时间约束非常关键，即未满足时间约束的处理请求被认为是系统的失败；而软实时系统中的时间约束只是希望被满足，即使不满足也不会引发系统失败。飞行控制系统、火力控制系统等都属于硬实时系统。

2）嵌入式

嵌入式是指一个计算机系统内置于一个更大的系统之中，作为大系统不可分割的一部分。嵌入式系统是大系统的核心，担负着管理和控制系统其他部分的任务。绝大部分机载软件属于嵌入式软件。

3）反应性

反应性是指根据外部激励做出响应的特性。具有反应性的系统称为反应式系统。与变换式系统不同，反应式系统的输出状态不仅与输入的当前状态有关，而且与输入的历史状态有关，一般需要用输入输出序列来描述，而不能简单用输入输出的二元组来描述。反应式系统的行为一般是无限的，因而其中的进程通常也都是无终止的、不间断的响应环境的激励。反应性使得软件的输入空间更大且更复杂，因而其开发、测试、维护难度也更大。

4）分布式

分布式是指多台计算机通过网络连接在一起，在软件的支持下，共同完成一项综合性的任务。由于各计算机之间真正的并发性、竞态条件及其他不确定性、缺乏全局时钟以及计算机之间的通信难以被人员观测等原因，也使得分布式系统软件的开发、测试、维护难度更大。

5) 高可靠性、安全性

大部分机载软件属于安全关键或任务关键软件,若其不可靠可能会导致灾难性的后果。因此对其可靠性、安全性要求很高。为此在机载软件设计时会采用一些提高可靠性、安全性的技术,如容错技术、N 版本技术、恢复块技术、安全监控和安全隔离技术等。

3. 机载计算机软件体系结构

机载软件是飞行中自动控制与管理的实现者,是飞机工作的灵魂。目前对其任务的描述基本上分为两类,即面向飞行任务处理的功能(由主计算机承担,同时负责总线的管理)以及面向传感器任务处理的功能(由子系统计算机完成)。从基本的功能出发,飞行任务可以分成 4 类,即飞行的基本任务、系统与飞行员接口的人机工程任务、导航任务和作战(攻击、防卫)任务,如图 9-1 所示。如果系统规模大到对单个主计算机难以承担的程度,则系统设计中可以将上述任务的一部分分配到合适的子系统管理计算机中,用多层总线的拓扑结构完成系统功能。

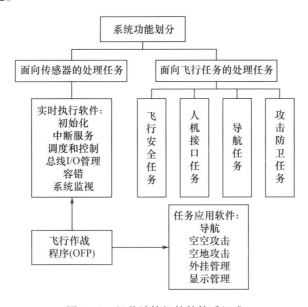

图 9-1 机载计算机软件体系组成

1) 飞行任务

① 基本的飞行任务。主要是维持飞机安全飞行的子系统提供的任务,常见的子系统有飞行控制系统和环境控制系统。

② 人—机工程任务。包括直接与飞行员接口的系统和功能,如与提供系统

控制能力的总线控制器紧密联系的座舱控制和显示功能。

③ 导航任务。决定飞行的当前位置和指引飞机飞向何处的功能。

④ 作战任务。包括所有的攻击、防御和外挂管理功能，它又分为空空、空地、攻击和防御4种模式。

上述所有飞行任务均反映在飞行员的飞行作战程序（OFP）中，图9-2所示为OFP的任务分配及系统的功能划分情况。由于不同的飞机可能装有不同的航空电子子系统，因此应用任务软件也可能不同。

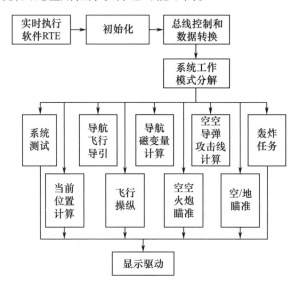

图9-2　OFP的任务分配及工作流程框图

下面对机载软件体系结构组成进行说明。

2）飞行作战程序

（1）程序功能。

飞行作战程序OFP的基本思想由3个基本要素组成，即输入—处理—输出。OFP的输入是指了解飞行员的任务意图，它通过采集有关反映飞行员意图的各个座舱开关或按键的状态信息来实现；处理和计算是指OFP要根据飞行任务的要求，执行不同的任务计算和处理数据的功能；输出是一个显示驱动过程，它给飞行员提供所关注的任务执行情况和飞行状态参数。这3个要素以循环迭代的方式进行，循环周期的长度应以满足实时任务运行的性能要求为依据。

（2）程序流程。

航空电子综合化的特点是通过机载数据总线进行信息综合，因此，OFP中应该能够反映出通过总线控制和数据转换达到功能综合目的的方法。

由图9-2可见,OFP初始化后,即进入总线控制和数据转换功能模块,该模块经总线通信和数据转换得到了各个航空电子子系统的状态信息和反映飞行员意图的信息,随后进入系统工作模式分解模块。系统分析的目的是为实时执行软件(RTE)提供依据,RTE通过分析飞行员任务和电子子系统的任务,调度组织相应的导航/火控工作任务模块,最后是一个显示驱动功能模块,为飞行员提供他所关心的数据参数和图像。流程图由显示驱动模块出口,又返回到总线控制和数据转换工作模块,以此循环运行。

3）执行程序

（1）程序功能。

OFP的核心部分是实时执行软件。RTE的功能:初始化后启动程序的执行;以固定的执行速率调度有关的任务功能模块,并将其组织到总任务中;根据工作特征的变动情况激活或挂起相关的任务;处理实时时钟;对每一种中断源进行服务;监视正确的程序执行并记录可能出现的程序错误。

由于OFP流程中的各个功能模块具有动态性、并发性、任务确定性和程序容量有界性等特点,所以RTE要正确地处理各个任务间的通信和同步,完成任务模块的调度和管理,激活或挂起有关的任务,及时处理程序的中断等。从这个意义上讲,除缺少存储器管理、计算机管理和文件管理这3点外,RTE相当于一个简单的操作系统。

（2）工作原理。

RTE的工作原理是将航空电子综合的总任务分解成若干个彼此松散耦合的子任务功能模块,每个子任务完成一个单一的或一组互相联系的功能,RTE通过调度、中断处理等方式使各个子任务功能模块实时动态地运行。

（3）程序特点。

RTE的主要特点是有严格的时间限制,对每个应用模块来讲,从信息的接收、分析处理到发送的全过程必须在规定的时间内完成,这也要求系统的一切活动都必须在一个严格的定时程序控制下运行。在RTE中,中断信号对系统具有支配作用,任务和任务调用是RTE的核心,任务调用又可称为计算机管理,其主要作用是接收中断信号,并在任务间分配通信资源,从而实现无间断的多任务虚拟机的建立,每个任务都可以在各自的虚拟机上运行、终止和恢复运行,并和其他任务通信。

4）应用程序

（1）总线控制和数据转换模块。

总线控制和数据转换是机载数据总线信息流通的全部活动,包括数据传输系统的初始化、传输处理、传输错误恢复和内部与外部数据表达格式间的转换等。一般来讲,大多数航空电子的多路传输系统是按固定的时间表进行工作的。

在每一个消息序列完成后,数据转换例行程序将检查由上帧消息传输所实时修正的输入缓冲区,并转换所有正确接收到的消息,然后查找到下一帧消息序列并转换成相应的参数,使之进入到每个相应参数的输出缓冲区中。

(2) 初始化模块。

系统初始化模块完成以下 3 个基本任务。

① 定义每个设备所要求的专用初始数据集,该数据集需要发送出去并在以后的执行中起作用。

② 产生系统工作模式分解模块要求的一些定义值,这些值将在系统转换到正常的工作模式时起作用。

③ 完成其他软件模块所需要的附加初始化的任务。

系统初始化软件将监视飞机的状态,特别是判断飞机的起飞,如果飞机离地起飞,就结束初始化并进入正常工作模式。

(3) 工作模式分解模块。

系统在完成初始化工作流程后,进入正常工作模式时,工作模式分解模块将管理航空电子系统的工作状态,提供其他用户模块所需的变量并协调它们的工作。它是一个很重要的工作模块,它以有关飞行员控制意图的信息为依据构造相应的软件活动,因此必然涉及飞行任务中各个飞行剖面的工作定义。

(4) 显示驱动模块。

主要提供飞行员的观察参数,它将产生一个被要求的输出参数。显示驱动模块也是周期执行的,其最大运行周期必须与飞行符号的显示周期协调。

9.3 机载数据总线技术

现代飞机上各个电子设备或子系统都装备了独立的计算机,而这些众多的计算机除了满足各自功能子系统的实时处理外,还需要进行信息交联达到功能综合的目的,这就导致了航空电子综合系统的出现。因此,机载数据总线技术已经成为电传操纵系统和整个航空电子系统的"中枢神经"。它是航空电子综合系统的工作支柱,通过机载数据总线实现电传操纵系统中各个传感器与各个执行功能单元之间,以及各个航空电子系统单元之间的数据通信,实现信息共享和功能综合,它不但要满足各个传感器、功能单元和子系统功能的实时性要求,还要通过信息交联达到信息共享、功能综合的目的。数据总线技术在很大程度上提高了飞机本身的性能,而且也扩大和提高了飞机完成任务的能力。下面介绍几种常用的机载数据总线。

9.3.1 ARINC-429 总线

ARINC-429 总线是机载电子设备之间进行数据传输约定的一种标准,此标准在美国民用飞机上被广泛采用。我国航空工业部门参照 ARINC-429 标准,于 1986 年颁布实施了航标《SZ-01 数字信息传输系统》(HB 6096—86),规定了航空电子设备及有关系统间的数字数据传输要求,在军用飞机上也得到了广泛应用。

ARINC-429 为单向传输总线,总线上只允许有一个发送器,但可以有多个接收器,最多为 20 个接收器。信息只能从通信设备的发送口输出,经传输总线传至与它相连的需要该信息的其他设备的接收口。在需要通信的两个设备间双向传输时,则在每个方向各用一根独立的传输总线,ARINC-429 总线采用双极性归零制的三态调制方式 BNR 码,即调制信号由"高""零"和"低"状态组成的三电平调制状态。系统高速工作状态位速率为 100kb/s,低速状态位速率为 12~14.5kb/s。对每一个字的同步,可通过检测每个字第一位的跃变来实现,在连续传输的字与字之间至少有 4 个位时的时间间隔,紧跟该字间隔后要发送的第一位起点即为新字的起点。

1. ARINC-429 基本信息单元

基本信息单元是由 32 位构成的一个数据字。这个数据字有 5 种应用格式,即 BCD 数据字、BNR 数据字、离散数据字、维护数据字和 AIM 数据字。数据传输采用广播传输原理,由源系统以足够高的速率提供传输数据,从而保证两次更新间增量值的变化,按开环进行传输,也就是不要求接收器通知发送源已收到信息。奇偶校位作为每个数据字的一部分进行传输,允许接收器完成简单的差错校验。

通用字长 32 位,各位功能定义如表 9-1 所列。

表 9-1 ARINC-429 基本信息单元

位号	32	31~30	29	28~24	13~11	10~9	8~1
功能	奇偶位	状态位	符号位	数据位	备用	SDI	标识符

数据传输顺序是先发送第 1 位,然后依次发送至 32 位,先传标识符,后传数据。当传输数据时,应首先传输最低位和最低有效字符。但标识符应先传最高位,后传最低位,即字的最低有效位就是标识符的最高有效位。

ARINC-429 数据总线 32 位的数据字中,对于数据字段中的未使用位用二进制"0"填充;在传输 BNR 和 BCD 数据字时,其未使用位除可用二进制"0"填充外,也可用有效数据位或离散量填充。

1)信息标识符

基本信息单元数据字中 1~8 位二进制编码信息标识符用于:识别 BNR 和 BCD 数据内包含的信息;识别是"离散"还是"维护"或"AIM"数据字。

当传输总线设备标识信息时,数据字内含有的信息类型用 5 字符的标号来识别,前 3 个字符是该字的位号 1~8,采用二进制编码表示。5 字符标号中后两个字符为用十六进制表示的设备识别码,该代码能把具有相同标号、来自不同设备的参数加以区别。

实际应用中,用设备识别字来识别不同的源设备,设备识别字按 BCD 数据字格式编码,规定标号为 377,字内两个最低有效数字即为设备识别码,同时,设备识别字的发送是任选的。

2)源、目标标识符(SDI)

在数据字中,位号第 9 位和第 10 位用作数据的源、目标标识功能。它用于当需要将特定字发送给总线上的某一特定接收设备时,或者总线上源设备需要根据字的内容被接收器识别时,可用源、目标标识符功能。当使用这种功能时,源设备应按表 9-2 所列位号第 9 位和第 10 位给机载装置所确定的序号编码。接收器应识别自身装置代码的字和识别包含代码"00"到"全访问"代码的字。

有两种情况位号第 9 位和第 10 位不表示源或目标标识功能:一种是字母和数字(ISO 5 号字母表)数据字;另一种是根据分辨率的需要,把位号第 9 位和第 10 位用作有效数据的 BNR 或 BCD 数字数据字。

表 9-2 源或目标标识符

位号		装置序号
10	9	
0	0	填充或用作序号"4"
0	1	1
1	0	2
1	1	3

3)符号和状态

BCD 数字数据字、离散数据字、AIM 数据字和文件传输字:BCD 数字数据的符号(正、负,北、南等)。AIM 数据的字类型(初始字、中间字、控制字和结束字)和发送器硬件的状态用位号第 30 位和第 31 位编码,见表 9-3。离散字的符号、状态矩阵应按 BCD 数字数据说明的规则编码。

表9-3 符号和状态

位号		功能描述		
31	30	BCD 数据字	AIM 数据字	文件传输
0	0	正、北、东、右、倒、上	中间字	中间字、正、北等
0	1	非计算数据	初始字	初始字
1	0	功能测试	结束字	结束字
1	1	负、南、西、左、从、下	控制字	中间字、负、南等

BNR 数字数据字:BNR 数字数据字的符号(正、负,南、北等)和发送器硬件的状态应按字的位号第29~31位编码,见表9-4和表9-5。

表9-4 发送器硬件状态

位号		含义描述
31	30	BNR 数据
0	0	故障告警
0	1	非计算数据
1	0	功能测试
1	1	正常工作

表9-5 BNR 数字数据字符号

位号	含义描述
29	BNR 数据
0	正、北、东、右、倒、上
1	负、南、西、左、从、下

4) 数据表示

ARINC-429 数字信息传输中,数据的单位、范围、分辨率、传输间隔、有效数字、有效位数和填充位等信息对于完成信息高效、准确、快速、可靠的传输有着重要的作用。在编制一个给定参数的二进制数据标准时,首先按其顺序确定参数的单位、最大值和分辨率,然后使该字的最低有效值等于分辨率增量,而确定有效位数时应使二进制数最大值大于参数最大值,选择分辨率时,应使该字的分辨率等于或高于精度。

2. ARINC-429 数据

在 ARINC-429 基本信息单元中,对数据字已经作了简要的介绍。下面将详细说明 ARINC-429 的数据。

1) BNR 数据和 BCD 数据

ARINC-429 总线传输信息采用 BNR 数据或者是 BCD 数据,也可以同时采用两种数据字,对于用两种数据字的信息,对每一种都必须分配各自的标号。

2) 离散数据

数据字中的未用位可用来表示离散量,其位分配规则是:首先给定第 11 位,接着按升序给定第 12 位等,直到数据字段为止。当然,也可用一个字表示离散数据,离散数据字可分为两种,即通用离散字和专用离散字。

3) 维护数据

通用维护字占有 5 个标号,该标号的使用和通用离散字相同。

4) AIM 数据

在 AIM 数据的 3 种应用中都可以传输多于 21 位的数据包,源系统把要传输的信息分成几组,包含初始字、控制字(任选字)、中间字(任选字)、结束字等,每个字仍由 32 位组成。

3. 文件数据传输

文件数据传输采用指令、响应协议进行,其传输数据为二进制数据字和 ISO 5 号字母表字符两种。文件的结构形式是:一个文件由 1~127 个记录组成,一个记录又由 1~126 个数据字组成。发送器与接收器间文件传输协议规定如下。

1) 正常传输

发送器有数据要送往接收器时,发送器通过传输总线发送"请求发送"初始字(其中包括待发送的记录数),接收器接到此"初始字"后,通过另一条传输总线以"清除发送"初始字作为应答,其内容表示接收器准备好接收数据,发送器收到此应答之后,先发送第一个记录。

在发送记录的过程中,先发送"数据跟随"初始字,其内容包括这一记录的序号及记录内的字数,后跟"中间字"和"结束字"。接收器处理"结束字"的错误控制信息,如无误,接收器发送"接收正确"初始字,以结束一个记录的传输。接着进行下一个记录的传输,直到文件传输完毕为止。

2) 标题信息传输

发送器不发送自身文件、也不请求接收文件时,允许发送器发送文件规模,信息发送器只发送一个"标题信息"初始字给接收器。

3) 两终端间的文件数据传输

在两终端彼此有信息连续交换的系统内,甲终端发"查询"初始字,乙终端若有数据传送,就发"请求发送"初始字作为响应。

若乙终端无数据传输,则对甲终端查询字的响应也发一个"查询"初始字,以询问甲终端是否有数据向乙终端发送。

9.3.2 MIL-STD-1553B 总线

MIL-STD-1553B 是关于数据总线电气特性和协议规范的军用标准,全称为《飞机内部时分制指令/响应型多路数据总线》(Aircraft Internal Time Division Command/Response Multiplex Data Bus),其作用是提供一个在不同系统之间传输数据和信息的介质。该标准作为美国国防部武器系统集成和标准化管理的基础之一,最初由美国空军用于飞机航空电子系统,目前已广泛应用于美国和欧洲海、陆、空三军,而且正在成为一种国际标准。

从20世纪80年代起,我国就开始跟踪 MIL-STD-1553B 标准及技术的发展趋势。参照美军 MIL-STD-1553B 标准,于1997年11月5日颁布了《数字式时分制指令/响应型多路传输数据总线》(Digital Time Division Command/Response Multiplex Data Bus)(GJB 289A—97)。该总线已在我军多款飞机上得到了成功应用。

1. MIL-STD-1553B 总线基本概念与特征

MIL-STD-1553B 总线本质上是一种连接航空电子设备、子系统或者模块之间的实时网络互联技术,其总线拓扑结构如图9-3所示,根据总线上节点在网络中担负的不同功能,GJB289A 终端可分为总线控制器(BC)、远程终端(RT)和总线监视器(BM)。

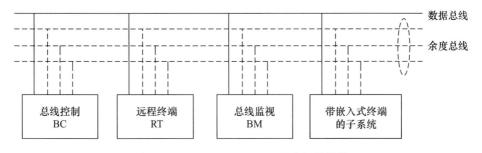

图9-3 MIL-STD-1553B 总线拓扑结构

MIL-STD-1553B 总线是一种集中式的时分制串行异步半双工总线,其主要特点是集中控制、分布处理和实时响应。其可靠性机制包括防错功能、容错功能、错误的检测和定位、错误的隔离、错误的校正、系统监控及系统恢复功能。采用冗余设计,有多个传输通道,保证了良好的容错性和故障隔离。综合起来有以下几个特点。

1) 实时性好

MIL-STD-1553B 总线的数据传输率为1Mb/s,每条消息最多包含32个字,传输一个固定不变的消息所需时间短。数据传输速率比一般的通信网高。

2) 合理的差错控制措施和特有的方式命令

为确保数据传输的完整性,MIL – STD – 1553B 采用了合理的差错控制措施——反馈重传纠错方法。当 BC 向某一 RT 发出一个命令或发送一个消息时,终端应在给定的响应时间内发回一个状态字,如果传输的消息有错,终端就拒绝发回状态字,由此报告上次消息传输无效。而特有的方式命令不仅使系统能完成数据通信控制任务,还能检查故障情况并完成容错管理功能。

3) 总线效率高

总线形式的拓扑结构对总线效率的要求比较高,为此 MIL – STD – 1553B 对涉及总线效率指标的某些强制性要求如命令响应时间、消息间隔时间以及每次消息传输的最大和最小数据块的长度都有严格限制。

4) 具有命令/响应以及"广播"通信方式

BC 能够以"广播"方式向所有 RT 发送一个时间同步消息,这样总线上的所有消息传输都由总线控制器发出的指令来控制,相关终端对指令应给予响应并执行操作。

2. MIL – STD – 1553B 总线协议规范

为保证 MIL – STD – 1553B 总线数据传输的可靠性和有效性,通信的收/发双方必须遵循相应的规则,这种规则就称为协议。协议中明确规定了数据的编码格式、传输方式和控制机制等。MIL – STD – 1553B 总线以异步、命令/响应、半双工方式执行数据信息的传输,总线控制器初始化所有的传输,并控制数据总线上所有数据信息的传输。数据总线上的信息流由消息(message)组成,消息由命令字、数据字、状态字 3 种不同类型的字(word)组成,每个字又由 20 个数据位(bit)组成。

1) 编码格式

MIL – STD – 1553B 中采用的是曼彻斯特 II 型编码(Manchester Encoding),其编码规则是:在每一位数据的中间位置都出现电平的跳变,由负电平到正电平的跳变表示"1",由正电平到负电平的跳变表示"0"。这种码型最适宜于在变压器耦合形式,长度为 150m 左右的场合中应用。

2) 字格式

MIL – STD – 1553B 中字的格式包括命令字(指令字)、数据字和状态字 3 种格式,每种字的字长为 20 位,有效信息位是 16 位,每个字的前 3 位为单字的同步字头,而最后一位是奇偶校验位(奇校验)。有效信息(16 位)及奇偶位在总线上是以曼彻斯特码的形式进行传输,每位占的时间为 1μs(即码速率为 1Mb/s)。同步字头占 3 位,或先正后负(指令字、状态字)或先负后正(数据字)。正/负电平各占 1.5μs,即占同步位场的一半。各字格式如图 9-4 所示。

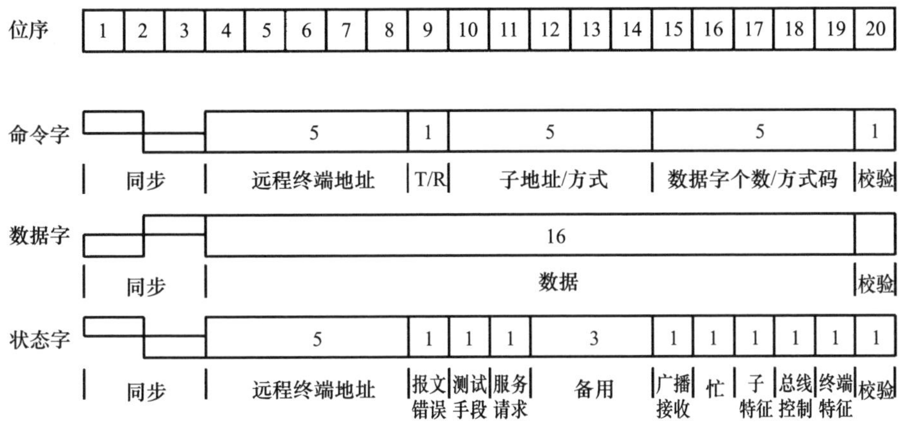

位序	1	2	3	4	5	6	7	8	9	10	11	12	13	14	15	16	17	18	19	20

命令字：同步 | 远程终端地址(5) | T/R(1) | 子地址/方式(5) | 数据字个数/方式码(5) | 校验(1)

数据字：同步 | 数据(16) | 校验

状态字：同步 | 远程终端地址(5) | 报文错误(1) | 测试手段(1) | 服务请求(1) | 备用(3) | 广播接收(1) | 忙(1) | 子特征(1) | 总线控制(1) | 终端特征(1) | 校验(1)

图 9-4 总线信息的字格式

（1）命令字。

命令字只能由现行激活的总线控制器发送。命令字由同步字头、远程终端地址、发/收(T/R)位、子地址/方式、数据字计数/方式码以及奇偶校验位几部分构成。其前 5 位是终端寻址场,指出了被寻址的终端地址,每一个远程终端都被赋予一个唯一的地址(其中 11111 不能分配,留作广播地址用),远程终端只对总线上标识了自己地址的信息给予响应。位 9 是发送/接收(T/R)位,指明了远程终端所需要进行的操作,当此位为"1"时,命令被寻址的终端发送消息;为"0"时,则命令被寻址的终端接收消息。T/R 位后面位 10～14 的 5 位为子地址/方式域,在一般情况下,按指示与被寻址终端某个子地址进行通信,当这 5 位全为"0"或全为"1"时定义为方式场,它根据具体情况用于指明远程终端子地址或模式控制。子地址能够确定连接到某个远程终端的子系统,通常这些子系统是远程终端存储空间中的某些具体存储单元。由于子地址 00000 及 11111 保留用于特殊用途,所以除去子地址 00000、11111 和 T/R 位,共有 30 个发送子地址和 30 个接收子地址。位 15～19 的 5 位指示发送/接收的数据字的数量,或者用于指定方式代码,每一个发送或接收的信息块,最多可以有 32 个数据字。当子地址/方式的 5 位为 00000 或 11111 时,该 5 位用于确定信息传输系统的方式代码。最后一位为奇偶校验位,用于校验前面 15 位,采用奇校验。

（2）数据字。

数据字相对简单,是由同步头、16 个数据位和奇校验位组成。数据字的同步头和命令字、状态字的相位相反,数据字 16 位用于数据传输,没有具体规定,由用户自行定义,校验位同样采用奇校验。

(3) 状态字。

状态字仅对指令字响应,由被寻址的远程终端发出,包括 5 位本 RT 地址和 8 位指示通信状态和本 RT 及子系统状态的信息位。状态字由同步字头、远程终端地址、一些功能位及校验位组成,其同步字头与命令字一样,状态字与指令字的区别在 BC 与 RT 的功能设置时就决定了,因此它们的同步字头相同并不会影响系统的识别和正常工作。当然,如果系统中存在第三者,如总线监视器,仅仅由同步字头就不能区别到底是指令字还是状态字,在这种情况下,还需要同步字以外的位特征来区别指令字和状态字,如设置"测量手段"位。因此,需要进一步定义同步字头以外状态场的含义,状态字的功能位包括信息错误位、测量手段位、服务请求位、广播命令接收位、忙等待位、子系统标志位、动态总线控制接收位和终端标志位等。

终端地址位:状态字中的前 5 位,反映了响应指令字的终端地址,在一次正确的消息通信中,状态字的终端地址应与指令字中的终端地址一致,以表明这次通信正确无误。

总线信息错误位:置 1 表明终端所接收到的消息中有一个或多个字没有通过有效性测试,即上次通信信道上存在传输错误。总线控制器应负起避免发出非法指令的责任。

测试手段位:用于总线上挂接有总线监视器时供监视器区别指令字和状态字之用。

服务请求位:用于通知总线控制器,请求与之通信的终端异步服务。

广播指令接收位:当前面有效命令字是广播指令时(RT 地址为 31),要使此位置成"1"。因为广播信息格式要求终端禁止发回状态字,为了要了解上一广播指令是否已被终端所接收,可使用专门的方式指令让某个终端返回状态字,如此位置成"1",即说明上一有效指令字的确是广播指令。

忙位:状态字中忙位置"1"是向总线控制器表明,该终端不能按照总线控制器的命令向子系统送数或者从子系统取数。

子系统标志位:此位置"1",表明了存在着嵌入子系统的故障情况。但是此位只是一个子系统故障的笼统表征信息,如果总线控制器要进一步地调查了解子系统的故障,这一位信息已经不足以表明。这时需要已激活的总线控制器通过另外约定的正常信息通信来完成。

动态总线控制接收位:这一位是为处于系统控制之中的控制器权力转让而设置的。当一个现行激活的总线控制器向另一个潜在的总线控制器用"动态总线控制"的方式指令转移控制权时,只有在潜在的总线控制器已经完成了由"从"到"主"的转化过程之后,才表示它已具有总线控制器的能力,并在响应的状态字中将此位置成"1"。

终端特征位:置"1"表明终端内部存在故障。总线控制器一旦获知存在终端故障时,可以向该终端发出一个启动自测试及发送自测试结果的方式指令以了解终端故障的具体情况。

在状态字的有效信息中,共定义了以上13位的具体含义,还有3位未定义。总结起来说,状态字反映消息场和状态场两个部分。消息场是指信道上信息传输情况的反映,状态场是指终端及终端中子系统的情况。

3. 消息格式

MIL-STD-1553B总线提供了系统、设备间数据交换的介质,而数据交换则是基于消息传输的,消息是数据交换的基本单元,每个消息至少包括两个字。MIL-STD-1553B总线协议规定了10种消息格式,如图9-5所示。

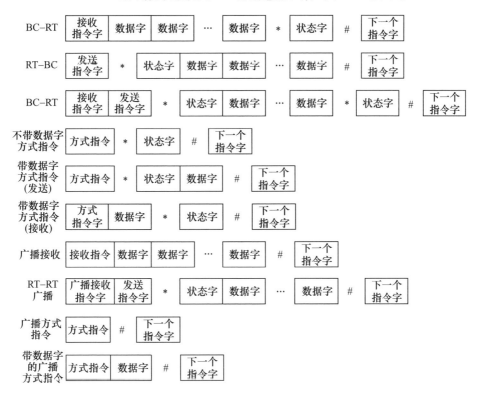

图9-5 MIL-STD-1553B消息格式

消息格式中,*表示响应时间,规定为4~12μs;#表示了消息间隔时间,规定为大于4μs。

上述消息命令中前6个为6种非广播消息,都是在总线控制器直接控制下才能执行,并且这6种格式都要求被访问的远程终端做出特定的、唯一的响应。

237

信息传输是基于命令/响应机制,RT 对于所有接收到的无错误的消息,都会给 BC 返回一个状态字,这种握手机制保证了 RT 接收到信息的正确性。后 4 个为 4 种广播消息格式,广播方式允许总线控制器或某一个远程终端将消息发送至所有其他终端,而不需要确认接收终端的状态。

4. 传输方式

消息的传输方式包括 BC – RT 传输、RT – BC 传输和 RT – RT 传输 3 种基本传输方式:

1) BC – RT 传输

总线控制器发出一个指令字到它要寻址的终端,指令字中 RT 场指明被寻址的终端地址。T/R 为"0"时表示被寻址的终端接收数据,分地址场表明终端接收传输数据的存储空间地址,字计数场表示此命令要求该终端的数据字字数,在此消息得到 RT 确认后,终端将响应一个状态字供 BC 判别此次传输是否成功,这样就完成了一次 BC – RT 传输。

2) RT – BC 传输

总线控制器发出一个指令字到它寻址的终端,指示该终端发送一个由指令字中的字计数场定义的 1~32 个数据字。在指令字得到确认后,RT 将发回状态字,其后紧接着是准确数目的数据字,总线控制器将确认返回的消息,这样就完成 RT – BC 的传输。

3) RT – RT 传输

总线控制器将发送两个指令字,第一个指令字是对接收消息的终端寻址,第二个指令字寻址发送消息的终端。两个指令字包含同样的计数场,在指令字得到验证后,RT 将发送状态字并紧随准确数目的数据字,在消息得到接收终端确认后,接收端也要返回一个状态字,这样便完成了 RT – RT 传输。

5. 差错控制

为保证信息传输的准确性与可靠性,MIL – STD – 1553B 数据总线采用自动重发纠错(Automatic Repeater Quest,ARQ)技术。主控端(总线控制器)向执行端(终端)发出的一条指令或信息带有检错能力的奇偶检验位,终端在接到信息后,进行奇校验,判定传输中有无差错产生。若准确无误,终端应在给定的响应时间范围 (4~12μs)内向主控端发回一个状态字。如果传输的信息有错,则终端就拒绝发回状态字,由此告知主控传输无效,要求重发,直到终端认为正确接收为止。

9.3.3 AFDX 总线

1. AFDX 总线概述

AFDX 总线是适用于航电系统信息传输的确定性飞机数据网络总线系统,

其全称为航空全双工交换式以太网(Avionic Full – Duplex Switched Ethernet, AFDX/ARINC 664)。20世纪90年代后期,AIRBUS A380项目基于成本、性能、灵活性和可应用性等方面的原因,舍弃ARINC 429和ARINC 629,开始研究基于IEEE – 803.2以太网技术的全双工Ethernet,其目标是充分利用商业货架COTS (Commercial Off – The – Shelf)硬件产品以降低成本,并缩短开发周期,同时保证商用航空对高传输速率、健壮性、确定性和兼容性的要求。

AFDX具有高数据传输速率(10Mb/s和100Mb/s)、全双工通信、有限的时间延迟(小于100μs)、交换式网络(星型拓扑结构,每个交换机连接24个终端节点)、确定性(网络仿照点到点的网络,通过使用虚链接保证带宽)、冗余(双重的网络提供更高的可靠性)等特点,开始应用于A380、B747、B767、B777等飞机上。

2. AFDX总线拓扑结构

AFDX通过借鉴并采用电信通信标准中异步传输模式(Asynchronous Transfer Mode,ATM)的概念,克服了IEEE802.3以太网的缺点,对以太网标准进行了扩展满足确定性网络对带宽和服务保障的要求,其系统结构如图9 – 6所示,由交换机(SW)、终端系统(ES)和链路组成。

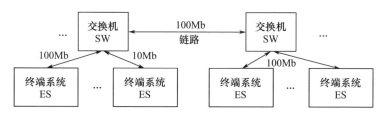

图9 – 6　AFDX网络系统结构

AFDX终端分布在航空电子系统的各个分节点上,具有系统管理、信息封装、虚链路调节、多路调度、冗余管理和完整性检查等功能,主要实现航空电子分系统之间安全、可靠的数据交换任务。

AFDX网络的核心是交换机,它相对于商业以太网要承担更多的任务,AFDX交换机必须执行帧过滤、流量管理、支持虚拟链路、拥有符合ADFX规范的终端、交换过程中具有确定的可预计的延迟时间功能,以保证到达交换机的信息与相关的虚连接相适应。主要由过滤和策略模块、交换模块、配置表、终端系统和监控模块组成。

AFDX网络中,ES物理层遵循IEEE802.3标准的以太网规范相关规定,传输介质可以是铜缆或光纤,在采用铜缆时,选用的屏蔽双绞线包括阻抗均为100Ω的5类1线屏蔽双绞线、2线屏蔽双绞线、4线屏蔽双绞线等类型。

3. AFDX 总线数据传输特性

1) AFDX 以太网帧格式

AFDX 数据包帧格式与 IEEE802.3 以太网的帧格式基本相同,AFDX 帧格式如图 9-7 所示,目标地址和源端地址包含终端的 MAC 地址,事实上 IP 地址信息包含在 IP 结构模块中。UCP 结构区别应用端口,AFDX 信息有效载荷为 17~1471B。虚拟路径是通过 1B 节的序列号提供,它在以太网帧协议的校验和之前,范围可以是 1~255,当到达 255 后翻转到 1,序列号 0 是保留对终端系统的复位。

AFDX 网络地址是基于终端的 MAC 地址,ARINC664 标准没有特别的规则来分配 MAC 地址,这个任务留给系统管理者来完成,但必须遵从 IEEE-802.3 说明的本地管理规范。例如,在波音飞机的应用中,16 位全部都可以用来设置;而在空客的应用中,只有低 12 位被用到,而高 4 位均被置零。源端地址必须唯一,源端地址包含用来区别两个连接的冗余网络的 MAC 地址,目标地址是一个多播地址,包含 16 位的虚拟连接标识符。

7B	1B	6B	6B	2B	20B	8B	17~1741B	1B	4B	12B
帧头	初始帧分隔符	目标地址	源地址	IPv4类型	IP结构	UOP结构	AFDX有效信息	序列号	帧校验序列	帧间隔

图 9-7 AFDX 以太网帧协议格式

2) AFDX 以太网冗余备份

为避免可能因交换机某一网络出现故障而无法正常通信,在 AFDX 系统中有两个独立的交换网络,即 A 网络和 B 网络,如图 9-8 所示,每个包通过终端系统同时发送到这两个网络,因此正常情况下每个终端系统将会收到两个包,终端系统通过数据包的序列号来区别数据包来自 A 网络还是 B 网络,并检查数据包的帧校验序列来决定是否采用还是丢弃该帧。通过对数据进行冗余管理,就可以很好地保证数据包安全、准确地传输到目的地,也就是提高了服务质量。

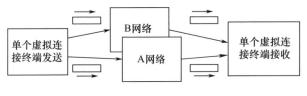

图 9-8 AFDX 网络冗余连接

3) 虚拟连接

AFDX 网络的核心是虚拟连接(Virtual Link,VL)。每个虚拟连接建立了一个从源终端系统到多个目标终端系统无方向的逻辑,每一个虚拟连接都分配一定的带宽配额,虚拟连接的数量由一个完整的系统来定义。创建虚拟连接的总带宽不能超过网络最大的可用带宽。对于不太重要的通信网络,AFDX 允许建立子虚拟连接(sub-VLs),虽然带宽对虚拟连接是有保证的,但对子虚拟连接是没有保证的。如图9-9所示,当源端系统(1)把一个(VLID)=100 的虚拟连接识别码的以太网帧发送到以太网中,AFDX 交换机把这个以太网帧转发到指定目标终端系统(2 和 3),终端系统(2 和 3)能同时收到来自终端系统 1 的以太网帧。也就是说,多个虚拟连接能同时接收来自同一个终端系统的信息,并且每个虚拟连接也可以从一个或多个通信端口获取信息。

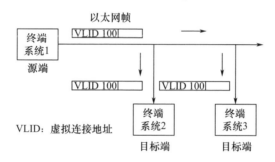

图9-9 AFDX 连接示意图

4) 数据交换处理

通过 AFDX 可以确定数据包发送和接收的时间,从而消除半双工可能出现的传输冲突。如图9-10所示,每个航空子系统如自动驾驶、平显等直接连接到由两组双绞线组成的全双工交换机。其中一组双绞线用来传输,另一组双绞线用来接收,交换机能够同时对发送和接收的数据包进行缓冲。

AFDX 交换机的接收和发送缓冲区里面都能够根据先入先出(FIFO)的原则存储大量的输入输出数据包。I/O 处理单元(CPU)把数据包从输入的接收缓冲区转移到输出传输缓冲区,通过检查下一行接收缓冲区到达的数据包,来决定它的目标地址(虚拟连接标志),并查找转发列表来决定从哪个发送缓冲区来接收这个数据包。通过存储总线和传输(FIFO)顺序,将数据包复制到该发送缓冲区,通过发送缓冲区把数据发送到航空子系统或其他交换机中。这种涉及存储转发体系结构的全双工交换机排除了半双工以太网遇到的问题,简单地说就是消除了冲突。

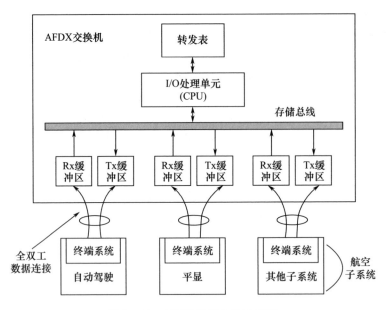

图 9-10 AFDX 数据交换示意图

9.3.4 CAN 总线

1. CAN 总线概述

CAN(Controller Area Network,控制局域网)总线最初出现在 20 世纪 80 年代末的汽车工业中,它是德国 Bosch 公司提出为解决汽车内部众多电子装置和测量设备之间的数据通信而开发的一种多主网络协议,是一种能有效支持分布式和实时控制系统的串行通信网络,是目前国际上应用最广泛的现场总线之一。1991 年,Philips Semiconductor 指定并发布了 CAN 总线技术规范 V2.0,该技术规范包括 A、B 两部分,2.0A 给出了总线报文的标准格式,2.0B 给出了标准和扩展两种格式,1993 年,CAN 总线已成为国际标准 ISO11898(高速应用)和 ISO11519(低速应用)。

CAN 总线接口内部集成了 CAN2.0 定义的物理层和数据链路层功能,可完成数据封装/拆装、媒体访问管理、错误检测等工作。CAN 总线采用数据块进行编码,取代了传统的站地址编码,最多可以标识 2048(2.0A)或 5 亿(2.0B)多个数据块。采用这种编码方式可使 CAN 网络中所能挂载的节点数在理论上不受限制。由于 CAN 协议定义的报文帧数据段长度最大为 8B,数据传输时消耗总线时间较短,从而保证了数据传输的实时性。CAN 协议采用 CRC 校验、错误检查、总线故障管理等机制,保证了数据传输的可靠性。CAN 以多主机方式工作,网络上任一节点均可在任意时刻主动向网络上其他节点发送信息,从而不分主从,通信方式灵活,且无需站地址等节点信息,可方便地构成多机备份系统。网络上的节点信息分成不同的优先级,可满足不同的实时要求。CAN 采用非破坏性总线仲裁技术,当多个节点同时向总线发送信息时,优先级较低的节点会主动地退出发送,而最高优先级的节点可不受影响地继续传输数据,从而大大节省了总线冲突仲裁时间。CAN 节点在错误严重的情况下具有自动关闭输出的功能,以使总线上的其他节点的操作不受影响,保证了 CAN 网络的健壮性。

目前,CAN 总线已成为一个开放、免费、标准化、规范化的协议,以其较高的可靠性、良好的错误检测能力,较低的价格优势,在汽车电子、工业控制、电力系统、医疗仪器、工程车辆、船舶设备、楼宇自动化等领域得到了非常广泛的应用。在对实时性和可靠性都有极为严格要求的航空飞行器上也部分使用了 CAN 总线,采用 CAN 总线代替 ARINC – 629 用于小型飞机上电子设备的互连,在民用小型飞行器上 CAN 总线成功取代之前使用的 1553B 而作为通信总线,此外在无人机上也使用了 CAN 总线。

2. CAN 总线拓扑结构

CAN 数据总线传输系统是由节点终端、数据总线和数据传输终端组成,其组成结构如图 9 – 11 所示。每个节点终端包括 1 个 CAN 控制器和 1 个 CAN 收发器,2 条数据总线将各个节点终端连接起来,构成 CAN 总线系统网络。

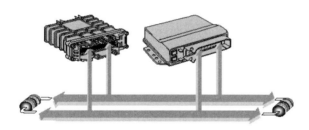

图 9 – 11　CAN 总线网络组成结构

1) CAN 节点终端

CAN 节点终端包括 CAN 控制器和 CAN 收发器两部分,其内部结构组成如图 9 – 12 所示。CAN 控制器是可编程芯片,通常为单片机,通过对它的编程,可以设置它的工作方式,控制它的工作状态,进行数据的发送和接收。控制器的作用是接收控制单元中发出的数据,对这些数据进行处理,并传给收发器,同样,控制器也接收收发器收到的数据,对这些数据进行处理并传给 CPU。CAN 控制器的类型有两种:一种是独立的控制器;另一种和 CPU 集成在一起。前一种使用起来比较灵活,可以与多种类型的单片机进行组合,后一种电路简化和紧凑,效率高,安全性好。

CAN 收发器是一个发送器和接收器的组合,将控制器提供的数据转化成电信号并通过数据总线发送出去,同时,它也接收总线数据,并将数据传到 CAN 控制器。

2) 数据传输终端

整个 CAN 系统中的端点由 2 个数据传递终端组成,主要用于防止数据在线端反射,并以回声的形式返回,产生反射波而使数据遭到破坏。数据传输终端有的设置在控制单元内,也有的在外部单独设置了终端。

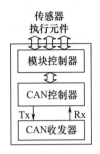

图 9-12 CAN 总线节点终端内部组成

3) CAN 数据总线

CAN 数据总线是用以传输数据的双向数据线,分为 CAN 高位(CAN-High)和 CAN 低位(CAN-Low)数据线,通过数据总线发送给各控制单元,各控制单元接收后进行计算,两条线上的电位是相反的,如果一条线的电压是 5V,另一条线就是 0V,两条线的电压总和等于常值。它支持双绞线、同轴电缆或光导纤维,通信速率可达到 1Mb/s。

CAN 数据总线是控制单元间的一种数据传递形式,它连接各个控制单元形成一个完整的系统。控制单元首先向 CAN 控制器提供要发送的数据,收发器接收由控制器传来的数据,并转化为电信号发送到数据总线;CAN 接收器接收数据总线上的数据并将编码数据分解成可以使用的数据。各控制单元判断接收的数据是否为本控制单元所需要的数据,如需要则接收该数据并进行处理;否则给予忽略。

3. CAN 总线分层结构

为了使设计透明和执行灵活,CAN 协议遵循 ISO/OSI 标准模型,分为数据链路层(包括逻辑链路子层(LLC)、媒体访问控制子层(MAC))和物理层,其结构组成如图 9-13 所示。在 CAN 技术规范 2.0A 的版本中,数据链路层的 LLC 和 MAC 子层的服务和功能被描述为"目标层"和"传输层"。

数据链路层包括逻辑链路子层和媒体访问控制子层,LLC 子层的主要功能是报文滤波、超载通知和恢复管理。MAC 子层是 CAN 协议的核心,其功能主要是传送规则以及控制帧结构、执行仲裁、错误检测、出错标定和故障界定。MAC 子层也要确定为开始一次新的发送,总线是否开放或者是否马上开始接收,位定时也是 MAC 子层的一部分。物理层的功能是有关全部电气特性不同节点间位的实际传送,因此涉及位时间、位编码、同步的解释。技术规范没有定义物理层的驱动器/接收器特性,以便允许根据它们的应用,对发送媒体和信号电平进行优化。

第 9 章 机载计算机与数据总线技术基础

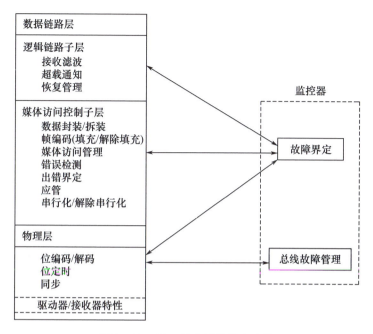

图 9-13 CAN 的分层结构和功能

4. CAN 总线数据传输特性

CAN 总线进行数据传送时,发出报文的单元成为该报文的发送器,该单元在总线空闲或丢失仲裁前恒为发送器。如果一个单元不是报文发送器,并且总线不出现空闲状态,则该单元为接收器。对于报文接收器和发送器,报文的实际有效时刻是不同的,对于发送器而言,如果直到帧结束末尾一直未出错,则对于发送器报文有效,如果报文受损,将允许按照优先权顺序自动重发,为了能同其他总线访问竞争,总线一旦空闲,重发立即开始。对于报文接收器而言,如果直到帧结束的最后一位一直未出错,则对于接收器报文有效。

1) CAN 总线报文传送模式

CAN 总线协议是一个基于报文而不是基于站点地址的协议。也就是说,报文不是按照地址从一个节点传送到另一个节点。CAN 总线上报文所包含的内容只有优先级标志区和欲传送的数据内容。所有节点都会接收到在总线上传送的报文,并在正确接收后发出应答确认。至于该报文是否要做进一步的处理或被丢弃将完全取决于接收节点本身。同一个报文可以发送给特定的站点或许多站点,就看如何去设计网络和系统。基于报文的这种协议另一个好处是新的节点可以随时方便地加入到现有的系统中,而不需对所有节点进行重新编程以便

245

它们能识别这一新节点。一旦新节点加入到网络中,它就开始接收信息,判别信息标识,然后决定是否处理或直接丢弃。

2) CAN 总线报文的帧结构

CAN 总线报文由数据帧、远程帧、错误帧、过载帧等 4 个不同的帧类型所表示和控制。数据帧携带数据由发送器至接收器;远程帧通过总线单元发送,以请求发送具有相同标识符的数据帧;错误帧由检测出总线错误的任何单元发送;过载帧用于提供当前的和后续的数据帧的附加延迟。

(1) 数据帧由 7 个不同的位组成,即帧起始、仲裁场、控制场、数据场、CRC 场、应答场和帧结束。CAN 技术规范 2.0B 数据帧的组成如图 9 – 14 所示。在 CAN 技术规范 2.0B 中存在两种不同的帧格式,其主要区别在于标识符的长度,具有 11 位标识符的帧称为标准帧,而包括 29 位标识符的帧称为扩展帧。

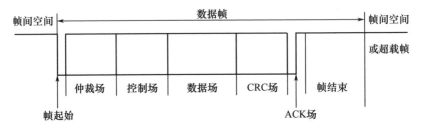

图 9 – 14　CAN 总线数据帧的组成

帧起始(SOF)标志数据帧和远程帧的起始,它仅由一个显性位构成,只有在总线处于空闲状态时才允许单元开始发送。所有单元都必须同步于首先开始发送的那个单元的帧起始前沿。

仲裁场由标识符和远程发送请求位(RTR)组成,用于表示数据的优先级。

控制场表示数据段的字节数,包括数据长度码和两个保留位,这两个保留位必须发送显性位,但接收器认可显性和隐性的全部组合,数据码长度为 4 位,在控制场中被发送,指出数据场的字节数目,数据字节的允许使用数目为 0 ~ 8,不能使用其他数值。

数据场是由数据帧中被发送的数据组成,它可包括 0 ~ 8 个字节,每个字节 8 位,首先发送的是最高有效位。

CRC 场是检查帧传输错误的帧,包括 CRC 序列,后随 CRC 界定符,CRC 序列由循环冗余码求得的帧检查序列组成,适用于位数小于 127(BCH 码)的帧。

应答场(ACK)用来确认是否正常接收,包括应答间隙和应答界定符,在应答场中,发送器送出两个隐性位,一个正确地接收到有效报文的接收器,在应答间隙,将此信息通过发送一个显性位报告给发送器。所有接收到匹配 CRC 序列的站,通过在应答间隙内把显性位写入发送器的隐性位来报告。

帧结束由7个隐性位组成的标志序列组成的帧结束标志。数据帧、远程帧、出错帧或超载帧,均以称之为帧间空间的位场分开。而在超载帧和出错帧前面没有帧间空间,并且多个超载帧前面也不被帧间空间分隔。帧间空间包括间歇场和总线空闲场,对于前面已经发送报文的"错误认可"站还有暂停发送场。

(2)远程帧由6个不同位场组成,即帧起始、仲裁场、控制场、CRC场、应答场和帧结束。远程帧和数据帧的结构基本相同,其RTR位为隐性位,且不存在数据场,远程帧的组成如图9-15所示,其各组成场含义与功能与数据据帧相同。

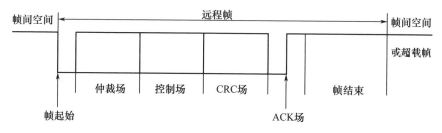

图9-15 CAN总线远程帧的组成

(3)错误帧由两个不同场组成,第一个由来自各站的错误标识叠加而得到,随后的第二个场是出错界定符(包括8个隐性位),错误帧组成如图9-16所示。错误标志具有激活错误标志和认可错误标志两种形式。激活错误标志由6个连续的显性位组成,认可错误标志由6个连续的隐性位组成,除非被来自其他节点的显性位冲掉。检测到错误条件的"错误激活"站通过发送错误激活标志指示错误。错误标志的格式破坏了从帧起始到CRC界定符的位填充规则,也破坏了应答场或帧结束场的固定格式。因此,所有其他的站由此检测到错误条件并开始发送错误标志。因此,"显性"位序列的形成就是各个站发送的不同错误标志叠加在一起的结果。这个序列的总长度最小为6位,最大为12位。检测到错误条件的"错误认可"的站试图通过发送错误认可标志指示错误。该"错误认可"站以错误认可标志为起点,等待6个相同极性的连续位。当这6个相同的位被检测到时,错误认可标志的发送就完成了。出错界定符包括8个隐性位。错误标志发送后,每个站都送出1个隐性位,并监视总线,直到检测到1个隐性位为止,然后开始发送剩余的7个隐性位。

(4)超载帧包括超载标志和超载界定符两个位场,如图9-17所示。存在两种导致发送超载标志的超载条件:一个是要求延迟下一个数据帧或远程帧的

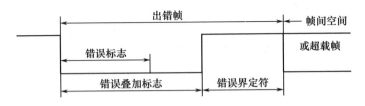

图 9-16 CAN 总线错误帧的组成

接收器的内部条件;另一个是在间隙场检测到显性位。超载标志由 6 个显性位组成,超载界定符由 8 个隐性位组成。

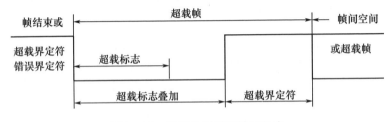

图 9-17 CAN 总线超载帧的组成

3) CAN 总线上的位电平表示

CAN 总线报文中的位流按照非归零(NZR)码方法编码,采用差分形式进行传输,其线上电压分别用 U_{CANH} 和 U_{CANL} 表示。CAN 总线具有隐性和显性两种逻辑状态,其线上电平如图 9-18 所示。隐性状态下,U_{CANH} 和 U_{CANL} 被固定为平均电压电平,两者电压差为 0;显性状态下,U_{CANH} 和 U_{CANL} 分别为 3.5V 和 1.5V,两者差分电压大于 2V。

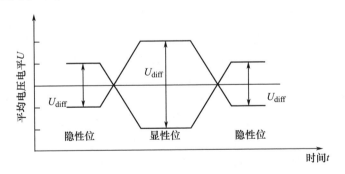

图 9-18 CAN 总线上的位电平表示

4) CAN 总线错误类型和界定

在 CAN 总线中存在位错误、填充错误、CRC 错误、格式错误、应答错误等 5 种错误类型,它们并不互相排斥。向总线送出一位的某个单元同时也在监视总线,当检测到总线位数值与送出的位数值不同时,则在该位时刻检测到一个位错误。在应使用位填充方法进行编码的报文中,出现了第6个连续相同的位电平时,将检出一个位填充错误。CRC序列是由发送器CRC计算的结果组成的。接收器以与发送器相同的方法计算CRC。如果计算结果与接收到的CRC序列不相同,则检出一个CRC错误。当固定格式的位场中出现一个或多个非法位时,则检出一个形式错误。在应答间歇,发送器未检测到显性位时,则由它检出一个应答错误。

9.3.5　LTPB 总线

LTPB是美国SAE组织开发的一种50Mb/s令牌传递网络标准。LTPB是限时令牌多优先级传输协议,网络上的节点共享广播式传输介质,当LTPB工作时,网络上的节点根据它们的物理地址编码的大小组成逻辑环路,令牌沿逻辑环路逐节点传输,环路上获得令牌的节点可以向其他节点发送消息。LTPB具有低延迟和容错的特性,适用于实时的军用或者商业系统。目前F-22飞机和科曼奇直升机的电子模块背板之间及机架之间的数据传输就是其典型应用。

1. 系统结构

从物理上看,LTPB是星型拓扑结构,易于监控网络上信息的传送及整个网络的状态;但从逻辑上看,它按站点地址递增顺序形成环型拓扑结构,如图9-19所示。LTPB规定了路径双冗余结构和同步冗余机制,消息同时在两套介质发送,提供了透明的介质恢复和消息重试,其星型结构便于错误隔离和故障定位,便于检测和维护。

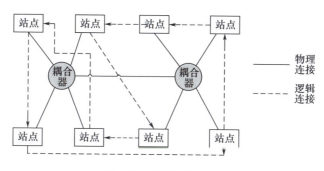

图9-19　LTPB拓扑结构

从图9-19中可以看出,各个站点均连至一个中央星型光耦合器上,该耦合器可选择无源或有源,无源星型耦合由于要在所有站点间平分光能量,故网络规模有一定的限制。而采用有源星型耦合可以克服此缺点,因它能够作为中继器来放大和均衡光能量,但该耦合器需要增加电源,技术实现难度大,需解决相位抖动问题。在机载环境下,一般选择无源星型耦合系统作为LTPB的物理连接网络。为避免中央星型耦合器发生单点故障,需要采用双余度星型网络提高系统的可靠性。因LTPB可以广播,整个总线网络的监视相对比较容易。

2. 通信控制

LTPB采用令牌实现对传输介质的访问,在正常工作时,网络上的节点根据它们的物理地址编码的大小组成逻辑环路,令牌沿逻辑环路逐节点传输。环路上获得令牌的节点得到机会向其他节点发送消息,每个节点能够使用的网络带宽(占用总线的时间)受到协议参数令牌持有时间THT的限制,见图9-20。

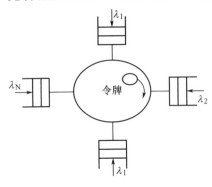

图9-20 LTPB总线的网络模型

LTPB属于限时令牌多优先级传输协议,网络中的消息传输由相应的定时器控制。网络中传输着各种各样的消息,如显示控制指令、雷达火控数据、导航数据、测试和维护数据等,不同类型的消息表现出不同的实时性要求,因此消息允许的传输延时是不尽相同的。LTPB为了控制这些不同类型的消息延时,通过几个定时器来管理消息的传输。每个节点有一个令牌持有定时器THT,用来控制该节点占用的网络带宽,3个令牌旋转定时器TRT,用来控制消息的优先级排序。它们能有效地降低总线上高优先级消息的延迟时间,并防止任一终端长时间占用总线。LTPB可将任意一个节点的消息分为最多4个优先级传输,优先级别从高到低用P_0、P_1、P_2和P_3表示,TRT_1、TRT_2和TRT_3分别控制P_1、P_2和P_3。协议的分布式控制方式使网络具有很强的容错能力和可靠性,不会因为总线上某一模块的故障而导致整个系统的崩溃。

9.3.6 FC总线

FC总线网络是综合计算机通信和数据网络概念提出的一个不同于传统通信和网络结构的互联方案,是一种具有高实时性、可靠性、带宽和性价比的开放式通信网络,采用通信网络控制信号传输,使用交换或仲裁环拓扑处理介质访问冲突,采用信用策略控制网络流量。

1. 协议结构

与通用的OSI七层网络模型类似,光纤通道模型也采用了分层的协议模型,共分为5层,分别为FC-0、FC-1、FC-2、FC-3和FC-4,其分层模型见图9-21。

FC-0:该层定义了连接的物理端口特性,包括介质和连接器、驱动器、接收机、发射机等的物理特性、电气特性、光特性、传输速率等端口特性。物理介质包括单模光纤、多模光纤以及短距离用的同轴电缆和双绞线。光纤通道所规定的基本数据传输率为 1.0625Gb/s,还有 2~4 倍甚至更高的传输率。

FC-1:该层是信号编码和解码层,负责将一系列信号编码成有序集。FC-1 层使用 8b/10b 编码方式。信号可以被编码成两种字符集,即 K 字符集和 D 字符集。FC 协议中,一些特殊的控制信号和命令被界定为 K 字符集,而普通数据被界定为 D 字符集。

FC-2:该层是帧协议层,是 FC 用来识别、解释和处理 FC 网络信息流的核心层。FC-2 层规定信息单元的组成格式(包括帧、序列和交换)、原语序列协议、端口类型、服务类型、数据的分段与重组、流量控制、差错恢复策略、节点初始化、节点的注册和节点的注销等功能。

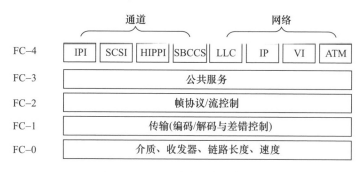

图 9-21 FC 协议的分层模型

FC-3:该层是 FC 的公共服务层,定义了一些通用服务功能,如带宽频率分片、搜索组和多播等通用服务。

FC-4:该层是 FC 协议模型的最高层,在 FC 标准中没有为 FC-4 层定义一个固定的通信协议。FC-4 层包含了多种高层协议,如 SCSI、IP、HIPPI、ATM 等。针对航空电子环境需求,专门定义了 FC-AE 协议,主要在航空电子指挥、控制、监测、信号处理和传感器/视频数据方面应用。FC-AE 包括 5 种协议,即匿名签署消息传输协议(FC-AE-ASM)、MIL-STD-1553 高层协议映射(FC-AE-1553)、远程直接存储器访问协议(FC-AE-RDMA)、虚拟接口(FC-AE-VI)和轻量协议(FC-AE-LP)。

2. 系统结构

光纤通道标准定义了 3 种基本的拓扑结构,即点到点、仲裁环和交换结构,每一种拓扑结构分别适用于不同的目的,由这些基本的拓扑结构能组合出混合结构,如基于交换的环、点对点、含有环的交换网络以及级联的交换网络等。

其中交换结构是使用最广泛的一种拓扑结构,如图 9-22 所示,所有节点连接交换机构成星型网络结构。该拓扑结构可扩展性好,最多可支持 16000000 个设备接入一个网络;隔离性好,系统中加入和移除设备对其他节点没有影响;带宽高,交换机为任意两个节点间提供了数据通路,在无冲突时,可保证每一个端口正常运行。

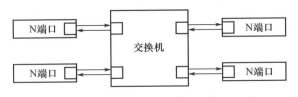

图 9-22 交换式拓扑结构

光纤通道提供了多种类型的网络拓扑结构、数据传输速率、协议映射和交换技术,以提高系统可靠性和数据处理性能。FC 不仅支持主机和外设之间的通道连接,而且支持主机和主机之间的网络连接,FC 技术集通道和网络的技术精华于一体,代表 I/O 技术和网络技术发展的新趋势,已逐步成为计算机总线以及当今分布式多协议的高速通信网络最理想的选择之一。它具有以下特点。

① 可扩展性强。FC 支持点到点、仲裁环和交换式结构,根据系统的要求可以采用不同的结构,并提供良好的电气性能,保证较好的数据传输率。

② 高度的灵活性。FC 为上层提供了一种通用的传输机制,支持 IP、SCSI、ATM、视频等各种协议的映射。在物理传输介质上,支持同轴铜缆、双绞线、光纤介质,使用光纤介质传输距离可达 500m～10km。

③ 高可靠性。采用 8b/10b 的编码方式,误码率为 10^{-12}。提供了 6 种类型的服务,可支持多种数据流量控制策略,它提供的无确认交付机制,适用于低开销、大块数据传输;提供有保证的传输机制,适用于关键任务的数据传输。

总之,FC 技术适用于低延迟、强实时的通信系统,是实现新一代航空电子通信网络的理想选择。

小 结

本章介绍了机载计算机系统的组成、功能和特点及几种常用的机载数据总线。机载计算机系统是安装在飞机上,完成数据处理、实时控制和状态显示等功能的硬件和软件的集合。机载计算机的硬件结构组成与通用计算机相似,更强调其小型性和灵活性;软件体系包括完成飞行任务的飞行作战程序、执行程序和应用程序。机载数据总线是实现电传操纵系统中各个传感器与各个执行功能单元之间,以及各个航空电子系统单元之间的数据通信,实现信息共享和功能综合。简要介绍了 ARINC-429、MIL-STD-1553B、AFDX、CAN、LTPB 和 FC 数据总线标准。

复习思考题

1. 机载计算机的主要任务有哪些？
2. 机载计算机的特点有哪些？
3. 机载计算机软件的功能有哪些？有什么特点？
4. ARINC-429 总线中的基本字单元是如何定义的？
5. MIL-STD-1553B 总线有什么特点？
6. MIL-STD-1553B 总线具有哪些字格式？有哪些消息格式？
7. MIL-STD-1553B 总线的传输方式有哪几种？
8. AFDX 总线的拓扑结构是什么？
9. CAN 总线的分层结构是什么？
10. FC 的拓扑结构是什么？

参 考 文 献

[1] 阮淑芬,王敏芳. 机载雷达与航空电子系统接口现状及其发展[J]. 现代雷达,2005,04.
[2] 朱国士. 军机LRM模块结构设计与热分析[D]. 上海市:华东理工大学,2013.
[3] 赵永库,王昆睿. 新一代军用飞机航空电子数据总线标准选择[J]. 数据采集与处理,2012,11.
[4] 胡增成,周宝荣. 综合航空电子系统的现状与发展[J]. 电子工程信息,1998(9).
[5] 姚鹞,桑大鸣. 航空电子系统发展的若干思考[J]. 飞机工程,2005.
[6] 吕宗祺. 新一代航空电子系统的结构及某些特点[J]. 航空电子技术,1995.02.
[7] 孙威. 基于软件无线电的数字中频收发信机的设计与实现[D]. 哈尔滨:哈尔滨工业大学,2008,03.
[8] 霍曼,张永红,李体然. 飞速发展的航空电子[M]. 北京:航空工业出版社,2007.
[9] 何锋,航空电子系统综合调度理论与方法[M]. 北京:清华大学出版社,2017.
[10] 宋铮,张建华等. 天线与电波传播[M]. 西安:西安电子科技大学出版社,2003.
[11] 王世锦,王湛. 机载雷达与通信导航设备[M]. 北京:科学出版社,2016.
[12] 樊昌信,曹丽娜. 通信原理(第六版)[M]. 北京:国防工业出版社,2006.
[13] 胡航. 语音信号处理[M]. 哈尔滨:哈尔滨工业大学出版社,1999.
[14] 王炳锡. 语音编码[M]. 西安:西安电子科技大学出版社,2002.
[15] 朱立东,吴廷勇,卓永宁. 卫星通信导论[M]. 北京:电子工业出版社,2015.
[16] 吴苗,朱银兵,李方能等. 无线电导航原理与信号接收技术[M]. 北京:国防工业出版社,2015.
[17] 黄智刚. 无线电导航原理与系统[M]. 北京:北京航空航天大学出版社,2007.
[18] 张东平. 无线电导航原理[M]. 长春:空军第二航空学院,1995.
[19] 陈高平,邓勇. 航空无线电导航原理(上、下册)[M]. 北京:国防工业出版社,2008.
[20] [美]斯科尼克(Skolnik,M.I.),雷达手册(第2版)[M]. 王军,等译. 北京:电子工业出版社,2003.
[21] 丁鹭飞,耿富录编著. 雷达原理(第三版)[M]. 西安:西安电子科技大学出版社,1995.
[22] [美]MerrillI. Skolnik,左群声,徐国良,马林,王德纯等. 雷达系统导论(第三版)[M]. 北京:电子工业出版社,2014.
[23] 向敬成,张明友. 雷达系统[M]. 北京:电子工业出版社,2001.
[24] 中航雷达与电子设备研究院编. 雷达系统[M]. 北京:国防工业出版社,2006.
[25] 贲德,韦传安,林幼权. 机载雷达技术[M]. 北京:电子工业出版社,北京,2006.
[26] 赵国庆. 雷达对抗原理(第二版)[M]. 西安:西安电子科技大学出版社,2012.
[27] 华锋. 空中进攻作战中电子对抗航空兵作战运用[M]. 北京:蓝天出版社,2014.
[28] 熊群力. 综合电子战(第2版)[M]. 北京:国防工业出版社,2008.
[29] 郭黎利,孙志国. 通信对抗技术[M]. 哈尔滨工程大学出版社,2004.
[30] 周志刚. 航空综合火力控制系统[M]. 北京:国防工业出版社,2008.
[31] 牛文生. 机载计算机技术[M]. 北京:航空工业出版社,2013.
[32] 支超有. 机载数据总线技术及其应用[M]. 北京:国防工业出版社,2009.
[33] 王勇,从伟. 机载计算机软件[M]. 北京:国防工业出版社,2008.